工程力学专业规划教材

振动测试技术

丛书主编　赵　军
本书主编　孙利民

中国建筑工业出版社

图书在版编目（CIP）数据

振动测试技术/孙利民主编．—北京：中国建筑工业出版社，2017.4

工程力学专业规划教材/赵军丛书主编

ISBN 978-7-112-20632-2

Ⅰ.①振… Ⅱ.①孙… Ⅲ.①振动测量-高等学校-教材 Ⅳ.①TB936

中国版本图书馆 CIP 数据核字（2017）第 069717 号

随着科技、生产的发展，振动测试无论在理论上或技术和应用上都发生了令人瞩目的深刻变化。传感器技术、信息采集技术、信息实时处理技术和信息传输技术的进展，大大加强了振动测试的功能，提高了测量的精度和速度。各种新型振动传感器的相继问世，使得过去难度较大的振动测量，譬如微振动、特高振级的冲击、超小型物体的振动、极高频和极低频的振动、高速转子的振动及在恶劣环境中的振动等等的测量都得以实现。

基于上述工程振动试验的需求及广大读者对掌握和运用振动测试技术的愿望，作者结合多年来从事振动测试的教学与科研实践的心得，编写了本书。本书比较系统地论述了振动测试的基本原理与技术，以期读者对振动测试技术先有一个较全面的了解。

本书可作为高等理工院校研究生和本科生振动测试课的教材，也可供从事振动测试工作的技术人员参考。

责任编辑：尹珺祥　赵晓菲　朱晓瑜

责任设计：谷有稷

责任校对：王宇枢　刘梦然

工程力学专业规划教材

振动测试技术

丛书主编　赵　军

本书主编　孙利民

*

中国建筑工业出版社出版、发行（北京海淀三里河路 9 号）

各地新华书店、建筑书店经销

唐山龙达图文制作有限公司制版

北京市安泰印刷厂印刷

*

开本：787×1092 毫米　1/16　印张：11¼　字数：276 千字

2017 年 10 月第一版　2017 年 10 月第一次印刷

定价：**30.00** 元

ISBN 978-7-112-20632-2

（30286）

■前　　言

振动、冲击与噪声是自然界和工程中普遍存在的现象，测试技术作为解决工程振动问题的一种有效手段，早已为人们所利用。在近 20 多年来，随着科技、生产的发展，振动测试无论在理论上或技术和应用上都发生了令人瞩目的深刻变化。传感器技术、信息采集技术、信息实时处理技术和信息传输技术的进展，大大加强了振动测试的功能，提高了测量的精度和速度。各种新型振动传感器的相继问世，使得过去难度较大的振动测量，譬如微振动、特高振级的冲击、超小型物体的振动、极高频和极低频的振动、高速转子的振动及在恶劣环境中的振动等的测量都得以实现。

基于上述工程振动试验的需求及广大读者对掌握和运用振动测试技术的愿望，作者结合多年来从事振动测试的教学与科研实践的心得，编写了本书。本书比较系统地论述了振动测试的基本原理与技术，以期读者对振动测试技术有一个较全面的了解。在介绍基本原理与技术的基础上，本书又增加了对当代先进的测试与分析技术及其实际应用的讲解。

本书可作为高等理工院校研究生和本科生振动测试课的教材，也可供从事振动测试工作的技术人员参考。

本书第 1 章、第 6～12 章由孙利民执笔；第 2～5 章由卫洪涛执笔。由于作者水平所限，缺点和错误在所难免，望读者指正。

本书承蒙天津大学刘习军教授的指导，并提供部分教学素材，刘教授长期从事振动学的教学与科研工作，造诣颇深，本书得其指点，受益匪浅，作者谨此由衷地表示感谢。

目　　录

第 1 章　振动测试技术概论

1.1　振动试验的目的和意义

唯物史观认为，世界上的一切都在运动着，运动是物质存在的形式。人类认识物质，就是认识物质的运动形式，只有通过运动才能认识各种物质的形态与性质。在物质的运动中，振动和冲击是运动的主要形式，是自然界中广泛存在的现象。同世界上一切事物无不具有两重性一样，振动和冲击也有两重性。当我们没有掌握振动与冲击的规律时，它会给人类带来严重的危害，一旦我们认识了它的规律，它又会变害为利，给人类带来利益。

振动与冲击的危害常表现在以下几个方面：

(1) 强烈而持续的振动，尤其是随机振动会导致结构的疲劳损坏。根据有关部门统计，在结构损坏中 80%是属于疲劳损伤。交通车辆的车轴、弹簧、轴承、构架、钢结构等损坏都是在随机载荷作用下引起的，绝大多数都属于疲劳损坏。疲劳损坏往往会造成很大的危害，历史上曾发生过大型客机因一枚螺栓的疲劳断裂而导致机毁人亡，大型汽轮发电机组曾因轴承振动疲劳使转子断成数段而飞出数百米外。美国的塔科马大桥因风振而断毁，强地震造成的灾难性破坏更是令人触目惊心。工程中的种种案例，举不胜举。

(2) 强烈的冲击往往会造成结构的瞬时超越损坏。当结构动力响应首次超过其允许的上限值时，结构将发生首次超越损坏。如军工系统就曾发生过瞄准镜在打炮时由于强烈冲击而振碎；牵引火炮在牵引试验中由于道路的强烈冲击，炮车轴振断。

(3) 强烈的振动和冲击会导致仪器设备的功能失效。例如，强烈的振动或冲击会使仪器仪表的精度降低、元器件参数发生变化，甚至损坏，造成功能失灵。强烈或者持续的振动会使机件松动，密封受到破坏，部件产生过大的变形，以致不能工作。我国某部曾对机载产品失效情况进行分析统计，总故障中 52.7%是由环境因素引起的，其中振动引起的故障占环境因素引起的故障的 21.6%，冲击引起的失效占 2.1%。对于运动机械，有关部门也有过统计，即由于振动引起的故障率一般可达 60%～70%。由此可见，振动故障在机械故障中所占比例十分高。

(4) 强烈持续的振动和冲击会导致动态特性欠佳的结构、设备的总体性能和总体水平下降。工程中很多机械设备、电器设备或者武器都是在振动环境下工作的。例如，各种火炮都是在振动和冲击过程中工作的，尤其是连发射击的火炮，振动对射击精度有很大的影响。有关课题研究表明，对于 65 式双管 37mm 高炮，由于振动对射弹散布的影响占总散布的 80%～90%之高。某化肥厂的大型空气压缩机组、某油田的石油钻机等机械设备往往由于强烈振动而迫使停机进行检修，严重影响了产品质量和生产率。

(5) 强烈的振动和冲击对人体本身也会造成严重的危害。当振动和冲击超过一定的限度时，就会破坏人与环境、人与机器之间的和谐关系，干扰人的情绪，损坏人的健康，降低工作效率。研究表明，环境振动对人体的生理、心理的危害主要是由振动频率决定的，尤其是与人体某些部分的共振频率相同的振动频率会造成更大的影响。对人体影响最大的激振力频率为 4～8Hz，人体不同部分对不同激振力频率的反应如下：

2.5～5Hz 之间的振动，可引起颈椎和腰椎的共振，振幅增大约 240%。

4～6Hz 间的振动，可使人的躯体、肩以及颈发生共振，振幅增大约 200%。

20～30Hz 间的振动，可使人的关节与肩之间出现强共振，其振幅增大 250%。

60～200Hz 间的振动，可使人的眼球、手指发生共振，共振振幅增大约 230%。

一般地面设备机械振动的频率范围是 10～100Hz，船舶设备机械振动的频率范围是 5～100Hz，可见这些振动对人体都是很有危害性的。

(6) 振动又是噪声的主要来源，强噪声会造成环境污染，使人不能正常工作，并造成各种职业病或污染性病害，危及人类健康。

有关研究表明，结构表面声辐射的能量与振动速度、振动模态及振动强度有关。

振动虽有上述种种危害性，但是一旦人们掌握了振动规律，就可以消除振动、控制振动，并可减轻以至消除振动带来的危害，还可以利用振动来为人类服务。例如，工业中常用的振动筛、工厂铸造车间用的铸件振动落砂机、用于混凝土的振动捣固机、振动打桩机以及利用共振原理制作的搅拌混料机、振动压路机，都是利用振动原理工作的机械设备，同时还可以利用振动消除构件的内应力。更为重要的是，如果很好地认识并掌握振动规律，就可以设计制造出动态特性良好的机械设备。尤其是在振动和冲击过程中工作的机械设备，动态特性的好坏，体现了机械设备的总体性能和总体水平，对于这些机械设备，振动和冲击直接影响着设备的总体性能指标、设备本体及各部分的机械动作，所有配置的仪器仪表都要承受其振动和冲击的作用，都存在着适应性、可靠性、破坏或故障的问题。因此，振动与冲击是工程中的共同问题。

研究振动与冲击，目的在于摸清振动规律，指导机械结构的优化设计，对设备的振动与冲击进行预测或进行振动控制，以保证机械设备具有良好的动态特性和良好的环境适应性，提高机械设备的总体性能和总体水平。

振动与冲击的研究包含极其丰富的内容，既有基本机理、基本原理方面的研究，也有工程应用方面的研究，既有理论研究，也有实验研究。由于研究对象日趋复杂，实验研究占有十分重要的地位。实验不仅对研究尚未明了机理的振动现象十分必要，还为复杂振动系统的分析与设计提供更符合实际情况的资料。实验结果是最终考核和检验工程结构动态特性好坏的最权威的手段。因此，振动与冲击的研究要立足于实验，通过实验寻求振动与冲击的规律，通过实验验证理论研究的正确性，深化理论并发展理论。

1.2 试验方法和内容

不久以前，工程界在设计机械结构时，常常只考虑静载荷和静特性，当产品试制成功后再作动载荷和动特性的测试。如果不符合产品的技术指标，采取局部补救的措施，这种设计方法称为静态设计、动态校核补救法。随着科学的迅猛发展，要求机械设备或结构具有更高的性能，更高的效率，更好的环境适应性，更高的自动化程度，更多的功能，更加轻巧并使用方便，更节省材料。这就要求机械设备或结构各部分以及配置的仪器仪表不仅具有良好的功能特性，而且要具有很好的环境适应性、可靠性，即具有良好的动态特性。这种要求迫使工程设计必须进入动态设计阶段，并在实施（生产、加工或建造）、管理、使用、监测、维修等阶段采取全过程的、全方位的动态措施，这样才能保证生产出高质量的机械设备或结构。

机械设备或结构的动力学问题，归纳起来包括以下三个方面的问题：

(1) 已知环境对系统（机械设备或结构）的输入（激励）和系统的动态特性，求系统的输出，工程上称为响应预测。这是结构动力学中的正问题。响应预测的目的在于寻求结构系统的目标响应，即最优响应，由目标响应进而保证结构的目标性能。

(2) 已知输入和输出，求系统的动态特性，工程上称为系统识别。解决这类问题的途径是根据实测到的输入（激励力）与输出（响应）的信息，按照目标函数最优的判据来确定结构系统的动态特性，这是结构动力学中的一种逆问题。系统识别的目的在于通过寻求结构系统的最优模态参数，进而保证结构系统的最优物理参数及其匹配，并为动力学分析计算的正确建模提供依据。

(3) 已知输出和系统的动态特性求输入，工程上称为载荷识别或环境预估。这也是结构动力学中的一种逆问题。载荷识别的目的在于用来判断结构系统的动强度、动刚度是否安全可靠。

以上三方面的问题有着内部必然规律的联系，它们之间是互为因果的。只有将这三者间的内部规律认识清楚并妥善解决好，才能使设计生产出的机械设备、建造出的高楼大厦具有理想的使用性能，达到设计生产或建造的预期目的。

围绕以上三大问题，振动与冲击的试验方法和内容是多方面的，它们之间既有着独立性，又存在着有机的联系，形成振动试验解决工程动态特性问题的一个整体。

振动与冲击试验内容见图 1-1。

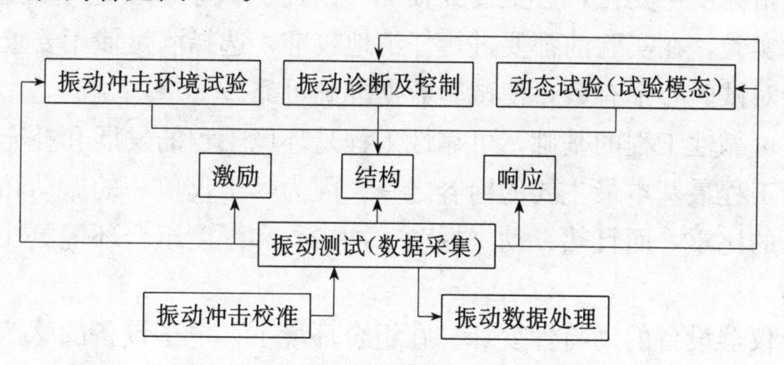

图 1-1　振动与冲击试验内容方框图

从力学观点讲，无论怎样复杂的机械设备或结构的物理特性参数，都是由质量、弹簧刚度和阻尼这三种最简单、最基本的物理参数组成的，这几个参数都是结构的固有特性。人们设计制作的机械系统或者统称为结构都是为了实现某种预想功能的。比如，火炮是用来发射高速弹丸摧毁敌目标的，火车是用来运输乘客或货物的。要想使结构完全按照人们的预想目的准确地实现其功能，就得使结构具有良好的动态特征，使它能在特定的环境激励条件下产生设想的响应。所谓结构的动态特性是指结构的模态参数，包括固有模态，即固有振型、固有频率和阻尼比。

系统要工作，必然要承受外部环境的各种激励。激励可以是力、位移、速度和加速度。例如火炮工作时要承受高膛压的激励，汽车在公路上行驶时要受到路面高低不平的道路激励。确定性激励的时域规律分为简谐激励、周期性激励和非周期性激励，非确定性激励称为随机激励，按其统计规律又可分为平稳激励和非平稳激励。

由于各种结构具有不同的固有特性，在不同激励信号的作用下，其响应信号是非常复杂的。响应信号分为线量响应和角量响应，分别可用位移、速度、加速度来描述。

不管是激励信号还是响应信号，均可在时域内、幅值域内、频域内进行描述。

对线性系统来说，激励、结构、响应三者之间有着确定的关系，知道其中两种数据信息，就可以求出第三种数据信息。

振动测试或称数据采集，是振动试验的主要内容之一，振动测试的目的和任务在于如实地获取数据信息，包括激励、结构、响应的有关数据信息，以便直观了解激励状况、响应状况和结构特性。为了进一步了解激励、结构、响应最主要的特性或解决它们之间存在的一些问题，对测试数据就要作进一步处理和分析，以便揭示其最本质的东西或观察其主要矛盾。另外，环境试验、动态试验、振动诊断及控制都要用到实测的数据信息。因此，测试是振动试验最基本的环节。

对采集到的最基本最原始的信号，有的可以直接提供一些有用的信息，但这往往是十分有限的，远远不能满足振动分析及解决问题的需要，因此有必要进一步进行加工和处理，通过分析处理找出最有代表性的信息，掌握其中规律并以此来指导工程实践。由于信号的特性不同，要解决的工程问题也不同，因此，数据的分析处理方法也不同。归纳起来，可以在时域、频域、幅值域内对测试数据进行分析和处理。而且这三域之间是可以互相转换的。

为了保证测试数据的准确性和可靠性，整个测试系统，包括传感器、前置放大器、信号适调器、记录仪都必须具有良好的性能。虽然它们都经过出厂检定并给出了具体的性能指标，但随着使用环境的变化，特别是经过恶劣的振动冲击环境之后，有可能使传感器、仪器设备的性能指标发生变化，甚至遭到损坏。因此测试系统要定期地进行检定、校准，尤其对一些重要实验，在实验前都要进行仔细地校准，选择满足使用要求的传感器和测试系统。这样才能对试验心中有数，使试验数据准确可靠。

环境工程是可靠性工程的基础，可靠性工程是环境工程的发展和补充。振动冲击环境试验是整个环境工程最基本最主要的内容之一。因为，不仅单一的振动和冲击环境在结构故障中占有很高的比重，而且热、动（振动、冲击）和湿度组合环境更加恶化了其损伤机理。具体表现为：

（1）结构及仪器设备的动特性变坏。在组合环境下，电子设备的摩擦阻尼减少，从而使振动响应量增加，由实测数据得知，振动响应量可增加两倍。

（2）应力腐蚀与疲劳加剧。高温、高湿与振动组合环境，必然给仪器设备带来应力腐蚀，使疲劳损坏加剧。

（3）使结构及仪器设备的涂层剥落。单项温度试验很难查出涂层缺陷，而在温度交变下涂层膨胀、收缩，再加上振动、冲击等机械作用，使结构产生弯曲，造成裂纹，潮气透过裂纹使裂纹扩展，加速仪表电路板上的电容、电阻变质，并暴露出来，以致造成设备部分或整个失效的涂层缺陷。

（4）在工程实际中，振动对结构本身产生影响，使之因疲劳而损坏，还使附设于结构上的仪表和控制系统在振动环境下失灵，甚至导致全系统的毁灭性事故。这些问题的存在促进了一个新的科学分支的发展，即振动与冲击环境工程。它的任务是为附设于结构的仪表等附件提供振动环境数据，研究模拟特定环境的原理和设备，并提出控制振动及改善振动环境的措施。

试验模态分析综合了测试技术、数据处理、系统识别和结构动力学学科分支，是振动试验的一项重要组成部分。试验模态分析通过动态试验和模态识别，确定机械结构系统的动力学特性。根据模态试验所确定的模态参数，即模态频率、阻尼和振型等，可广泛应用于机械结构动力学特性的故障排除、质量检测、故障诊断以及机械结构有限元数学模型的优化、修改、动力响应仿真、结构动态特性的灵敏度分析与修改、动态优化设计等方面。试验模态分析技术可分为四个主要环节，机械系统的激振技术，激励和响应量的测试技术（包括动态测试技术、数据采集和信号处理），频率响应函数估计，模态识别。

近年来信号处理技术与模态参数识别技术在机械故障监测与故障诊断技术中十分活跃并取得了很大的进展。依据现代科技提供的高灵敏度、高辨识能力（包括经过有效信号处理后）的特征参数，可以了解机械结构的动态特性，掌握其运行状态，及早发现潜在的故障，以便在故障之前作出预报，及时采取各种有效措施，保证机械设备的正常运转。故障振动诊断所使用的特征值是非常多的。如时域信号的时间历程、峰值、均方值、相关函数、相干函数、谱函数、最大熵谱、谱矩、倒频谱、概率分布、信息量、熵、希尔伯特变换、各种数据模型、频率响应函数、模态参数、物理参数、适用于旋转机械的功率谱阵、频率—转速谱图、坎贝尔图，适用于滚动轴承的脉冲频率、声功率谱分析、适用于齿轮箱的边频分析等，都是非常有用的识别判断参数。根据这些实测及分析处理后所得的参数与标准参数（机械设备在正常运转情况下的各种特征参数）的差异即可进行机械设备的品质估计及各种故障诊断，进一步可采取各种措施进行被动振动控制或主动的振动控制，将过量振动设法消除或者隔离，或设法将振动幅值限制在允许的范围之内。

1.3 工程振动中的被测参数

工程振动测试的主要参数有：位移、速度、加速度、激振力、振动频率等。按照描述振动规律的特点，可将振动分为确定性振动和随机振动两大类，其中确定性振动又分为简谐振动、复杂周期振动和准周期振动。

1.3.1 简谐振动中的测试参数

位移、速度和加速度为时间谐和函数的振动称为简谐振动，这是一种最简单最基本的振动。其函数表达式为：

$$
\begin{aligned}
&\text{位移} && x(t)=A\sin(\omega t)=A\sin(2\pi ft)\\
&\text{速度} && v(t)=\omega A\cos(\omega t)=\omega A\sin\left(2\pi ft+\frac{\pi}{2}\right)\\
&\text{加速度} && a(t)=-\omega^2A\sin(\omega t)=\omega^2A\sin(2\pi ft+\pi)
\end{aligned}
\tag{1-1}
$$

式中 A——位移幅值（cm 或 mm）；

ω——振动圆频率（角频率 rad/s）；

f——振动频率（Hz）。

$x(t)$、$v(t)$ 和 $a(t)$ 三者之间的相位依次相差 $\pi/2$，如图 1-2 所示。若令：速度幅值 $V=\omega A$，加速度幅值 $a_0=\omega^2A$，则有

$$a_0=\omega V=\omega^2A=(2\pi f)^2A \tag{1-2}$$

由此可见，位移幅值 A 和频率 ω（或 f）是两个十分重要的特征量，速度和加速度的幅值 V 和 a_0 可以直接由位移幅值 A 和频率 f 导出。在测量中，振动测试参数的大小常用峰

值、绝对平均值和有效值来表示。所谓峰值是指振动量在给定区间内的最大值，均值是振动量在一个周期内的平均值，有效值即均方根值，它们从不同的角度反映了振动信号的强度和能量。

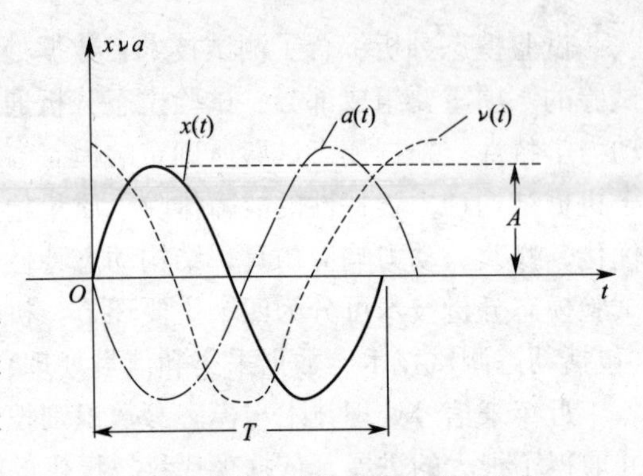

图 1-2 简谐振动的实测位移、速度、加速度时间历程示意图

在测量仪表上，峰值一般用 Peak-peak（峰—峰）表示，而有效值则用 RMS（Root mean square）表示。位移绝对平均值 μ_x 的表达式为

$$\mu_x = \frac{1}{T}\int_0^T |x(t)|\, dt \tag{1-3}$$

位移绝对平均值亦常用$\bar{x}$来表示。位移有效值 x_{RMS} 的表达式为

$$x_{RMS} = \sqrt{\frac{1}{T}\int_0^T x^2(t)\, dt} \tag{1-4}$$

它反映了振动的能量或功率的大小。

对于简谐振动，其位移峰值 x_{peak} 就是它的幅值 A，而位移的有效值

$$x_{RMS} = \sqrt{\frac{1}{T}\int_0^T A^2 \sin^2(\omega t)\, dt} = \frac{1}{\sqrt{2}}A \tag{1-5}$$

峰值与有效值之比，称为波峰系数或波峰指标。简谐振动的波峰系数

$$F_c = \frac{A}{x_{RMS}} = \sqrt{2} = 1.414 \tag{1-6}$$

有效值与均值之比，称为波形系数。对于简谐振动，其波形系数

$$F_f = \frac{x_{RMS}}{\mu_x} = \frac{\pi}{2\sqrt{2}} = 1.11 \tag{1-7}$$

波峰系数 F_c 和波形系数 F_f 反映了振动波形的特征，是机械故障诊断中常用来作为判据的两个重要指标。

在振动测试过程中，为了计算、分析方便，除了用线性单位表示位移、速度和加速度外，在分析仪中还常用“dB”（分贝）数来表示，称为振动级。这种量纲是以对数为基础的，其规定如下

加速度 $$a_{dB} = 20\log\frac{a_1}{a_2} \tag{1-8}$$

速度 $$v_{dB} = 20\log\frac{v_1}{v_2} \tag{1-9}$$

位移 $$x_{dB} = 20\log\frac{x_1}{x_2} \tag{1-10}$$

式中 a_1——测量而得的加速度均方根值（有效值）或峰值（mm/s^2）；

a_2——参考值，一般取 $a_2 = 10^{-2} mm/s^2$，或取为 1；

v_1——测量而得的速度均方根值（有效值）或峰值（mm/s）；

v_2——参考值，一般取 $v_2 = 10^{-5}$ mm/s，或取为 1；

x_1——测量而得的位移均方根值（有效值）或峰值（mm）；

x_2——参考值，一般取 $x_2=10^{-8}$mm，或取为 1。

采用对数量纲时，前述简谐振动的波峰系数 F_c 和波形系数 F_f 可分别表示为

$$F_c=20\log\sqrt{2}=3$$

$$F_f=20\log\frac{\pi}{2\sqrt{2}}\approx 1$$

1.3.2 阻尼系统的自由衰减振动中的测试参数

在振动测试过程中，当振动系统中有阻尼作用时，其振动规律为衰减振动。例如：当认为阻尼与速度的一次方成正比时，其运动微分方程为

$$m\ddot{x}+c\dot{x}+kx=0 \tag{1-11}$$

上式两边除以 m

$$\ddot{x}+2n\dot{x}+p_n^2x=0$$

解得振动的位移函数为

$$\begin{aligned} x(t)&=Ae^{-nt}\sin(\sqrt{p_n^2-n^2}\,t+\varphi)\\ &=Ae^{-nt}\sin(p_d t+\varphi)\\ &=Ae^{-nt}\sin(2\pi f_d t+\varphi) \end{aligned} \tag{1-12}$$

式中 A 为初始位移振幅；c 为阻尼系数，n 为衰减系数，即 $2n=c/m$；$p_d=\sqrt{p_n^2-n^2}$ 为振动的角频率，$p_d=2\pi f_d$，$f_d=1/T_d$，f_d 为振动频率，T_d 为振动周期；φ 为初相位。

这种衰减振动的实测振动波形如图 1-3 所示。

由此可知，在振动测试过程中，除了振幅 A、振动频率 f_d、振动周期 T_d 之外，衰减系数 n 或阻尼系数 c 也是一个重要的特征量，且只能通过振动测试求出。

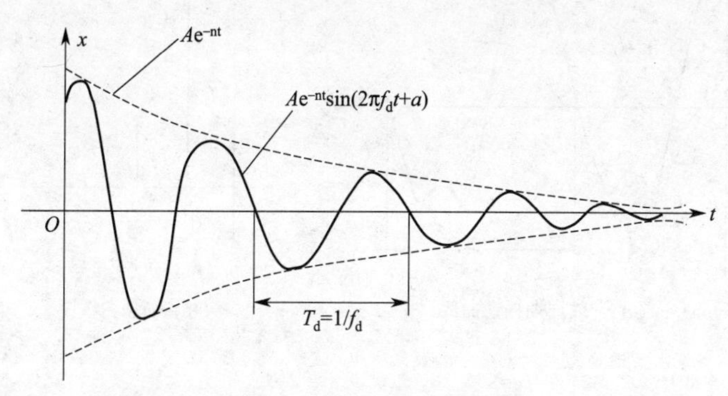

图 1-3 衰减振动的实测波形

1.3.3 复杂周期振动中的测试参数

复杂周期振动是由一系列频比 f_n/f_m（或 ω_n/ω_m，$n\neq m$）为有理数的简谐振动叠加而成。当自变量增加到某一定值时，其函数值又恢复到同一个值的振动，所以又简称为周期振动，用周期性函数表示为

$$x(t)=x(t\pm nT)=x(t\pm n/f_1) \qquad n=1,2,\cdots \tag{1-13}$$

式中，T 为周期，f_1 称为基频。复杂周期振动可以按如下公式展开为傅里叶级数：

$$x(t)=\frac{x_0}{2}+\sum_{n=1}^{\infty}(a_n\cos n\omega_1 t+b_n\sin n\omega_1 t)$$

$$=\frac{x_0}{2}+\sum_{n=1}^{\infty}x_n\sin(n\omega_1 t+\varphi_n) \tag{1-14}$$

其中
$$x_n=\sqrt{a_n^2+b_n^2}$$

$$\varphi_n=\arctan\left(\frac{b_n}{a_n}\right)$$

$$x_0=\frac{2}{T}\int_{-\frac{T}{2}}^{\frac{T}{2}}x(t)\,\mathrm{d}t$$

$$a_n=\frac{2}{T}\int_{-\frac{T}{2}}^{\frac{T}{2}}x(t)\cos n\omega_1 t\,\mathrm{d}t=\frac{2}{T}\int_{-\frac{T}{2}}^{\frac{T}{2}}x(t)\cos n2\pi f_1 t\,\mathrm{d}t$$

$$b_n=\frac{2}{T}\int_{-\frac{T}{2}}^{\frac{T}{2}}x(t)\sin n\omega_1 t\,\mathrm{d}t=\frac{2}{T}\int_{-\frac{T}{2}}^{\frac{T}{2}}x(t)\sin n2\pi f_1 t\,\mathrm{d}t$$

$$n=0,1,2,\cdots$$

其中，x_n 为第 n 次谐波分量的幅值；φ_n 为相位差；x_0 为均值；a_n 为余弦分量；b_n 为正弦分量；ω_1（或 f_1）为基频，其余为倍频。与基频对应的分量称为基波，与倍频相对应的分量均称为高次谐波。

以频率 f 为横坐标，幅值 x_n 或相位差 φ_n 为纵坐标，绘制成的曲线图称为频谱曲线图，并分别称为幅频曲线图或相频曲线图（图 1-4）。这种分析方法称为频谱分析法，它

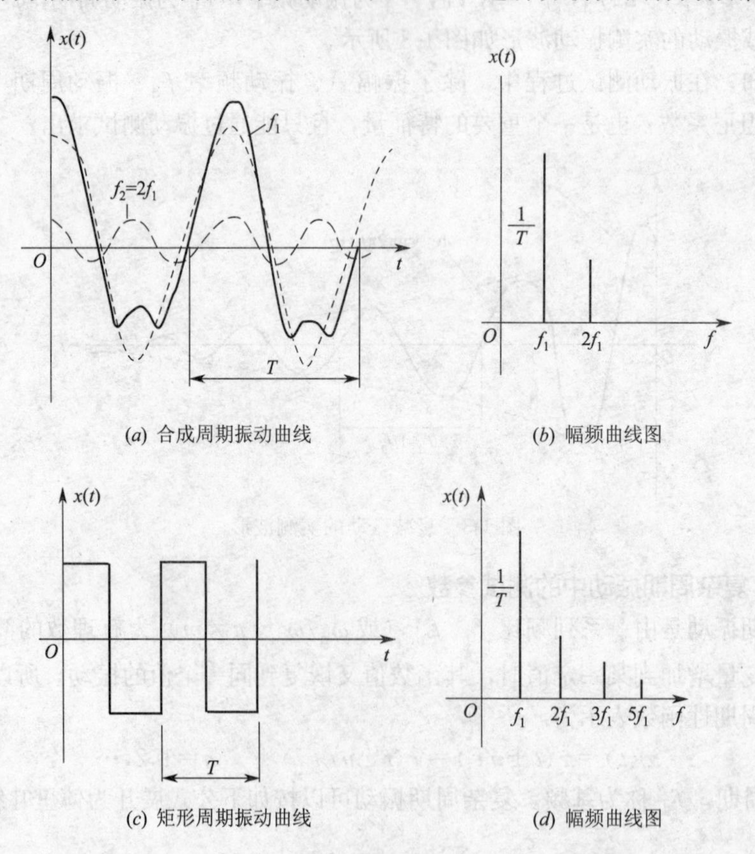

(a) 合成周期振动曲线 (b) 幅频曲线图

(c) 矩形周期振动曲线 (d) 幅频曲线图

图 1-4 复杂周期振动的实测时间历程曲线及相应的幅频曲线图

基于傅里叶级数展开定理。复杂周期振动的频谱曲线图为离散谱。图 1-4(a) 表示在实测中得到的两个简谐振动合成的周期振动曲线的时间历程记录；在实际测试中虚线是没有的，它是数据处理后经计算而得到的简谐振动分量的时间历程。图 1-4(b) 是它经后续设备分析仪数据处理后得到的幅频曲线图，由此可知复杂周期振动不一定包含全部谐波成分，有时只有几个分量，有时其基频分量也可以没有。图 1-4(c) 表示在实测中记录的一矩形周期振动曲线的时间历程。图 1-4(d) 是它的记录时间历程信号经数据处理后所得到的幅频曲线图，由图可知，基频为 f 的矩形周期振动的高次谐波的幅值随频率增高而迅速减小。

1.3.4 准周期振动中的测试参数

两个或两个以上的无关联的周期性振动的混合，称为准周期性振动（Quasi-periodicvibration），其特点是各频率之比不为有理数。其表达式为

$$x(t)=\sum_{n=1}^{\infty}x_n\cos(\omega_n t+\varphi_n) \tag{1-15}$$

式中，各阶频率之比 ω_n/ω_m （$n\neq m$）不为有理数，例如

$$x(t)=x_1\sin(2t+\varphi_1)+x_2\sin(3t+\varphi_2)+x_3\sin(\sqrt{50}t+\varphi_3) \tag{1-16}$$

该式虽由三个简谐振动叠加而成。但不是周期性函数，因为 $2/\sqrt{50}$ 和 $3/\sqrt{50}$ 不是有理数（基本周期无限长）；但经测试而得到的频谱仍然为离散谱。

1.3.5 非周期振动中的测试参数

若描写机械振动量随时间变化的曲线是非周期的，就称这种振动为非周期振动。

为了进一步分析非周期振动，频谱分析法仍是十分有效的方法。非周期振动的频谱分析法与周期振动的频谱分析法基本思想类似，不同之点是周期振动的频谱分析法是基于傅里叶级数展开，而非周期振动的频谱分析法则基于傅里叶积分。两种方法统称为频谱分析法。频谱分析法是把一个时间域的振动信号函数转变到频率域函数的一种计算方法。

傅里叶积分的数学表达式如下：

如果一个实测的振动信号函数为 $x(t)$，$0<t<T$，则它的傅里叶积分（频谱）为

$$x(f)=\int_{-\infty}^{+\infty}x(t)e^{-j2\pi ft}\mathrm{d}t \tag{1-17}$$

式中 f 为频率变量，$x(f)$ 是频率 f 的复函数。把 $x(f)$ 转化成模 $|x(f)|$ 与相位角 $\varphi(f)$ 形式，则有

$$x(f)=|x(f)|\mathrm{e}^{\varphi(f)} \tag{1-18}$$

$|x(f)|$ 与 $\varphi(f)$ 都是频率 f 的实函数。把频率 f 作为横坐标，$|x(f)|$ 或 $\varphi(f)$ 作为纵坐标所绘成的曲线图称为频谱曲线图。由 $|x(f)|$ 绘成的曲线称为幅频曲线，而由 $\varphi(f)$ 绘成的曲线称为相频曲线。但非周期振动的频谱曲线图是连续谱。频谱曲线图是由测试设备中的分析设备对实测信号 $x(t)$ 进行数据处理后自动绘制而成。

由此可知；在工程振动测试中，频谱分析法是很重要的方法。这种方法能够使我们知道被测量的振动信号的频谱含量，它为我们正确选择测量方法和仪器提供了重要依据，也为分析机械动力系统的振动特性提供了有效工具。根据系统的振动信号的频谱，就可判断振动系统的动力学特征。在隔振技术中可用来帮助我们确定隔振系统的有关参数及对隔振效果进行进一步检查分析。因此，频谱分析法在工程振动测试中得到广泛的应用。

1.4 工程振动测试及信号分析的任务

工程振动测试及信号分析总是围绕一个振动系统来进行的。众所周知，在工程振动力学中，一个单自由度线性振动系统的运动方程为

$$m\ddot{x}+c\dot{x}+kx=f(t) \tag{1-19}$$

式中 m，c，k——系统的质量、阻尼系数与刚度；

x，$\dot{x}$，$\ddot{x}$——系统质量的振动位移、速度与加速度；

$f(t)$——外加干扰力。

对于多自由度线性振动系统，其运动方程可以用矩阵形式写出

$$[m]\{\ddot{x}\}+[c]\{\dot{x}\}+[k]\{x\}=\{f\} \tag{1-20}$$

式中 $[m]$，$[c]$，$[k]$——系统的质量矩阵、阻尼矩阵与刚度矩阵；

$\{x\}$，$\{\dot{x}\}$，$\{\ddot{x}\}$——系统诸质量的振动位移列阵、速度列阵与加速度列阵；

$\{f\}$——系统结构所受的外激振力列阵。

工程振动测试及信号分析是直接通过振动实验来解决由式(1-19）或式(1-20）所表达的系统动力学问题。它可归纳为以下五个方面的任务。

(1）对振动参数很清楚的系统，若已知激振力列阵$\{f\}$及被测试系统的质量矩阵$[m]$、阻尼矩阵$[c]$和刚度矩阵$[k]$，便可求出振动的位移列阵$\{x\}$、速度列阵$\{\dot{x}\}$及加速度列阵$\{\ddot{x}\}$。这就是用测量的方法求系统的响应，以验证振动理论公式(1-19）和式(1-20)计算结果的准确性。这是振动力学中的正问题。对工程振动测试的主要要求是，在已知激振力$\{f\}$的作用下，通过振动测试求出振动的位移列阵$\{x\}$、速度列阵$\{\dot{x}\}$和加速度列阵$\{\ddot{x}\}$。如果激振力列阵$\{f\}$与系统实际工作时的情况一致或十分近似，通过测试即可弄清机器在实际工作时的振动水平与振动发生时的振动模态。因此，它也被称为试验验证或工程振动测试中的正问题。

(2）对于还不清楚的系统，若已知激振力列阵$\{f\}$，并可测知系统的振动位移列阵$\{x\}$、速度列阵$\{\dot{x}\}$和加速度列阵$\{\ddot{x}\}$，从而通过模态参数（模态频率、振型、阻尼等）来求系统的物理特性参数质量矩阵$[m]$、阻尼矩阵$[c]$和刚度矩阵$[k]$。这是“参数识别”和“系统识别”的问题。通常称这一类问题为振动力学的第一类反问题。这类反问题对振动测试的要求，除了要精确测定$\{x\}$、$\{\dot{x}\}$、$\{\ddot{x}\}$外，还要应用模态分析的方法来识别参数，以便正确地建立系统的力学模型，并完成从模态参数到物理参数的转换，这样就能弄清结构的薄弱环节，为改进结构优化设计提供充分的实验依据。

(3）在已知系统物理参数质量矩阵$[m]$、阻尼矩阵$[c]$和刚度矩阵$[k]$的情况下，测量出振动系统的位移列阵$\{x\}$、速度列阵$\{\dot{x}\}$和加速度列阵$\{\ddot{x}\}$，即可求出输入的激振力列阵$\{f\}$。这是“载荷识别”问题，以寻找引起结构系统振动的振源。这是结构动力学的第二类逆问题。这类问题对振动测试的要求，除了精确测出系统振动位移列阵$\{x\}$、速度列阵$\{\dot{x}\}$和加速度列阵$\{\ddot{x}\}$外，往往还要先在已知激振力列阵$\{f\}$的情况下进行第一类逆问题的计算与测试，以求得振动结构的系统参数，然后再进行载荷识别。通过这类逆问题的研究，可以查清外界干扰力的激振水平和规律，以便采取措施来减小或控制振动。

(4）工程振动测试及信号分析的任务，还包括监测机器设备工作状况是否稳定、正常及诊断设备故障等。机器和设备在工作过程中发生不正常的运转或故障，往往会使系统的

振动情况或噪声水平发生变化，因此，振动与噪声的监测，即对机器在工作情况下产生的振动和噪声的测试结果进行分析可给出机器是否正常工作的重要信息。

（5）振动控制。通过振动控制主要为达到以下两个目的：

1）通过振动控制减少振动量，降低振动水平，以减少甚至消除振动的危害；

2）通过控制发生振动所需的振动激励信号使振动水平始终保持在一定的范围之内。

若要实现以上两个目的，必须首先要利用振动测试手段判明振源及其振动的性质，即振动来源于何处？是自由振动？受迫振动？还是自激振动？振动的频率成分如何？等等，然后方能“对症下药”，采取恰当的治理措施。这就要求进行系统振动测试与信号分析，为制定治理措施和有关修改结构的参数提供充分的实验依据。

1.5 工程振动测试方法及分类

工程振动的各种参数的测量方法，按测量过程的物理性质来区分，可以分成三类。

1.5.1 机械式的测量方法

将工程振动的参量转换成机械信号，再经机械系统放大后，进行测量、记录。此法常用的仪器有杠杆式测振仪和盖格尔测振仪，能测量的频率较低，精度也较差。但在现场测试时较为简单方便。

1.5.2 光学式的测量方法

将工程振动的参量转换为光学信号，经光学系统放大后显示和记录。常用的仪器有读数显微镜和激光测振仪等。目前光学测量方法主要是在实验室内用于振动仪器系统的标定及校准。

1.5.3 电测方法

将工程振动的参量转换成电信号，经电子线路放大后显示和记录。这是目前应用得最广泛的测量方法。它与机械式和光学式的测量方法比较，有以下几方面的优点：

（1）具有较宽的频带；

（2）具有较高的灵敏度和分辨率；

（3）具有较大的动态测量范围；

（4）振动传感器可以做得很小，以减小传感器对试验对象的附加影响，还可以做成非接触式的测量系统；

（5）可以根据被测参量的不同来选用不同的振动传感器；

（6）能进行远距离测量；

（7）便于对测得的信号进行贮存，以便作进一步分析；

（8）适合于多点测量和对信号进行实时分析。

上述三种测量方法的物理性质虽然各不相同，但是，组成的测量系统基本相同，它们都包含拾振、测量放大线路和显示记录三个环节。电测法测量系统示意图；如图 1-5 所示。

（1）拾振环节。把被测的机械振动量转换为机械的、光学的或电的信号，完成这项转换工作的器件称为传感器或拾振器。传感器有很多种，它的分类方法及工作原理在下一章中将作详细介绍。

（2）测量线路。测量线路的种类甚多，它们都是针对各种传感器的变换原理而设计

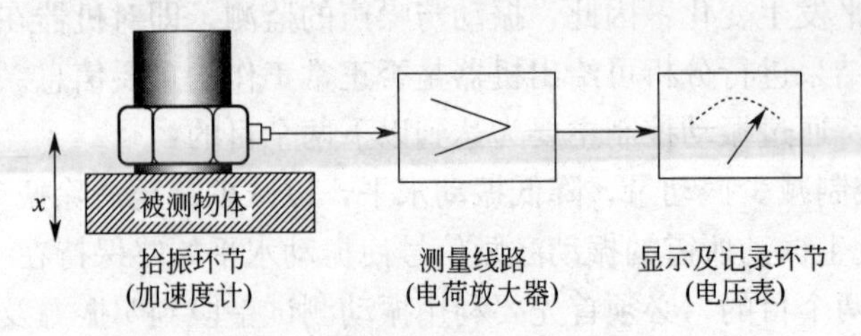

图 1-5　基本测量系统示意图

的。比如，专配压电式传感器的测量线路有电压放大器和电荷放大器等；专配电阻、电容和电感变换原理的传感器的有各种测量电桥和调制线路等；此外，还有积分线路、微分线路、滤波线路和归一化装置等。

（3）显示及记录环节。从测量线路输出的电压信号，可按测量的需要输送给显示仪器（如电子电压表、示波器、相位计）、记录设备（如光线示波器、磁带记录仪、X-Y 记录仪）及信号分析仪等。也可在必要时重放记录在磁带上的信号，并输入到信号分析仪进行各种分析处理，从而得到最终结果。

思考题

1. 简谐振动有哪些时域测试参数？以 $x(t)=A\sin(2\pi ft+a)$ 为例给予计算并说明。
2. 在振动测试过程中，分贝（dB）是怎样定义的，举例说明？
3. 有阻尼系统的自由衰减振动有哪几个特征参数？
4. 复杂周期振动和准周期振动是如何表示的？有何区别？如何分析这些被测信号？
5. 分析非周期信号有何方法？
6. 振动测试及信号分析的任务是什么？
7. 有几种测量方法？各有什么特点？

第2章　机械式传感器工作原理

机械运动是物质运动的最简单的形式，因而人们最先想到的是用机械方法测量振动，从而制造出了机械式测振仪。本章将主要介绍机械式测振仪的工作原理，它是振动传感器的理论基础。

2.1　传感器的作用

机械式测振仪是由机械结构传递、放大和记录的。这类仪器原理简单、直观、好理解，在一般精度要求的现场测量中，使用起来还比较简单、方便。但由于其体积大、灵敏度差和频带窄等缺点，除少数场合外，已被电测法所代替。

电测法的要点在于先将机械振动量转换为电量（电动势、电荷或其他电量），然后再对电量进行测量，从而得到所要测量的机械量。完成此任务的部件被称为振动传感器，因此，振动传感器的基本作用是接收被测的机械量或力学量并将其转换成与之有确定性关系的电量，并将这些电量提供给测试系统的后续设备。

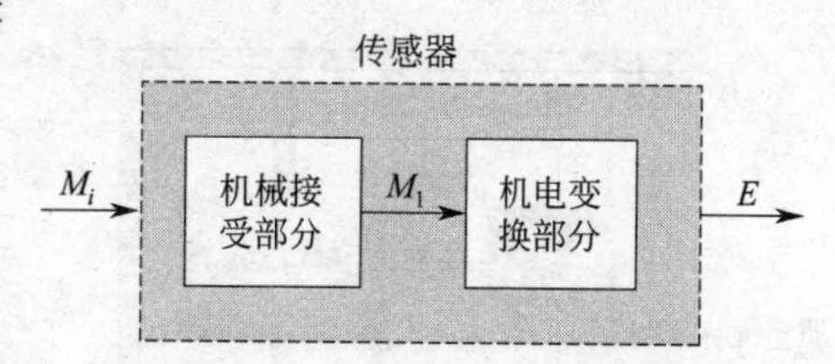

图2-1　振动传感器的作用原理

一个振动传感器从功能上说由两部分组成，即机械接收部分和机电变换部分，如图2-1所示。

振动传感器并不是直接将原始要测的机械量转变为电量，而是将原始要测的机械量作为振动传感器的输入量 M_i，然后由机械接收部分加以接收，形成另一个适合于变换的机械量 M_1，最后由机电变换部分再将 M_1 变换为电量 E。因此一个传感器的工作性能，由这两部分的工作性能来决定。

电测法的核心设备是传感器，传感器的作用主要是将机械量接收下来，并转换为与之成比例的电量，它是测振系统的关键部件之一。由于它也是一种机电转换装置，所以有时也称它为换能器或拾振器等。

2.2　相对式机械接收原理

相对式机械测振仪的工作接收原理如图2-2所示。在测量时，把仪器固定在不动的支架上，使触杆与被测物体的振动方向一致，并借弹簧的弹性力与被测物体表面相接触，当物体振动时，触杆跟随它一起运动，并推动记录笔杆在移动的纸带上描绘出振动物体的位移随时间的变化曲线，根据这个记录曲线可以计算出位移的大小及频率等参数。

由此可知，相对式机械接收部分所测得的结果是被测物体相对于参考体的相对振动，只有当参考体绝对不动时，才能测得被测物体的绝对振动。这样，就发生一个问题，当需要测的是绝对振动，但又找不到不动的参考点时，这类仪器就无用武之地。例如：在行驶的内燃机车上测试内燃机车的振动，在地震时测量地面的振动及楼房的振动，都不存在一个不动的

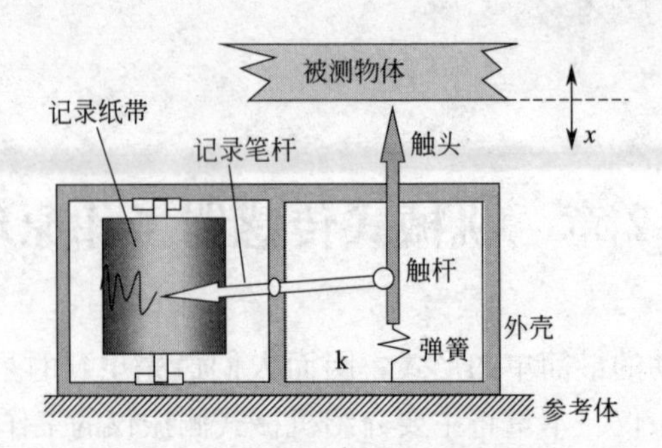

图 2-2　相对式机械接受原理图

参考点。在这种情况下，必须用另一种测量方武的测振仪进行测量，即利用惯性式测振仪。

2.3　惯性式机械接收原理

惯性式机械接收原理如图 2-3 所示。惯性式机械测振仪测振时，是将测振仪直接固定在被测振动物体的测点上，当传感器外壳随被测振动物体运动时，由弹性支承的惯性质量块 m 将与外壳发生相对运动，则装在质量块 m 上的记录笔就可记录下质量元件与外壳的相对振动位移幅值，然后利用惯性质量块 m 与外壳的相对振动位移的关系式，即可求出被测物体的绝对振动位移波形。

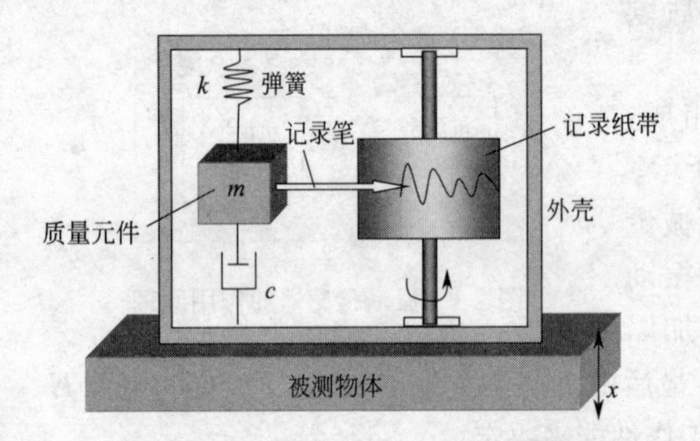

图 2-3　惯性式机械接受原理图

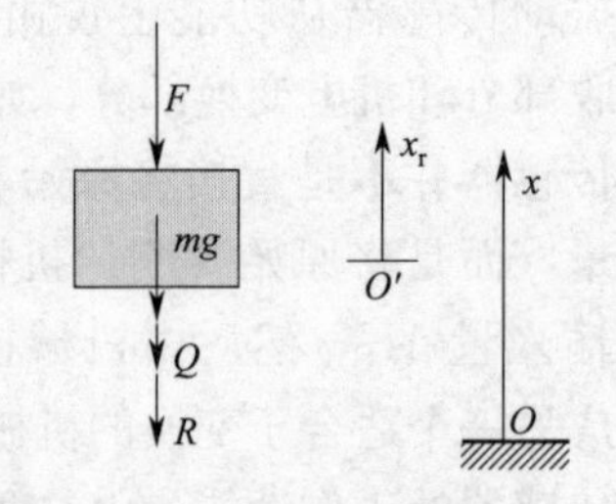

图 2-4　惯性质量块的受力图

2.3.1　惯性式测振仪的动力分析

为研究惯性质量块 m 与外壳的相对振动规律，取惯性质量块 m 为研究对象则惯性质量块 m 的受力如图 2-4 所示。设被测物体振动的位移函数为 x（相对于静坐标系），惯性质量块 m 相对于外壳的相对振动位移函数为 x_r，其动坐标系 $O'x_r$ 固结在外壳上，静坐标系 Ox 与地面相固连。则

$$F=k(x_r-\delta_m)\quad 弹性力$$

$$Q=m\ddot{x}\quad 牵连惯性力$$

$$R=c\dot{x}\quad 阻尼力$$

其中，δ_m 为弹簧的静伸长。所以惯性质量块的相对运动微分方程为

$$\begin{aligned} m\ddot{x}_r &= -F-Q-R-mg \\ &= -k(x_r-\delta_{gt})-m\ddot{x}-c\dot{x}-mg \end{aligned}$$

$$\because\quad mg=k\delta_m$$

经整理得

$$m\ddot{x}_r+c\dot{x}_r+kx_r=-m\ddot{x} \tag{2-1}$$

即

$$\ddot{x}_r+\frac{c}{m}\dot{x}_r+\frac{k}{m}x_r=-\ddot{x}$$

设 $2n=\frac{c}{m}$，$p_n=\sqrt{\frac{k}{m}}$，其中 n 为衰减系数，p_n 为接收部分的固有频率。代入上式得

$$\ddot{x}_r+2n\dot{x}_r+p_n^2x_r=-\ddot{x} \tag{2-2}$$

若被测振动物体作简谐振动，即运动规律为

$$x=x_m\sin\omega t \tag{2-3}$$

其中简记 x_{max} 为 x_m，将式(2-3) 代入式(2-2) 得

$$\ddot{x}_r+2n\dot{x}_r+p_n^2x_r=x_m\omega^2\sin\omega t$$

解方程得其通解为

$$x_r=e^{-nt}(c_1\cos p_nt+c_2\sin p_nt)+x_{rmax}\sin(\omega t-\varphi) \tag{2-4}$$

上式中 x_{rmax} 为惯性质量块的最大相对位移，等号右端的第一、二项是自由振动部分，由于存在阻尼，自由振动很快就被衰减掉，因此，当进入稳态后，只有第三项存在，即

$$x_r=x_{rmax}\sin(\omega t-\varphi) \tag{2-5}$$

其中

$$x_{rmax}=\frac{\frac{\omega^2}{p_n^2}x_m}{\sqrt{\left(1-\frac{\omega^2}{p_n^2}\right)^2+4n^2\frac{\omega^2}{p_n^4}}} \tag{2-6}$$

$$\varphi=\arctan\frac{2n\omega}{p_n^2-\omega^2} \tag{2-7}$$

如果引入无量纲频率比 λ 及无量纲衰减系数 ζ

则

$$\lambda=\frac{\omega}{p_n}\qquad \zeta=\frac{c}{c_c} \tag{2-8}$$

其中 $c_c=2\sqrt{km}$ 是临界阻尼系数。将式(2-8) 代入式(2-6) 及式(2-7) 可得

$$x_{rm}=\frac{\lambda^2x_m}{\sqrt{(1-\lambda^2)^2+4\zeta^2\lambda^2}} \tag{2-9}$$

$$\varphi=\arctan\frac{2\zeta\lambda}{1-\lambda^2} \tag{2-10}$$

公式(2-9) 表达了质量元件与外壳的相对振动位移幅值 x_{rm} 与外壳振动的位移幅值 x_m 之间的关系。公式(2-10) 则表达了它们之间的相位差的大小。可以看出，如果通过某种方法测量出 x_{rm} 和 φ 的大小，再通过以上各式的关系，就能计算出相应的 x_m 和 ω 值。因此，惯性式机械接收工作原理就在于：把振动物体的测量工作，转换为测量惯性质量元件相对于外壳的强迫振动的工作。下面讨论在什么样的条件下，这个“转换”工作将变得容易简单而准确。

2.3.2 位移传感器的接收原理

1. 构成位移传感器的条件

将公式(2-9) 改写为以下形式

$$\frac{x_{rm}}{x_m}=\frac{\lambda^2}{\sqrt{(1-\lambda^2)^2+4\xi^2\lambda^2}} \tag{2-11}$$

以 λ 为横坐标，$\frac{x_{rm}}{x_m}$ 为纵坐标，将式(2-11) 绘制成曲线，如图 2-5 所示，这便是传感器的相对振幅和被测振幅之比 $\frac{x_{rm}}{x_m}$ 的幅频特性曲线。

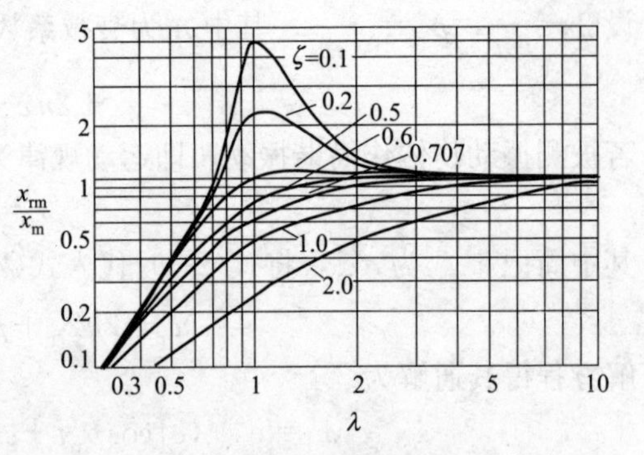

图 2-5　惯性式位移传感器的幅频曲线

以 λ 为横坐标，φ 为纵坐标，将式(2-10) 绘制成曲线，如图 2-6 所示，这便是传感器的相对振动和被测振动之间的相频特性曲线。

由图 2-5 看出，当无量纲频率比 λ 显著地大于 1 时，振幅比 $\frac{x_{rm}}{x_m}$ 就几乎与频率无关而趋近于 1。同时由图 2-6 可看出，无量纲频率比 λ 显著地大于 1 时，无量纲衰减系数 ζ 显著地小于 1 时，相位差 φ 也几乎与频率无关而趋于 180°(π 弧度)。也就是说在满足条件

$$\lambda=\frac{\omega}{p_n}\gg 1 \qquad \zeta=\frac{c}{c_c}\ll 1$$

时，$x_{rm}\to x_m$，$\varphi\to\pi$，于是公式(2-5) 就可简化为

$$x_t=x_m\sin(\omega t-\pi) \tag{2-12}$$

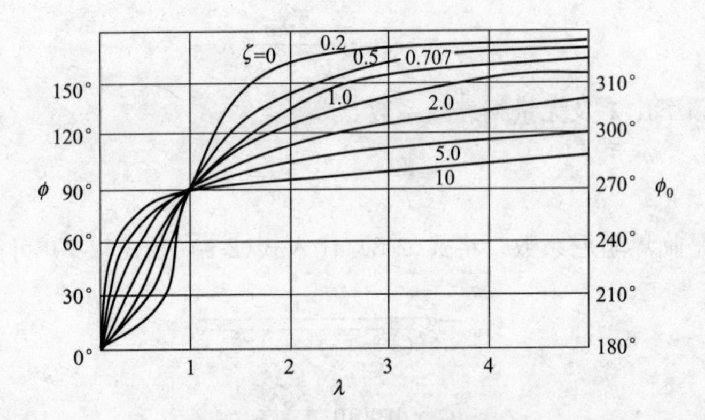

图 2-6　惯性式传感器的相频曲线

将式(2-3) 与式(2-12) 相比较，可以发现，传感器的质量元件相对于外壳的强迫振动规律与被测物体的简谐振动规律基本相同，只是在相位上落后 180°相位角。

由此可知，如果传感器的记录波形与相对振幅 x_{rm} 成正比，那么，在测量中，记录到的振动位移波形将与被测物体的振动位移波形成正比，因此它构成了一个位移传感器。

2. 传感器的固有频率 f_n 对传感器性能的影响

作为一个位移传感器，它应该满足的条件是

$$\lambda=\frac{\omega}{p_n}\gg 1 \qquad 即\ \omega\gg p_n\ 或\ \lambda=\frac{f}{f_n}\gg 1$$

即被测物体的振动频率 f 应该显著地大于传感器的固有频率 f_n。因此，在位移传感器中，存在着一个测量范围的下限频率 $f_{下}$ 的问题。至于频率上限 $f_{上}$，从理论上讲，应趋近于无限大。事实上，频率上限不可能趋于无限大，因为，当被测振动频率增大到一定程度时，传感器的其他部件将发生共振，从而破坏了位移传感器的正常工作。

为了扩展传感器的频率下限 $f_{下}$，应该让传感器的固有频率 f_n 尽可能低一些。由公式 $p_n=2\pi f_n=\sqrt{k/m}$ 可知，在位移传感器中，质量元件的质量 m 应尽可能大一些，弹簧的刚度系数 k 应尽可能小一些。

3. 无量纲衰减系数 ζ 对传感器性能的影响

无量纲衰减系数 ζ 主要从三个方面影响位移传感器的性能。

(1) 对传感器自由振动的影响。由公式(2-4) 可以看出，增大无量纲衰减系数 ζ 能够迅速消除传感器的自由振动部分。

(2) 对幅频特性的影响。由图 2-5 可以看出，适当增大无量纲衰减系数 ζ，传感器在共振区 ($\lambda=1$) 附近的幅频特性曲线会平直起来，这样，传感器的频率下限 $f_{下}$ 可以更低些，从而增大了传感器的测量范围，其中以 $\zeta=0.6\sim0.7$ 比较理想。

(3) 对相频特性的影响。由图 2-6 看出，增大无量纲衰减系数 ζ，相位差 φ 将随被测物体的振动频率变化而变化。在测量简谐振动时，这种影响并不大，但是在测量非简谐振动时则会产生很大波形畸变（相位畸变)。当相频曲线呈线性关系变化时；将不会发生相位畸变。有关内容将在 2.4 节中介绍。

2.3.3 加速度传感器的接收原理

1. 构成加速度传感器的条件

加速度函数是位移函数对时间的二阶导数，由式(2-3) 可得被测物体的加速度函数为

$$\ddot{x}=x_m\omega^2\sin(\omega t+\pi)=\ddot{x}_m\sin(\omega t+\pi) \tag{2-13}$$

式中加速度峰值

$$\ddot{x}_m=x_m\omega^2 \tag{2-14}$$

式(2-3) 与式(2-13) 相比可知，加速度的相位角超前于位移 180°（π 弧度)。

若将公式(2-9) 改写为以下形式

$$\frac{x_{rm}}{x_m\lambda^2}=\frac{1}{\sqrt{(1-\lambda^2)^2+4\zeta^2\lambda^2}} \tag{2-15}$$

将式(2-8) 与式(2-14) 代入式(2-15) 的右端得

$$\frac{x_{rm}}{\ddot{x}_m}p_n^2=\frac{1}{\sqrt{(1-\lambda^2)^2+4\zeta^2\lambda^2}} \tag{2-16}$$

以 λ 为横坐标，$\frac{x_{rm}}{\ddot{x}_m}p_n^2$ 为纵坐标，将式(2-16) 绘成曲线，如图 2-7 所示，这便是传感器的相对振动振幅和被测加速度幅值之比 $\frac{x_{rm}}{\ddot{x}_m}p_n^2$ 的幅频特性曲线。

由图 2-7 可以看出，当 λ 显著地小于 1，ζ 也小于 1 时，即

$$\lambda=\frac{\omega}{p_n}\ll1 \qquad \zeta<1$$

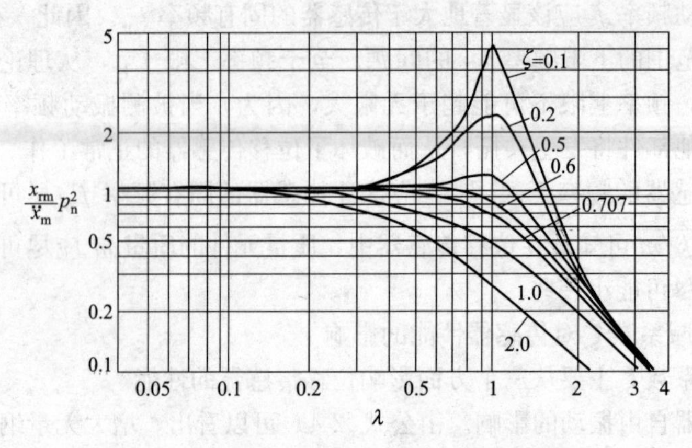

图 2-7　惯性式加速度传感器的幅频曲线

此时，$\frac{x_{rm}}{\ddot{x}_m}p_n^2 \to 1$，即 $x_{rm} \to \frac{\ddot{x}_m}{p_n^2}$，于是，式(2-5) 可表示为

$$x_r = \frac{\ddot{x}_m}{p_n^2}\sin(\omega t - \varphi) \tag{2-17}$$

比较式(2-3) 与式(2-17) 可以发现，传感器相对振动的位移表达式和被测物体的加速度函数表达式是非常相似的，只存在以下两点差异。

(1) 传感器的相对振幅是被测加速度幅值的 $1/p_n$ 倍，且当传感器确定后，p_n 是一个常数值；

(2) 在相位上，相对振动位移的时间历程落后于被测加速度的时间历程的相位差 φ_α 为

$$\varphi_\alpha = \varphi + \pi \tag{2-18}$$

由此看出，φ_α 和 φ 之间只差 180°相角，因此，传感器的相对振幅和被测加速度峰值之间相位差 φ_α 的相频特性曲线与图 2-6 所示的曲线一样，只是纵坐标值应该增加 180°（π 弧度）而已。于是，只要在图 2-6 的右侧竖立一个相位差 φ_α 的纵坐标轴，就可以得到传感器的相对振幅和被测加速度峰值之间相位差 φ_α 的相频特性曲线。

由图 2-6 看出，当 $\lambda \ll 1$、$\zeta \ll 1$ 时，$\varphi_\alpha \to 180°$。从式(2-18) 中可解得 $\varphi \to 0$，因此；式(2-17) 可简化为

$$x_r = \frac{\ddot{x}_m}{p_n^2}\sin\omega t \tag{2-19}$$

比较式(2-13) 与式(2-19) 可以发现，传感器质量元件的相对振动，与被测物体的加速度变化规律基本相同，只是相对振幅是被测加速度峰值的 $1/p_n^2$ 倍，在相位上，则落后 180°的相位角（π 弧度）。

由此可知，如果传感器的输出信号与相对振幅 x_{rm} 成正比，那么，在测量系统中，记录到的振动波形将与被测物体的加速度波形成正比，于是，就构成了一个加速度传感器。

2. 固有频率 f_n 对加速度传感器性能的影响

作为一个加速度传感器，它应该满足的条件是

$$\lambda = \frac{\omega}{p_n} \ll 1 \qquad 即\ \omega \ll p_n\ 或\ f \ll f_n$$

即，被测物体的振动频率 f 应该显著地小于加速度传感器的固有频率 f_n。因此，在加速度传感器中，存在着一个测量范围的频率上限 $f_{上}$ 的问题。至于频率下限 $f_{下}$，从理论上说，它应等于零，即 $f_{下}=0$，事实上，频率下限不可能等于零。它往往取决于以下两个因素：

(1) 在测量系统中，放大器的特性；

(2) 加速度传感器的压电陶瓷片及接线电缆等的漏电程度（或绝缘程度）。

为了扩展加速度传感器的频率上限 $f_{上}$，应该让加速度传感器的固有频率 f_n 尽可能高些。由公式 $p_n=2\pi f_n=\sqrt{k/m}$ 可知，在加速度传感器中，其弹簧的刚度系数 k 应尽可能的大，质量元件的质量 m 原则上应尽量的小。但是，为了保证质量元件在运动中能产生足够大的惯性力，质量元件的质量应该显著地大于弹簧系统的质量。因此，加速度传感器中的质量元件仍然需要用重金属材料做成，以保证它有足够大的质量。

3. 无量纲衰减系数 ζ 对加速度传感器性能的影响

与位移传感器相似，它也从三个方面影响加速度传感器的性能。

(1) 增大无量纲衰减系数，能够迅速消除加速度传感器的自由振动部分。

(2) 适当增大无量纲衰减系数，加速度传感器在共振区（$\lambda=1$）附近的幅频特性曲线会平直起来，有利于提高加速度传感器的上限频率，一般当 $\zeta=0.6\sim0.707$ 时比较理想。

(3) 增大无量纲衰减系数，相位差 φ_a 将随被测物体的振动频率变化而变化。在测量简谐振动时，这种影响不大；但在测量非简谐振动时会产生波形畸变，只有在相频曲线呈线性关系时，才可避免。有关内容将在第 2.4 节介绍。

2.4 非简谐振动测量时的技术问题

上面针对如何正确地反映或记录简谐振动的问题，讨论了惯性传感器的动力特性。在工程实际中，单纯的简谐振动（周期振动的特例）是比较少的，大多数是复杂周期振动、准周期振动和非周期振动。于是就提出这样一个问题，能够正确地反映或记录简谐振动的传感器，是否能准确地反映或记录复杂周期振动、准周期振动和非周期的振动呢？在这一节里，将讨论这个问题。

2.4.1 复杂周期振动的测量

如果被测物体的运动是复杂周期振动 $x(t)$，那么，它就可以分解为一系列的简谐振动，换句话说，它可以看成是一系列简谐振动的合成振动，即

$$x(t)=\frac{x_0}{2}+\sum_{n=1}^{\infty}x_n\sin(n\omega_1 t-\theta_n) \tag{2-20}$$

将其代入式(2-2)，则可得稳态解

$$x_t=\sum_{n=1}^{\infty}x_{rm_n}\sin(n\omega_1 t-\theta_n-\varphi_n) \tag{2-21}$$

对于位移传感器，当 $\lambda\gg1$ 时，$x_{rm_n}\to x_n$。若相位差随频率呈线性关系变化，设其比例系数为 t_n，则 $\varphi_n(\omega)=t_n\omega_n=t_n n\omega_1$ 时，有

$$x_r=\sum_{n=1}^{\infty}x_{rm_n}\sin(n\omega_1 t-\theta_n-t_n n\omega_1)$$

$$= \sum_{n=1}^{\infty} x_{\mathrm{rm}_n} \sin[n\omega_1(t - t_n) - \theta_n] \tag{2-22}$$

虽然，式(2-20)与式(2-22)相比还存在相位差，但它是一个常量，不会使输出波形发生畸变，即相当于相对运动轨迹仅仅平移了一个时间常量 t_n(超前或滞后)。由图 2-6 可知，当 $\zeta=0.6\sim0.7$，$\lambda\gg1$ 时，即在位移传感器的工作范围内，相频曲线可近似为线性关系。因此，在位移传感器的范围内，用位移传感器测量复杂周期振动不会发生波形畸变。

同理，对于加速度传感器，当 $\lambda\ll1$，$x_{\mathrm{rm}_n}\rightarrow\dfrac{\ddot{x}_{\mathrm{m}_n}}{p_{\mathrm{n}}^2}$ 时，若相频曲线也视为线性关系，即

$$\varphi_n(\omega) = t_n\omega_n = t_n n\omega_1$$

有

$$x_{\mathrm{r}} = \sum_{n=1}^{\infty} \frac{\ddot{x}_{\mathrm{rm}_n}}{p_{\mathrm{n}}^2} \sin(n\omega_1 t - \theta_n - t_n n\omega_1)$$

$$= \sum_{n=1}^{\infty} \frac{\ddot{x}_{\mathrm{rm}_n}}{p_{\mathrm{n}}^2} \sin[n\omega_1(t - t_n) - \theta_n] \tag{2-23}$$

将式(2-20)求导，得

$$\ddot{x}(t) = \sum_{n=1}^{\infty} (n\omega_1)^2 x_n \sin(n\omega_1 t - \theta_n + \pi)$$

$$= \sum_{n=1}^{\infty} \ddot{x}_{\mathrm{rm}_n} \sin(n\omega_1 t - \theta_n + \pi) \tag{2-24}$$

将式(2-23)与式(2-24)进行比较，存在相位差 t_n，但它也是一个常数，不会引起波形畸变，即相当于仅仅移动了一个时间常量 t_n（超前或滞后)。由图 2-6 可知，当 $\lambda<1$，$\zeta=0.6\sim0.7$ 时，即在加速度传感器的工作范围内，相频曲线也可近似为线性关系。因此，在加速度传感器范围内，用加速度传感器测量复杂周期振动也不会发生波形畸变。

通过以上分析，可得下述结论：对于位移传感器、加速度传感器，当满足它们的工作条件时，它们的相频曲线都可以近似为线性关系，所测的复杂周期振动信号不会引起波形畸变。

同理，对于准周期振动，也可得到同样的结论。

2.4.2 非周期振动测量的简单介绍

在非周期振动中，加速度（位移和速度也是一样）的各阶谐波分量在整个频率域上是连续分布的，即加速度的频率谱是连续谱。也就是说，非周期振动是由频率从 $0\rightarrow\infty$ 的所有的简谐振动的合成振动。它不仅包含着频率很低的谐振分量，而且这种超低频的谐振分量有时还是很大的。在测试中，为了能够准确地反映和记录非周期振动，要求惯性式传感器在低频区（即 $0\leqslant\lambda<1$ 的区域）具有良好的幅频特性。由于这个缘故，在测量非周期振动时，特别是在测量冲击振动的时候，一般只选用加速度传感器。

加速度传感器在低频区具有良好的幅频特性。但是，在共振区（$\lambda=1$ 附近）和高频区（$\lambda>1$)，已超出它的工作范围，它的幅频特性就不好了。为了克服这个缺点，可以选择固有频率很高的加速度传感器，并采用适当的措施，如合理地确定需要测定的“最高”谐振频率，并配置相应的低通滤波器及增大加速度传感器的阻尼等。

因此，在测量任意形式的振动的时候，不但要考虑传感器的幅频特性和相频特性，同时还需要考虑阻尼对加速度传感器的有利的影响和不利的影响。有关这方面的详细论述，请参见有关振动测试的书籍。

思考题

1. 传感器的作用是什么？

2. 简述惯性式传感器（位移传感器、加速度传感器）的机械接收原理及构成的条件？并确定其使用范围，画出各自的幅频曲线、相频曲线（建立力学模型，推导有关公式并加以讨论）。

3. 振动传感器的使用频率上限、频率下限决定于哪些因素？

4. 一般惯性式传感器阻尼比的最佳值取为多少？阻尼的存在有哪些益处和副作用？

5. 在什么条件下惯性式传感器能测周期振动、准周期振动和非周期振动？应注意的问题是什么？并进行推证。

第3章　机电式传感器工作原理

振动传感器是将被测机械量变换为电量。由于传感器内部机电变换原理的不同。输出的电量也各不相同。有的是将机械量的变化变换为电动势或电荷的变化，有的是将机械振动量的变化变换为电阻或电感等电参量的变化。本章将主要介绍各种传感器的机电变换原理。

■ 3.1　振动传感器的分类

传感器的种类繁多，应用范围极其广泛。但是在现代振动测量中所用的传感器，已不是传统概念上独立的机械测量装置，而仅是整个测量系统中的一个环节，且与后续的电子线路紧密相关。以电测法为例，其测试系统示意如图3-1所示。

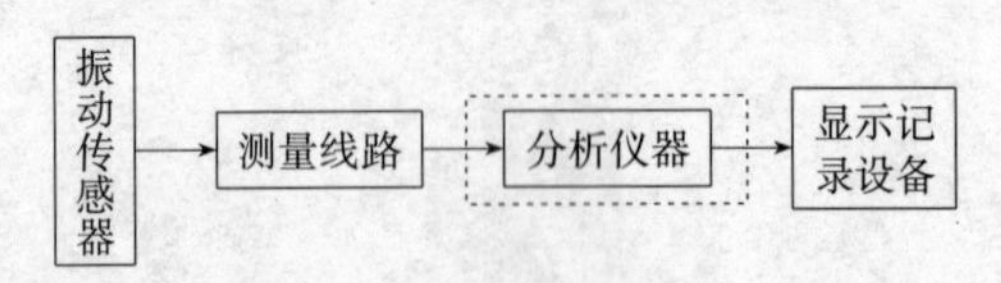

图3-1　电测法测试系统示意图

一般说来，由传感器直接变换的电量并不能直接被后续的显示、记录或分析仪器所接受。因此针对不同变换原理的传感器，必须附以专配的测量线路。测量线路的作用是将传感器的输出电量最后变为后续显示或分析仪器所能接受的一般电压信号。因此，振动传感器按其功能可有以下几种分类方法，如表3-1示。

振动传感器的分类　　**表3-1**

按机械接收原理分	①相对式:顶杆式,非接触式	
	②惯性式(绝对式)	
按机电变换原理分	①电动势(磁电式)	④电感式
	②压电式	⑤电容式
	③电涡流式	⑥电阻式
按所测机械量分	①位移传感器	⑤应变传感器
	②速度传感器	⑥扭振传感器
	③加速度传感器	⑦扭矩传感器
	④力传感器	

传感器的机械接收原理将在第八章加以论述，本章按机电变换原理的顺序对各种传感器加以介绍。由于以上三种分类法中的传感器是相容的，所以按所测机械量分类法中的传感器，将贯串于全章的内容之中进行介绍。

■ 3.2　电动式传感器

电动式传感器基于电磁感应原理，即当运动的导体在固定的磁场里切割磁力线时，导体两端就感应出电动势，因此利用这一原理而生产的传感器称为电动式传感器。

3.2.1 绝对（惯性式）式电动传感器

绝对式电动传感器的结构简图如图 3-2 示。该传感器由固定部分、可动部分以及支承弹簧部分所组成。为了使传感器工作在位移传感器状态，其可动部分的质量应该足够的大，而支承弹簧的刚度应该足够的小。也就是让传感器具有足够低的固有频率。

根据电磁感应定律，感应电动势

$$u=-Bl\dot{x}_{r}10^{-4}(\mathrm{V}) \tag{3-1}$$

式中 B——磁通密度（特斯拉）；

l——线圈在磁场内的有效长度（cm）；

$\dot{x}_{r}$——线圈在磁场中的相对速度。

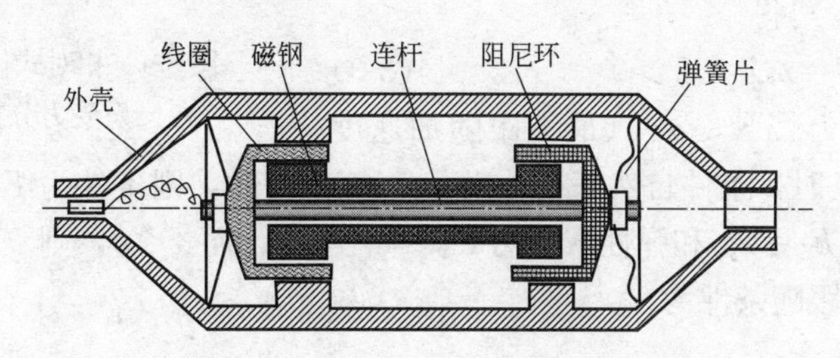

图 3-2 绝对电动式传感器结构示意图

感应电动势的方向应由右手定则来确定。

从结构上来说，传感器是一个位移传感器。传感器输出的电信号是由电磁感应产生，根据电磁感应定律，当线圈在磁场中做相对运动时，所感生的电动势与线圈切割磁力线的速度成正比，因此就传感器的输出信号来说，感应电动势是同被测振动速度成正比的，所以它实际上是一个速度传感器。

为了使传感器有比较宽的可用频率范围，在工作线圈的对面安装了一个用紫铜制成的阻尼环。通过合适的几何尺寸，可以得到理想的无量纲衰减系数 $\zeta=0.7$。阻尼环实际上就是一个在磁场里运动的短路环。在工作时，此短路环产生感生电流。这个电流又随同阻尼环在磁场中运动，从而产生电磁力，此力同可动部分的运动方向相反，呈阻力形式出现，其大小与可动部分的运动速度成正比。因此，它是该系统中的线性阻尼力。

此类传感器的缺点是，在测量时传感器的全部重量都必须附加在被测振动物体上，这对某些振动测量结果的可靠性将产生较大的附加质量影响。

3.2.2 相对式电动传感器

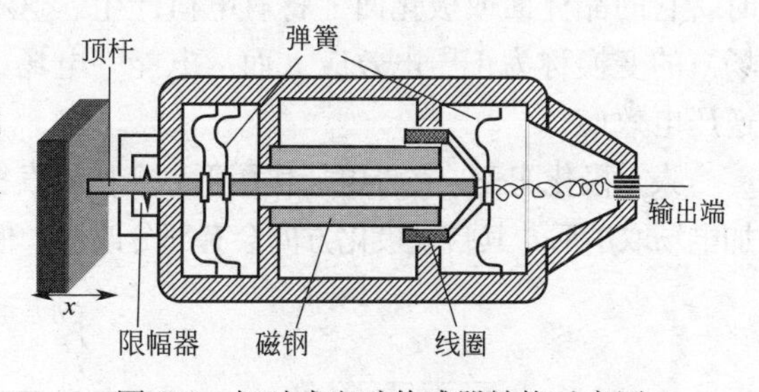

图 3-3 相对式电动传感器结构示意图

相对式电动传感器的工作简图如图 3-3 示。该传感器也是由固定部分、可动部分以及三组拱形弹簧片所组成。三组拱形弹簧片的安装方向是一致的。在测量时，必须先将顶杆压在被测物体上，并且应注意满足传感器的跟随条件。

当传感器顶杆跟随被测物体运动时，顶杆质量 m 和弹簧刚度 k 附属于被测物上，如

图 3-4(a) 所示，它们成了被测振动系统的一部分，因此在测量时要注意满足：$M \gg m$，$K \gg k$ 的条件，这样传感器的可动部分的运动才能主要地取决于被测物体系统的运动。

下面着重讨论传感器的跟随条件。

以传感器可动部分的顶杆质量块 m 为研究对象，其受力图如图 3-4(b) 所示。由牛顿第二定律可知，质量块 m 的运动微分方程为

$$m\ddot{x} = N - F \tag{3-2}$$

式中，N 为传感器顶杆与被测物体的相互作用力；F 为传感器顶杆所受拱形弹簧的弹性力。因此，传感器顶杆跟随被测物体所必须满足的条件是 $N > 0$。从而，由公式(3-2) 可得

$$N = m\ddot{x} + F > 0 \tag{3-3}$$

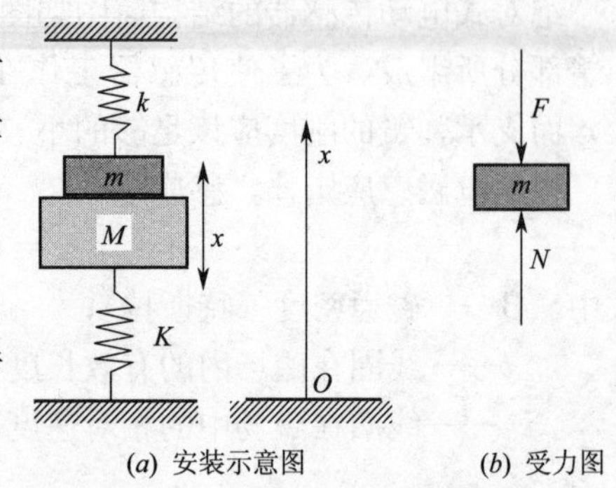

(a) 安装示意图　　(b) 受力图

图 3-4　相对式传感器的运动及受力分析示意

由于 $\ddot{x}$ 的变化范围为 $|\ddot{x}| \leqslant a_{\mathrm{m}}$（最大跟随加速度值），当 $a_{\mathrm{m}} = \ddot{x} > 0$ 时，条件自然满足；当 $a_{\mathrm{m}} = \ddot{x} < 0$ 时，则条件为 $F - ma_{\mathrm{m}} > 0$。由于弹性力 F 由预压力 $F_0 = k\delta$ 和弹性恢复力 $F_1 = kx$ 组成，而 $x \ll \delta$，则 $F_1 \ll F_0$，所以 $F \approx F_0$。因此传感器的跟随条件为

$$F_0 - ma_{\mathrm{m}} > 0 \text{ 或 } a_{\mathrm{m}} < \frac{F_0}{m} \tag{3-4}$$

如果被测加速度值超过上述的最大跟随加速度 a_{m} 值时，或顶杆的预压力 F_0 不够大时，传感器的顶杆将同被测物发生撞击，此时测量无法进行，甚至会损伤传感器。因此使用时一定要满足传感器的跟随条件。

以上叙述了相对式电动传感器的力学原理，至于电学特性，与绝对式电动传感器相同，它也是一种速度传感器。其不同点是相对式电动传感器不加阻尼环。

3.3　压电式传感器

3.3.1　压电式加速度传感器

某些晶体（如人工极化陶瓷、压电石英晶体等）在一定方向的外力作用下或承受变形时，它的晶体面或极化面上将有电荷产生。这种从机械能（力或变形）到电能（电荷或电场）的变换称为正压电效应。而从电能（电场或电压）到机械能（变形或力）的变换称为逆压电效应。

人工极化陶瓷，在外电场作用下，会使自发极化方向顺着电场方向，如图 3-5 所示。当外加电场取消后，其自发极化方向会有部分改变，但最后在原电场方向将表现出剩余极化强度。

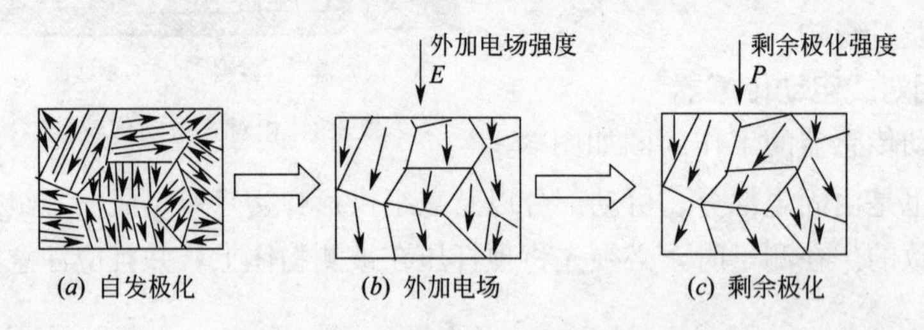

(a) 自发极化　　(b) 外加电场　　(c) 剩余极化

图 3-5　压电陶瓷晶体的极化过程

经过外加电场的极化处理后，陶瓷材料具有了剩余极化强度，但是，并不能从极化面上测量出任何电荷，这是因为在极化面上的自由电荷被极化电荷所束缚。如图 3-6(*a*) 所示，并不能离开电极面，因此，不能量得其极化强度。

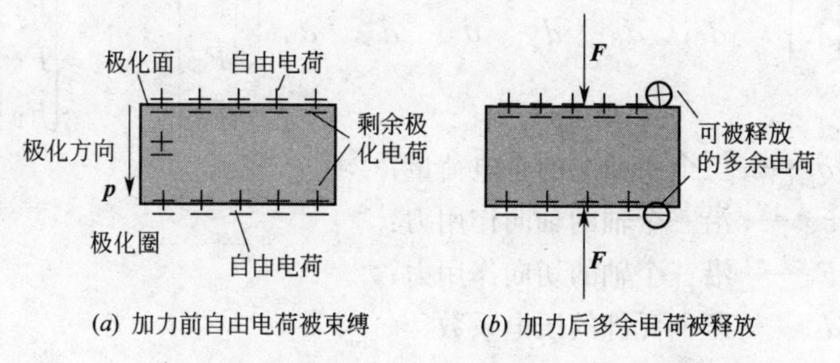

(*a*) 加力前自由电荷被束缚　(*b*) 加力后多余电荷被释放

图 3-6　正压电效应

当有外力作用时，如图 3-6(*b*) 所示，则晶体出现变形，使得原极化方向上的极化强度减弱，这样被束缚在电极面上的自由电荷就有部分被释放，这就是通常所说的压电效应。设 q 为释放的电荷，F 为作用力，A 为电极化面面积，则以下关系式成立

$$\frac{q}{A}=d_{\mathrm{x}}\frac{F}{A} \quad 或 \quad q=d_{\mathrm{x}}F \tag{3-5}$$

式中，d_{x} 是压电系数，单位为 C/N（库仑/牛顿）。

理论与实验研究表明，对于压电晶体，若受力方向不同，产生电荷的大小亦不同。在压电晶体弹性变形范围内，电荷密度与作用力之间的关系是线性的。若受力如图 3-7(*a*) 所示，则个平面上产生的电荷 。

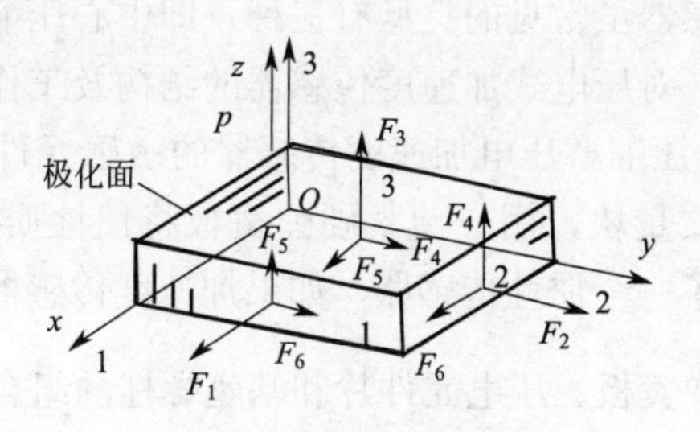

(*a*) 压电陶瓷立方体作用力图

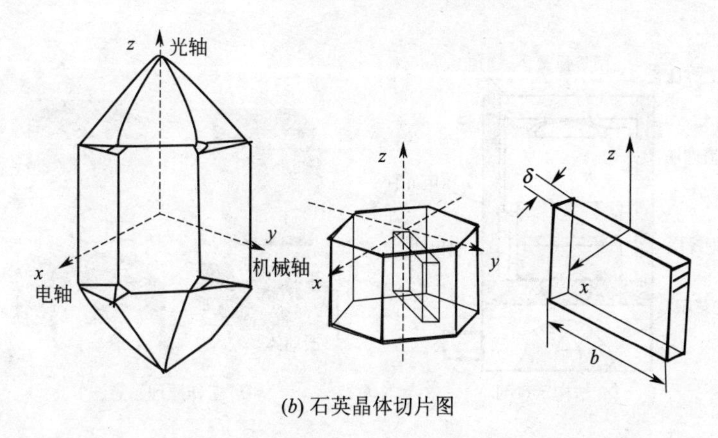

(*b*) 石英晶体切片图

图 3-7　压电晶体的作用力分布图及石英晶体切片示意图

$$\begin{bmatrix} q_1 \\ q_2 \\ q_3 \end{bmatrix} = \begin{bmatrix} d_{11} & d_{12} & d_{13} & d_{14} & d_{15} & d_{16} \\ d_{21} & d_{22} & d_{23} & d_{24} & d_{25} & d_{26} \\ d_{31} & d_{32} & d_{33} & d_{34} & d_{35} & d_{36} \end{bmatrix} \begin{bmatrix} F_1 \\ F_2 \\ F_3 \\ F_4 \\ F_5 \\ F_6 \end{bmatrix} = [D] \begin{bmatrix} F_1 \\ F_2 \\ F_3 \\ F_4 \\ F_5 \\ F_6 \end{bmatrix} \tag{3-6}$$

式中 q_1、q_2、q_3——三个平面上的总电荷量；

F_1、F_2、F_3——沿三个轴的轴向作用力：

F_4、F_5、F_6——沿三个轴的切向作用力；

d_{ii}——压电元件的压电系数。

若以压电石英晶体为例，在对如图 3-7(*b*) 所示的晶体进行切片后，压电系数矩阵为

$$[D] = \begin{bmatrix} d_{11} & -d_{11} & 0 & d_{14} & 0 & 0 \\ 0 & 0 & 0 & 0 & -d_{14} & -2d_{11} \\ 0 & 0 & 0 & 0 & 0 & 0 \end{bmatrix} \tag{3-7}$$

在振动测量中，切片的厚度是与运动方向相平行的，当在其他方向没有运动时，即其他作用力 F_2、F_3、F_4、F_5、F_6 为零时，压电元件在惯性力 F_1 的作用下，电极面所产生的电荷为

$$q_1 = d_{11} F_1 \tag{3-8}$$

式(3-8) 与式(3-5) 相比较，结果相同。因此利用晶体的压电效应，可以制成测力传感器。在振动测量中，由于 $F=ma$，所以压电式传感器是加速度传感器。

压电式加速度传感器虽常见的类型有三种，即中心压缩式、剪切式和三角剪切式。下面以中心压缩式为例，对压电式加速度传感器的结构及工作原理加以介绍。

在图 3-8(*a*) 中，压缩型压电加速度传感器的敏感元件由两个压电片组成，其上放有一重金属制成的惯性质量块，用一预紧硬弹簧板将惯性质量块和压电元件片压紧在基座上。整个组件就构成了一个惯性传感器。如果加速度传感器的固有频率是 f_n，显然 $f_n = \frac{1}{2\pi}\sqrt{k/m}$，式中 k 是弹簧板、压电元件片和基座螺柱的组合刚度系数，m 是惯性质量块的质量。

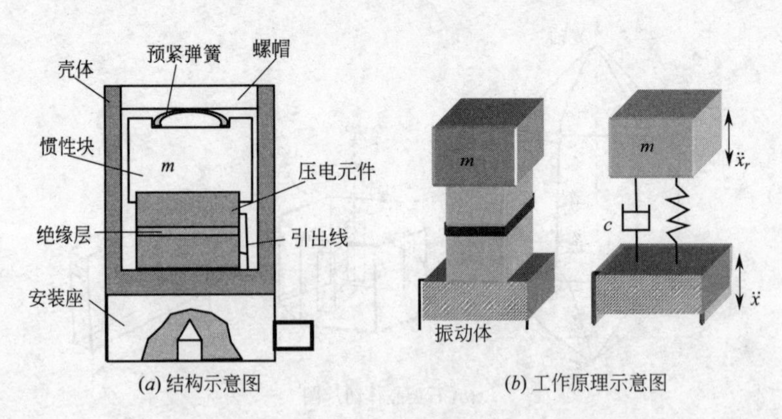

(*a*) 结构示意图　　(*b*) 工作原理示意图

图 3-8　压电加速度传感器的结构及工作原理示意图

为了使加速度传感器正常工作，被测振动的频率 f 应该远低于加速度传感器的固有频率，即 $f \ll f_n$。很明显，由于惯性质量块和基座之间的相对运动为 x_r，加速度传感器压电元件片受到与之相应的交变压力的作用，如图 3-8(b) 示，所以加速度传感器就能输出与被测振动加速度成比例的电荷，这就是压电式加速度传感器的工作原理。

上面虽是以中心压缩型为例进行分析的，但这种分析方法也适用于剪切式和三角剪切式。所不同的是，在中心压缩式中，惯性质量块使压电元件片发生压缩变形而产生电荷，在剪切式与三角剪切式中，惯性质量块的惯性力使压电元件片发生剪切变形而产生电荷，一般认为剪切式，特别是三角剪切式具有较高的稳定性，温度影响较小，线性度好，有较大的动态范围，因而得到广泛应用。利用压电式传感器时必须注意以下几个问题。

1. 压电式加速度传感器的灵敏度

压电式加速度传感器的灵敏度有两种表示方法，一个是电压灵敏度 S_v，另一个是电荷灵敏度 S_q。传感器的电学特性等效电路如图 3-9 示。

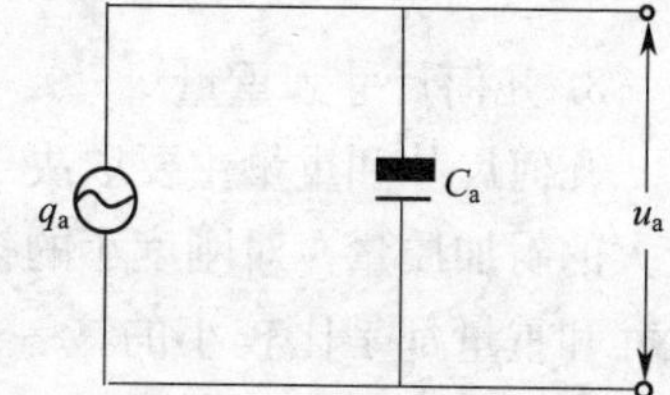

图 3-9 压电式加速度传感器电学特性等效电路

如前所述，压电片上承受的压力 $F=ma$，由公式 (3-5) 可知，在压电片的工作表面上产生的电荷 q_a 与被测振动的加速度 a 成正比，即

$$q_a = S_q a \tag{3-9}$$

其中比例系数 S_q 就是压电式加速度传感器的电荷灵敏度，量纲是 $[pC/(\mathrm{m \cdot s^{-2}})]$。由图 3-9 可知，传感器的开路电压 $u_a = q_a / C_a$，式中 C_a 为传感器的内部电容量。对于一个特定的传感器来说，C_a 为一个确定值。所以

$$u_a = \frac{S_q}{C_a} a \quad 即 \quad u_a = S_V a \tag{3-10}$$

也就是说，加速度传感器的开路电压 u_a，也与被测加速度 a 成正比。比例系数 S_V 就是压电式传感器的电压灵敏度。量纲是 $\mathrm{mV/(m \cdot s^{-2})}$。

因此在压电式加速度传感器的使用说明书上所标出的电压灵敏度，一般是指在限定条件下的频率范围内的电压灵敏度 S_V。在通常条件下，当其他条件相同时，几何尺寸较大的加速度传感器有较大的灵敏度。

2. 压电加速度传感器的频率特性

典型的压电加速度传感器的频率特性曲线如图 3-10 所示。该曲线的横坐标是对数刻度的频率值，而纵坐标则是相对电压灵敏度，就是被标定的加速度传感器的电压灵敏度和一个标准加速度传感器的电压灵敏度之比。从图中可以看出压电式传感器工作频率范围很宽，只有在加速度传感器的固有频率 f_n 附近灵敏度才发生急剧变化。

因此就传感器本身而言，固有频率 f_n 是其主要参数。通常一般几何尺寸较小的传感器有较高的固有频率，但灵敏度较低。权衡传感器的灵敏度和可以使用频率范围这一对矛盾，到底如何取舍？这决定于测量要求。但是就一项精确的测量而言，宁肯选取较小灵敏度的加速度传感器也要保证有足够宽的有效频率范围。

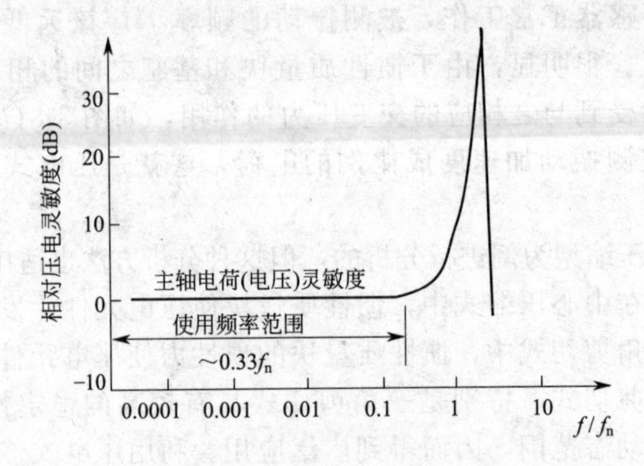

图 3-10　压电式加速度传感器的频率特性曲线

3. 几何尺寸和重量

几何尺寸和重量主要取决于被测物体对传感器的要求。因为较大的传感器对被测物有较大的附加质量，对刚度小的被测物来说是不适宜的。总的说来，压电式加速度传感器的尺寸和重量都是比较小的。一般情况下，其影响可以忽略不计。

4. 传感器的横向灵敏度

横向灵敏度也称为横向效应，它是压电式加速度传感器的一个重要性能指标。由于横向灵敏度的存在，传感器的输出不仅仅是其主轴方向的振动，而且与其主轴相垂直方向的振动也反映在输出之中。这将导致所测方向上的振动量值和相位产生误差。

横向灵敏度主要是由于最大灵敏度轴 Oz' 与传感器的几何轴线 Oz 不重合（图 3-11）而引起的。这是由于传感器加工、安装上的间隙误差及极化条件所造成的。最大灵敏度轴线与几何轴线间的夹角为 θ，最大的横向灵敏度表示为

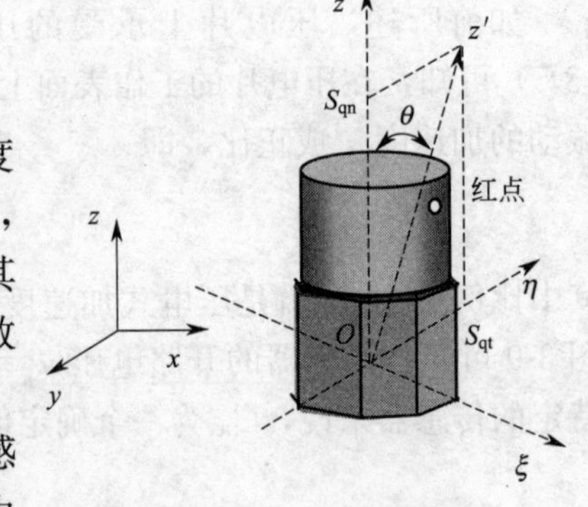

图 3-11　横向灵敏度

$$S_t = \frac{S_{qt}}{S_{qx}} = \mathrm{tg}\theta \tag{3-11}$$

对于每个加速度传感器来说，横向灵敏度是通过单独校准确定的，它的数值为 1%～4%不等。最小横向灵敏度方向用红点标明在加速度传感器外壳上。安装加速度传感器时要恰当地放置红点的方向，以减小测量误差。

5. 环境影响

环境温度直接影响加速度传感器灵敏度。所标定的灵敏度是在室温 20℃的条件下测定的，根据使用环境温度的不同，可按每个传感器出厂时给出的温度修正曲线修正其灵敏度。使用加速度传感器时，不允许超过许用温度，否则会造成压电元件的损坏。另外温度瞬变也会使测量数据漂移造成误差。电缆噪声和基座应变都会造成虚假数据。其他如核辐射、强磁场、湿度、腐蚀与强声场噪声等也会影响测量结果。

6. 加速度传感器的安装方法

图 3-12 及表 3-2 列举了几种安装方法及其相应的测量频率上限。但要注意，用螺栓

连接时，螺栓不能紧压加速度传感器底部，否则会造成基座变形而改变其灵敏度。

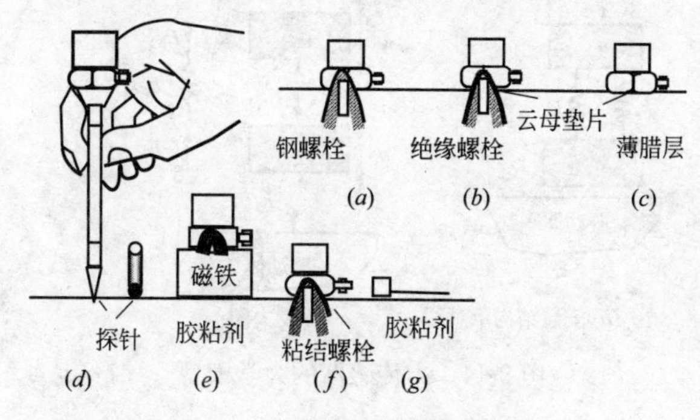

图 3-12　加速度传感器的安装方式

安装加速度传感器时应将加速度传感器作绝缘安装或把电荷放大器与地绝缘，以防止形成接地回路交流声。

传感器的安装方式、许用最高温度及频响范围　　**表 3-2**

安装方式	许用最高温度（℃）	频响范围(kHz)（以 4.367 加速度计频响曲线上误差 0.5dB 处的频率 10kHz 为参考）
钢螺栓连接，结合涂薄层硅脂	>250	10
绝缘螺栓连接，结合面涂薄层硅脂	250	8
蜂蜡粘合	40	7
磁座吸合	150	1.5
触杆手持	不限	0.4

3.3.2　压电式力传感器

在振动试验中，除了测量振动，还经常需要测量对试件施加的动态激振力。图 3-13 为压电式力传感器的结构示意图。压电式力传感器具有频率范围宽、动态范围大、体积小和重量轻等优点，因而获得广泛应用。

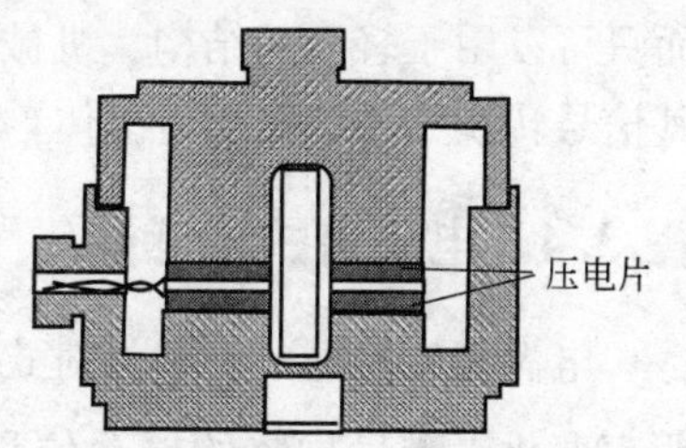

图 3-13　压电式力传感器示意图

压电式力传感器的工作原理是利用压电晶体的压电效应。其实际受力情况可具体分析如下：作用在力传感器上的力 F_b 同时施加于晶体片与壳体组成的一对并联弹簧上，如图 3-14(*a*) 所示，k_p 和 k_s 分别表示二者的轴向刚度。在静态情况下，晶体片上实际所受的力为：

$$F_p=\frac{k_p}{k_p+k_s}F_b \tag{3-12}$$

只有当 $k_p \gg k_s$ 时

$$F_p \approx F_b \tag{3-13}$$

即压电晶体片所受的力与外力成正比。在动态情况下，还需考虑传感器底部质量 m_b 和顶部质量 m_t 的惯性力，如图 3-14(*b*) 所示。

$$F_b-F_p=m_b a_b$$

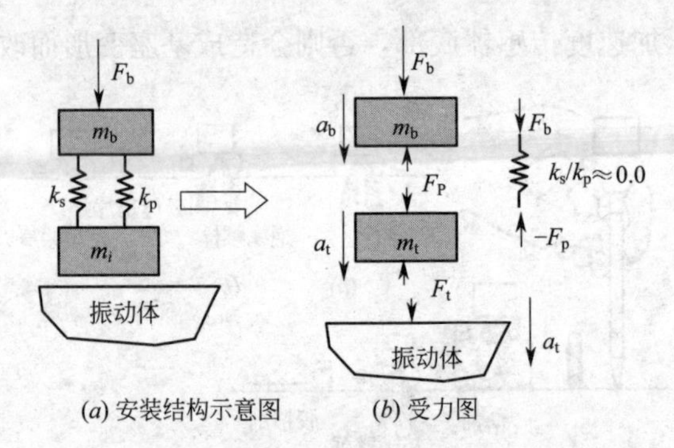

(*a*) 安装结构示意图　(*b*) 受力图

图 3-14　力传感器的力学模型

$$F_p - F_t = m_t a_t \tag{3-14}$$

实际施加于试件上的力 $F_t = F_p - m_t a_t$，与晶体片测到的力 F_p 有微小的差别。这一点在力传感器使用时应予以充分注意，即必须将质量轻的一端与试件相连。

3.3.3　阻抗头

阻抗头是一种综合性传感器。它集压电式力传感器和压电式加速度传感器于一体，其作用是在力传递点测量激振力的同时测量该点的运动响应。因此阻抗头由两部分组成，一部分是力传感器，另一部分是加速度传感器，结构如图 3-15 所示。它的优点是，保证响应的测量点就是激振点。使用时，将小头（测力端）连向结构，大头（测量加速度）与激振器的施力杆相连。从“力输出端”测量激振力的信号，从“加速度输出端”测量加速度响应的信号。

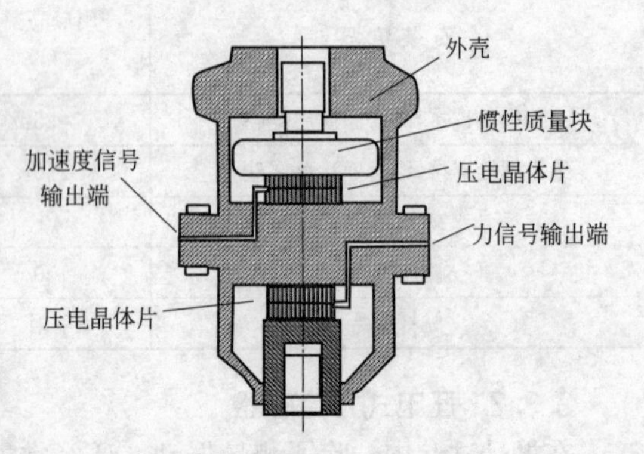

图 3-15　阻抗头结构简图

注意，阻抗头一般只能承受轻载荷，因而只可以用于轻型的结构、机械部件以及材料试样的测量。无论是力传感器还是阻抗头，其信号转换元件都是压电晶体，因而其测量线路均应是电荷放大器。

3.4　电涡流式传感器

电涡流传感器是一种相对式非接触式传感器，它是通过传感器端部与被测物体之间的距离变化来测量物体的振动位移或幅值的。电涡流传感器具有频率范围宽（0～10kHz）、线性工作范围大、灵敏度高、结构简单以及非接触式测量等优点，主要应用于静位移的测量、振动位移的测量、旋转机械中监测转轴的振动测量。

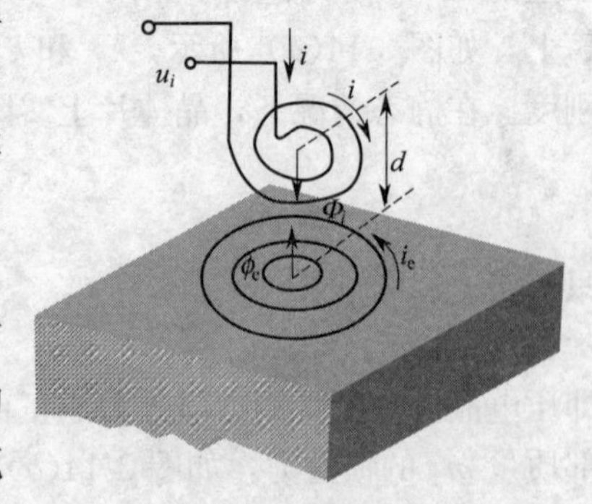

图 3-16　电涡流式传感器变换原理图

电涡流传感器的工作原理如图 3-16 所示。当通有交变电流 i 的线圈靠近导体表面时，由于交变磁场的作用，在导体表面层就感生电动势，并产生闭合环流 i_e，称为电涡流。电涡流传感器中有一线圈，当这个传感器线圈通以高频激励电流 i 时，其周围就产生一高频交变磁场，磁通量为 Φ_i。当被测的导体靠近传感器线圈时，由于受到高频交变磁场的作用，在其表面产生电涡流 i_e，这个电涡流产生的磁通 Φ_e 又穿过原来的线圈，根据电磁感应定律，它总是抵抗主磁场的变化。因此，传感器线圈与涡流相当于存在互感的两个线圈。互感的大小与原线圈和导体表面的间隙 d 有关，其等效电路如图 3-17(a) 所示。图中 R、L 为原线圈的电阻和自感，R_e、L_e 为电涡流回路的等效电阻与自感。这一等效电路又可进一步简化为图 3-17(b) 所示的电路。并且可以证明；当电流的频率甚高时，即 $R_e \ll \omega L_e$ 时，图中的 R'、L'近似为

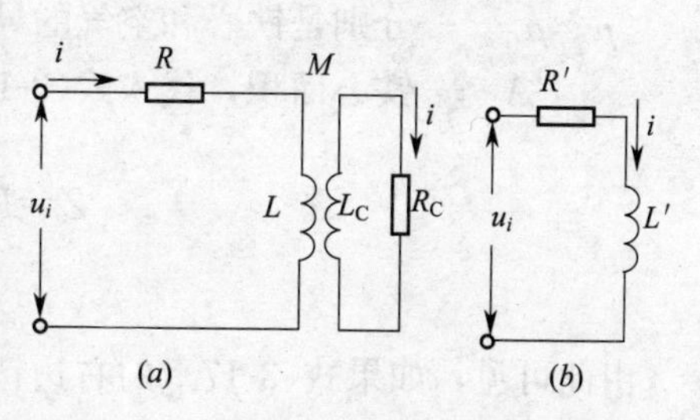

图 3-17 电涡流式变换的等效电路图

$$R'=R+\frac{L}{L_e}K^2R_e \quad L'=L(1+K^2) \tag{3-15}$$

式中 $K=M\sqrt{LL_e}$，为耦合系数；M 为互感系数。耦合系数 K 决定于原线圈与导体表面的距离 d，即 $K=K(d)$。当 $d \to \infty$时，$K(d)=0$，$L'=L$，这样间隙 d 的变化就转换为 L'的变化，然后再通过测量线路将 L'的变化转换为电压 u_i 的变化。因此，只要测定 u_i 的变化；也就间接地求出了间隙 d 的变化。这就是非接触式电涡流传感器的工作原理。

如何将 L'的变化转换为电压 u_i 的变化，并进一步确定 d 的变化关系，将在电涡流传感器的测量线路中加以介绍。

■ 3.5 参量型传感器

3.5.1 电感式传感器

图 3-18 所示是一个带有工作气隙 δ 的电感元件。现在来讨论这个电感元件的电阻抗 Z 的大小。对于任何一个有铁心的线圈，其阻抗都可以表示为

$$Z=R+\mathrm{j}2\pi f\frac{W^2}{Z_M} \tag{3-16}$$

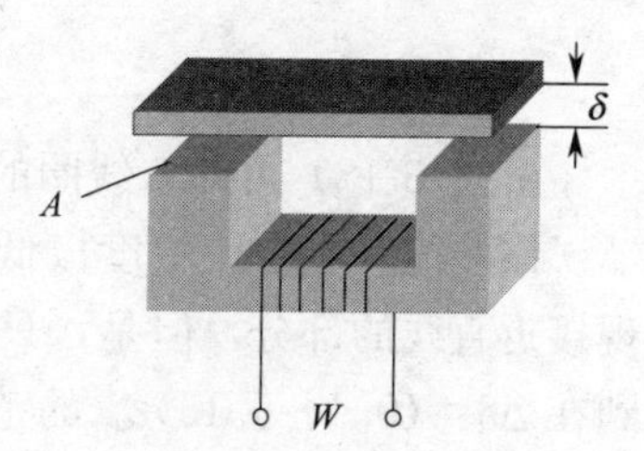

图 3-18 带有气隙的电感元件

式中 j——虚数符号；

R——线圈的直流电阻；

f——工作电压的频率；

W——线圈的匝数；

Z_M——磁回路的磁阻，如果忽略漏磁通的影响，则

$$Z_M=Z_{MCO}+Z_{M\delta}$$

而

$$Z_{MCO}=\frac{l}{\mu A},Z_{M\delta}=\frac{\delta}{\mu_0 A}$$

式中 Z_{MCO}——铁心部分的磁阻；

$Z_{M\delta}$——气隙部分的磁阻；

l、δ——分别是铁心和气隙的工作长度；

μ、μ_0——分别是铁心和空气的导磁率；

A——铁心面积，代入式(3-16) 可得

$$Z=R+\mathrm{j}\omega\frac{W^2}{\dfrac{l}{\mu A}+\dfrac{\delta}{\mu_0 A}} \tag{3-17}$$

由此可见，如果式(3-17) 的右边诸项中的任何一个参数如 $A(t)$、$\delta(t)$ 有变化时，都能改变该线圈的阻抗值 Z。也就是说电感式传感器能把被测的机械振动参数 $A(t)$、$\delta(t)$ 的变化转换成为可以用电子仪器测量的参量 Z 的变化。

因此，电感传感器有二种形式：一是可变间隙的，即 $\delta=\delta(t)$，二是可变导磁面积的，即 $A=A(t)$，如图 3-19 所示。

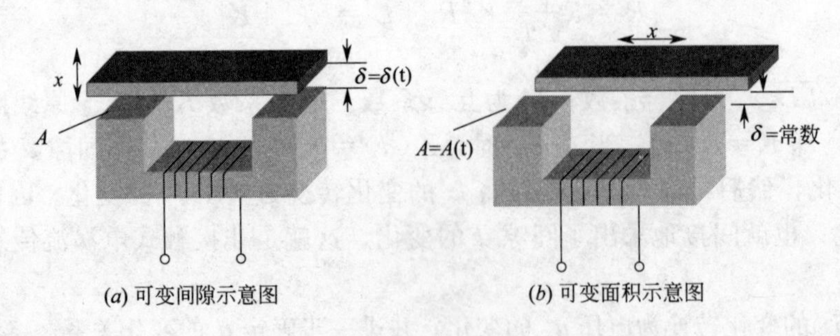

图 3-19　电感元件参量变化形式示意图

下面讨论可变间隙传感器的输出电参数特性。

如果当 $R\ll\omega L$ 时，$Z=\mathrm{j}\omega L$，同时，在制造时，为了保证更高的变换效率和较好的特性应当尽量选择高导磁率的材料。所以有$\dfrac{l}{\mu A}\ll\dfrac{\delta}{\mu_0 A}$，在满足了上述条件之后，式(3-17) 可以近似地写成

$$Z=\mathrm{j}\mu_0 A\omega W^2\frac{l}{\delta} \tag{3-18}$$

由式(3-18) 可知，线圈的阻抗 Z 和气隙长度 $\delta(t)$ 成双曲线关系，如图 3-20 所示。

该曲线只有在灵敏度极低或者在间隙极小的时候才会出现接近直线的部分，但是，只要适当地选择 δ_0，就有可能得到在 $\Delta\delta=(0.1\sim0.15)\delta_0$ 的范围内，基本上可以认为工作是线性的。

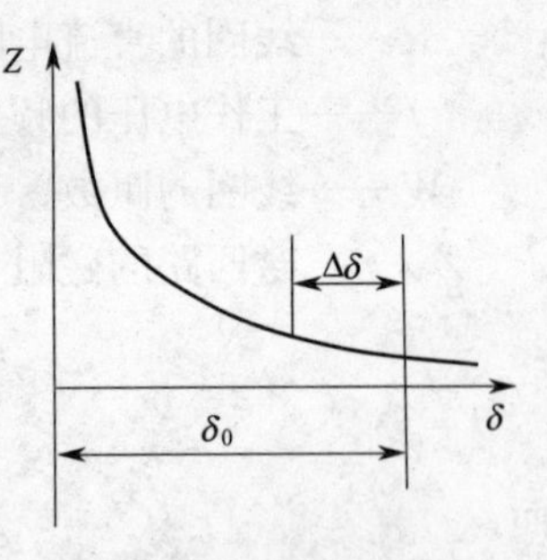

图 3-20　Z-δ 关系曲线

图 3-21 所示为差动式传感器的简图。由它的特性曲线可看出，只要适当选取 δ_0，在 $\Delta\delta=(0.3\sim0.4)\delta_0$ 的范围内，基本上可以认为工作是线性的。

如果把差动式电感传感器的两个线圈接入交流电桥中，电桥可以有很大的输出。

当把差动式电感传感器的两个线圈放到高速旋转轴的两侧，就构成了非接触式电感传

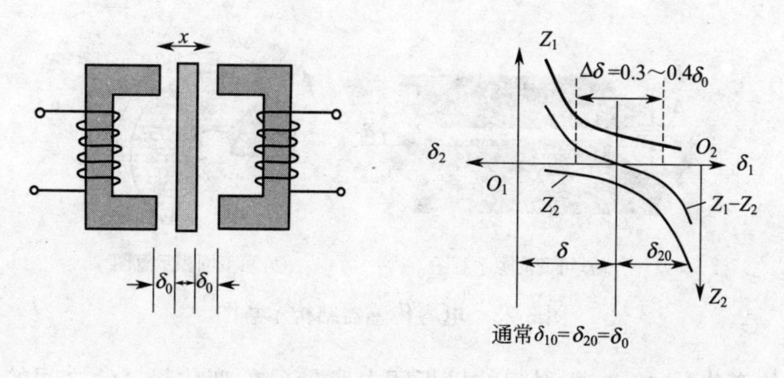

(*a*) 差动电感传感器结构简图　　(*b*) 差动电感传感器特性简图

图 3-21　差动式传感器简图

感器，如图 3-22 所示。它可测量轴心轨迹。

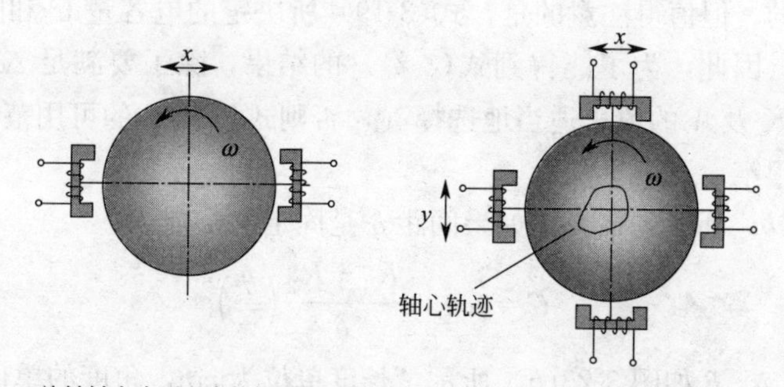

(*a*) 旋转轴在水平方向的振动测试简图　　(*b*) 轴心轨迹测试简图

图 3-22　旋转轴的测试示意图

3.5.2　电容传感器

两个平行导体极板间的电容量可由下式给出：

$$C=K\left(\frac{A}{\delta}\right) \tag{3-19}$$

式中　C——电容量；

A——公共面积；

δ——极板间的距离；

K——介电常数。

由上式可知，无论改变公共面积 A 或极板间的距离 δ，均可改变电容量 C。

因此电容传感器一般分为两种类型，即可变间隙 δ 式和可变面积 A 式，如图 3-23 所示。很明显，图 3-23(a) 可变间隙式可以测量直线振动的位移 $\Delta\delta_0$。而图 3-23(b) 可变面积式可以测量扭转振动的角位移 $\Delta\theta$。因此电容传感器是非接触型的位移传感器。

对于图 3-23(a) 所示的情形，如果公共面积 A 为常数，则

$$C=0.0885\frac{A}{\delta} \tag{3-20}$$

式中电容 C 的单位为 pF（微法），当被测振动的位移 $\Delta\delta$ 远小于初始间距 δ_0 时，即

$$\delta=\delta_0\pm\Delta\delta \qquad \Delta\delta\ll\delta_0$$

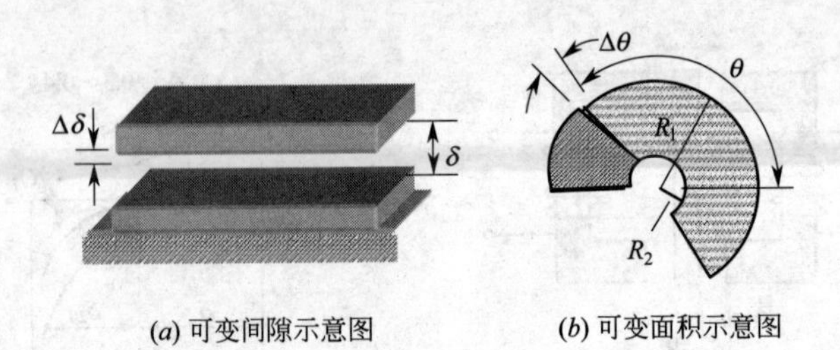

(*a*) 可变间隙示意图　(*b*) 可变面积示意图

图 3-23　电容传感器结构示意图

则极板间距 δ 的变化量 $\Delta\delta$ 与所引起的极板间电容量 C 的变化量 ΔC 之间的关系应为

$$\Delta C = C\frac{\Delta\delta}{\delta_0} \tag{3-21}$$

由此可知，当 $\Delta\delta \ll \delta_0$ 时极板间 δ 的变化量 $\Delta\delta$ 与 $\Delta\delta$ 所引起的电容量的变化量 ΔC 之间的关系是线性的。但值得注意的是，式(3-19）所决定的电容量 C 和间距 δ 的关系仍然是双曲线的关系。因此，为了能得到式(3-21）的结果，除了要满足 $\Delta\delta \ll \delta_0$ 这个条件之外，还必须根据 K 及 A 的值来适当地选择 δ_0，否则式(3-21）的可用范围是很窄的，即传感器的线性范围很窄。

对于图 3-23(*b*）所示的情形，如果间距 δ 是固定的，则

$$C = 0.139\frac{R_1^2 - R_2^2}{\delta}\left(\frac{\theta}{\pi}\right) \tag{3-22}$$

式中的 R_1、R_2、δ、θ 如图 3-23(*b*）所示，长度单位为 cm，角度的单位为 rad。当 $\pi/2 < \theta < \pi$ 而 $\Delta\theta \ll \theta$ 时，则

$$\Delta C = C\frac{\Delta\theta}{\theta} \tag{3-23}$$

由此可知，当测扭转振动幅角时，如果 $\Delta\theta$ 远小于初始重合角 θ 时，那么，极板间由于 $\Delta\theta$ 引起的电容量的变化 ΔC 与它的关系是线性的，其应注意的线性范围同式(3-21)。用图 3-23(*a*）所示的传感器可以测量直线振动的位移，而用图 3-23(*b*）所示的传感器可以测量扭转振动的角位移。

电容传感器和电感传感器都属于参量式传感器，可以用于非接触测量技术中。如果在被测物体周围有强磁场的情况下（如测量电动机转子的振动），使用电容传感器更为适宜。由于电容传感器电容量的变化 ΔC 是很微小的，因此，它要求测量电路具有很大的增益和足够高的工作频率（几十千赫到几十兆赫）。通常是采用调频技术以增加电路的灵敏度和可靠性。

3.5.3　电阻式传感器

电阻式传感器是将被测的机械振动量转换成传感元件电阻的变化量。实现这种机电转换的传感元件有多种形式，其中最常见的是电阻应变式的传感器。电阻应变片的工作原理为：长为 l、电阻值为 R 的应变片粘贴在某试件上时，试件受力变形，应变片就由原长 l 变化到 $l+\Delta l$（图 3-24），应变片阻值则由 R 变化到 $R+\Delta R$，实验证明，在试件的弹性变化范围内，应变片电阻的相对变化 $\frac{\Delta R}{R}$ 和其长度的相对变化 $\frac{\Delta l}{l}$（即应变 ε）成正比，即

$$\frac{\Delta R}{R}=K_0\frac{\Delta l}{l}=K_0\varepsilon$$

亦即

$$\Delta R=K_0R\varepsilon \quad 或 \quad \varepsilon=\frac{\Delta R}{K_0R} \tag{3-24}$$

式中，K_0 为应变片的灵敏度系数。从式(3-24) 可知，如已知应变片灵敏度系数为 K_0 值，则试件的应变 ε 可根据变应片的阻值变化求得。

电阻应变式传感器实际上是惯性式传感器，如图 3-25 示，它的质量块由弹性梁悬挂在外壳上，当质量块相对于仪器外壳发生相对运动时，弹性梁就发生变形，贴在弹性梁上的应变片的电阻值由于变形而产生变化。然后再通过电阻动态应变仪测得电阻值的变化量及变化规律，再经过计算，从而可求出有关的振动参量。因此它是一种惯性式电阻应变传感器。也可根据应变片所贴位置的不同或传感器结构的不同，还能做成电阻应变式扭矩传感器或电阻应变式扭振传感器等。

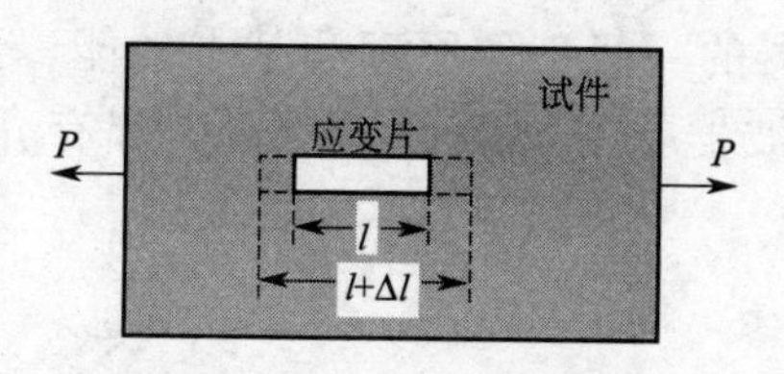

图 3-24　应变片变形效应图

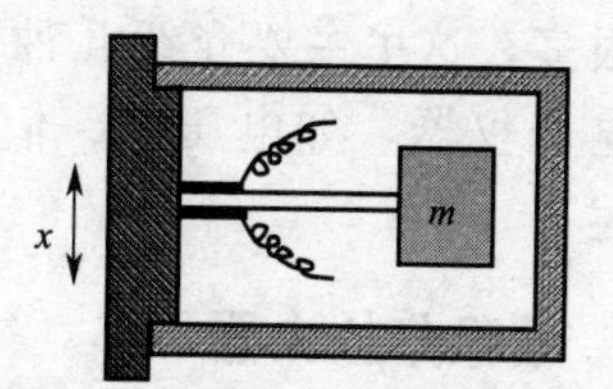

图 3-25　电阻应变传感器示意图

思考题

1. 传感器是怎样分类的？

2. 简述压电式、涡流式及磁电式传感器的机电变换原理，并画出其相应的电路图。

3. 如何表示压电式传感器的电压灵敏度与电荷灵敏度？两者之间有什么关系？其优、缺点是什么？

4. 使用压电式传感器如何考虑其横向灵敏度和频率特性？环境影响是什么？有几种安装方式？

5. 简述电感式、电容式及电阻式传感器的工作原理。它们各有什么特点？应用在什么条件下？

第4章　振动测量系统

由于各类振动传感器的特性不同，它要求的测量系统也各不相同。在振动测量中，振动量（位移、速度和加速度）的变化各种各样，不但要测量它们的峰值，还要测量它们的振动频率、周期和相位差等特征量。为此，就需要有各种不同的测量系统。

振动传感器输出的信号一般都很微弱，需经放大后才能推动后续设备，因此就需用相应的放大设备组成相应的振动测量系统。

通常使用的放大设备有微积分放大器、滤波器、电压放大器、电荷放大器、电涡流传感器测振仪、电阻动态应变仪和调频式放大器等。由于在测量中所用的电子仪器种类很多，这里主要介绍几种常见的专用仪器的一般工作原理和基本性能，至于通用的电子仪器，如电压表、信号发生器、示波器等在一般电工书籍中都有介绍，不再赘述。

4.1　微积分放大器

一个振动传感器只能测量某一个振动量，如压电式加速度传感器只能测量振动加速度，磁电式传感器只能测量振动速度。但在实际测量中，常常需要对位移、速度和加速度三个参量进行变换。为了达到这一目的，在振动测量系统中都装有微分和积分运算电路，这些电路一般装在前置放大器或电荷放大器的输出端，以便对位移、速度及加速度三者间进行变换。这样，只要振动传感器测得三个参量中的任意一个，通过微积分电路就可以得到另外两个参量。

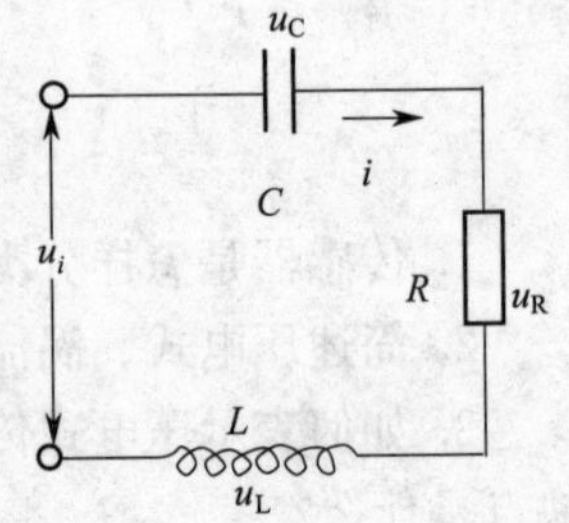

图4-1　*RLC* 电路示意图

微积分电路是在电回路中串入电阻、电容或电感元件来实现微积分计算的电路，如图4-1所示。设在电路中输入的交流电流为 i，根据克希霍夫定律可得

$$u_i = u_C + u_R + u_L = \frac{1}{C}\int i\mathrm{d}t + Ri + L\frac{\mathrm{d}i}{\mathrm{d}t} \tag{4-1}$$

根据这一定律适当选择电路中的 R、C 和 L，可使电压降 u_R、u_C 或 u_L 中的一个与加在电路上的电压 u_i 的微分或积分成正比关系。实际的微积分电路只由两种元件组成，而且一般应用阻容式微积分网络。这种电路比较简单，阻容元件规格较多，体积小，容易实现。

4.1.1　RC 微分电路

最简单的一阶微分电路由电容和电阻组成，图4-2所示是一个无源一次微分电路。根据克希霍夫定律，电路方程为

$$u_i = u_C + u_R = \frac{1}{C}\int i\,\mathrm{d}t + Ri \tag{4-2}$$

若 $Z_C \gg R$ 时．即满足条件 $u_C \gg u_R$ 时，则有

$$u_i \approx u_C = \frac{1}{C}\int i\,\mathrm{d}t$$

即

$$i \approx C\frac{\mathrm{d}u_i}{\mathrm{d}t}$$

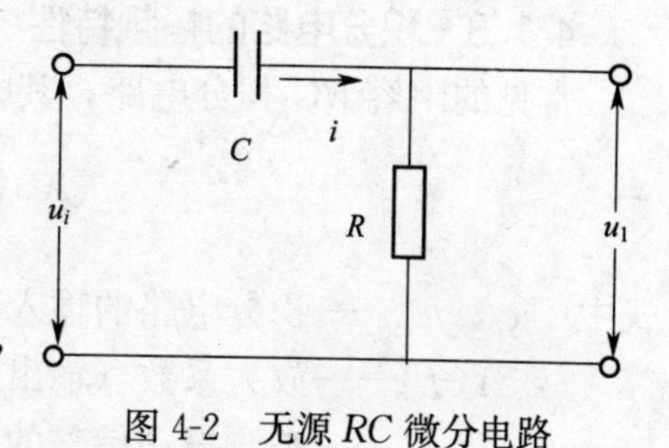

图 4-2　无源 RC 微分电路

在 RC 电路中，输出电压 u_1 为电阻上的压降 u_R，其值为

$$u_1 = u_R = Ri \approx RC\frac{\mathrm{d}u_i}{\mathrm{d}t} \tag{4-3}$$

上式中输出电压与输入电压的一阶微分成正比。如果输入是位移电压值，则输出应是速度电压值与比例常数 RC 之乘积。比例常数 RC 通常称为时间常数，常用 τ 表示。这种电路具有微分性质，时间常数 τ 越小，微分结果越准确，输出电压信号越小。一般微分电路应满足的条件是 $\tau = RC \leqslant 0.1T$，T 是输入电压的时间周期。如果 $\tau > 0.1T$，电路将不起微分作用，而为一般的 RC 耦合电路。

4.1.2　RC 积分电路

由于压电式加速度传感器是振动测量中最常用的传感器，所以一次积分电路和二次积分电路在振动测量系统中应用十分广泛。同微分电路一样，无源积分电路也由电阻 R 和电容 C 组成，如图 4-3 所示。在一次积分电路中有

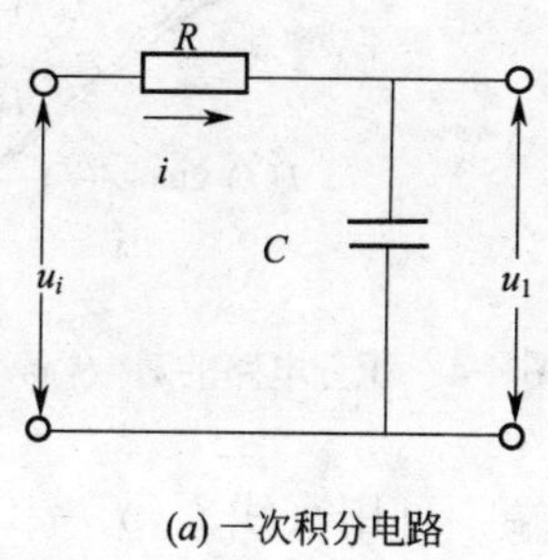

(a) 一次积分电路

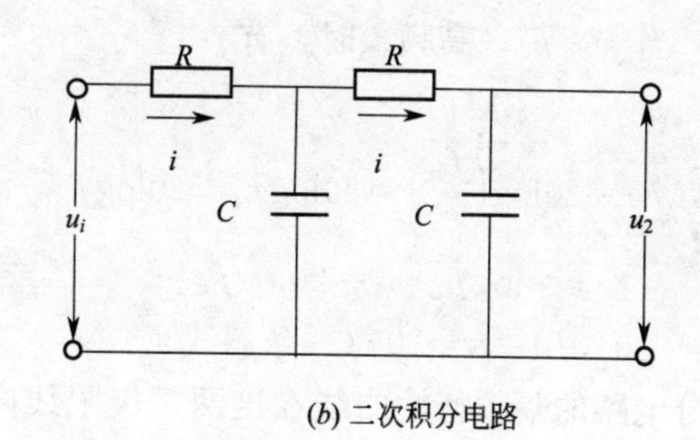

(b) 二次积分电路

图 4-3　无源 RC 积分电路

$$u_i = u_R + u_C = Ri + \frac{1}{C}\int i\,\mathrm{d}t \tag{4-4}$$

与微分电路相反，当 $Z_C \ll R$ 时即满足条件 $u_R \gg u_C$ 时，输入信号电压大部分压降在电阻 R 上，即 $u_i \approx u_R$，所以 $i \approx u_i/R$。电路的输出电压为电容两端的电压，有

$$u_1 = u_C = \frac{1}{C}\int i\,\mathrm{d}t = \frac{1}{RC}\int u_i\,\mathrm{d}t \tag{4-5}$$

从上式可见，输出电压 u_1 与输入电压 u_i 的积分成正比关系，比例常数为 $1/RC$（时间常数 τ 的倒数）。若输入的电压值是加速度电压值，则输出的电压值为速度电压值与比例常数 $1/RC$ 之乘积。对于 2 次积分电路，有

$$u_2 = \frac{1}{(RC)^2}\iint u_i\,\mathrm{d}t\,\mathrm{d}t \tag{4-6}$$

此时，若输入为加速度电压值，则输出为位移电压值与比例常数 $1/RC$ 的平方之乘积。这种电路具有积分性质，时间常数 $\tau=RC$ 越大，积分结果越准确，但输出信号越小。

4.1.3 积分电路的幅频特性

常见的阻容 RC 积分电路，其幅频特性的表达式为

$$A(f)=\frac{u_1}{u_i}=\frac{1}{\sqrt{1+(f/f_c)^2}}$$

式中 u_i、u_1——积分电路的输入、输出信号电压；

$A(f)$——放大系数（输出电压/输入电压）；

f——被测振动信号的变化频率；

f_c——积分电路的截止频率（或转折频率），$f_c=\frac{1}{2\pi RC}$。

截止频率 f_c 是积分电路所固有的。它与电路时间常数 RC，即 τ 成倒数关系。所以时间常数 τ 是一个很重要的参数。

在实际应用中，放大系数 $A(f)$ 常用相对值 $L(f)$ 来表示。定义为

$$L(f)=20\log A(f)=20\log\frac{1}{\sqrt{1+(f/f_c)^2}} \tag{4-7}$$

图 4-4 为积分电路的对数幅频特性曲线。式(4-7) 存在两个极端状态：

(1) 当 $f\ll f_c$（低频）时，有

$A(f)\to 1$，$L(f)=0$（一条与 f 轴重合的直线）。

(2) 当 $f\gg f_c$（高频）时，有

$$A(f)\to f_c/f$$

$$L(f)=20\log\left(\frac{f_c}{f}\right)=20\log f_c-20\log f$$

令 $x=\log f \quad a=20\log f_c$

则 $L(f)=a-20x$（一条斜线）

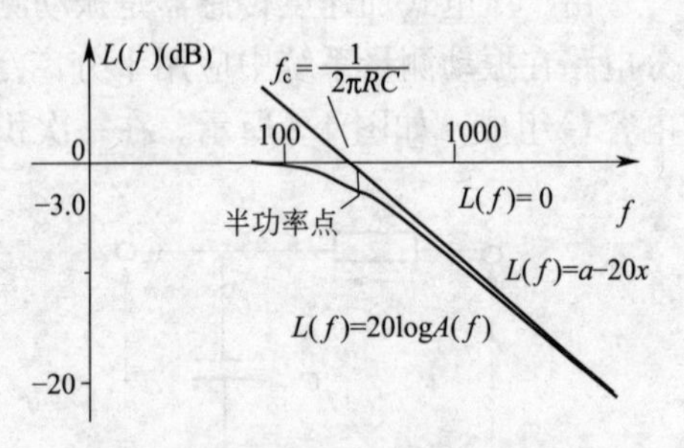

图 4-4 积分电路的对数幅频曲线

积分电路的幅频特性曲线在这两条极限线内。在低端，可用直线 $L(f)=0$ 来逼近；在高端，用斜线 $L(f)=a-20x$ 来逼近。两直线交点的频率 $f=f_c=1/2\pi RC$，对应的放大系数

$$A(f)=1/\sqrt{2}=0.707$$

因此说明此时的输出电压值为输入电压值的 70.7%。若用输出功率 P 来表示，则有

$$P_{输出}=\frac{u_1^2}{R}=\frac{\left(\frac{u_i}{\sqrt{2}}\right)^2}{R}=\frac{1}{2}\frac{u_1^2}{R}=\frac{1}{2}P_{输入}$$

故该点称为半功率点。此时的分贝数为

$$L(f)=20\log A(f)=20\log\left(\frac{1}{\sqrt{2}}\right)=-3\text{dB} \tag{4-8}$$

即衰减了 3dB。在实际测量中，是用高端的斜线来代替理想的积分曲线的，因此，只有当 $f\gg f_c$ 时，才能有较精确的结果。

二次积分的对数幅频特性与一次类似，同样存在两个极限情况，但斜线的斜率大，$L(f)=40\log f_c-40\log f$，故覆盖的频率区间变窄。其对数幅频曲线的表达式为

$$L(f)=20\log\frac{1}{\sqrt{[1-(f/f_c)^2]^2+[2\xi(f/f_c)^2]^2}} \tag{4-9}$$

式中，ξ 为电路的阻尼比。

4.1.4 微分电路的幅频曲线

微分电路的特性曲线如图 4-5 所示。它与积分电路的幅频特性曲线恰巧相反，其电压放大系数

$$A(f)=\frac{u_1}{u_i}=\frac{1}{\sqrt{1+(f_c/f)^2}} \tag{4-10}$$

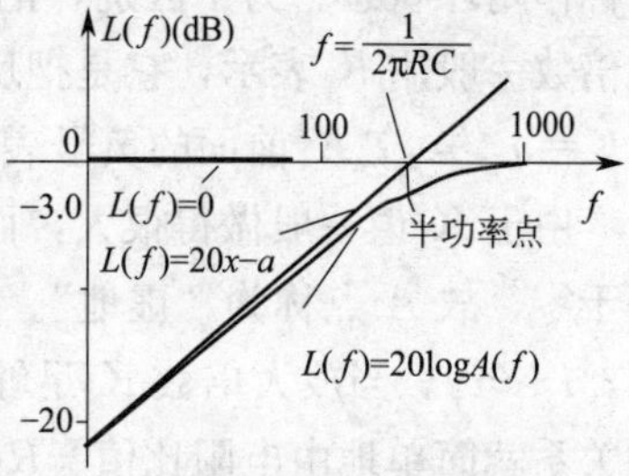

图 4-5 微分电路的对数幅频曲线

上式的两个极端情况为

(1) 当 $f\ll f_c$（低频）时，$A(f)A(f)\to f/f_c$

$$L(f)=20\log\left(\frac{f}{f_c}\right)=20\log f-20\log f_c$$

即 $L(f)=20x-a$（一条斜线）

(2) 当 $f\gg f_c$（高频）时，$A(f)\to 1$，$L(f)=20\log 1=0$（一条与 f 轴重合的直线）。

两线交点处的频率 $f=f_c$，同样也是半功率点，输出电压值为输入电压值的 70.7%，衰减 3dB。在实际应用中，是用低端斜线来代替理想微分曲线的，因此，只有当 $f\ll f_c$ 时才有比较高的精度。

通过上述分析得知，无论是 RC 积分电路或 RC 微分电路，其覆盖的频率范围是有限的。要想使一个测量放大器具有广阔的频率测量范围，必须设计由多个微、积分电路组成的微、积分网络。

4.1.5 有源微、积分电路及比例运算器

前述的无源微、积分电路存在两点不足之处：一是电路无放大作用，信号经过微、积分网络时将受到很大的衰减，降低了信号强度；二是频率范围较窄，特别是积分电路，受到了低端截止频率的限制，影响了对低频信号的测量。为了克服上述两个缺点，在现代测试仪表中，多采用有源微、积分电路。所谓有源微、积分电路，就是在电路中有能源供给，使电路具有放大作用。除微、积分电路外，在振动测量中，还经常用到比例运算器。它们的基本结构如图 4-6 所示。

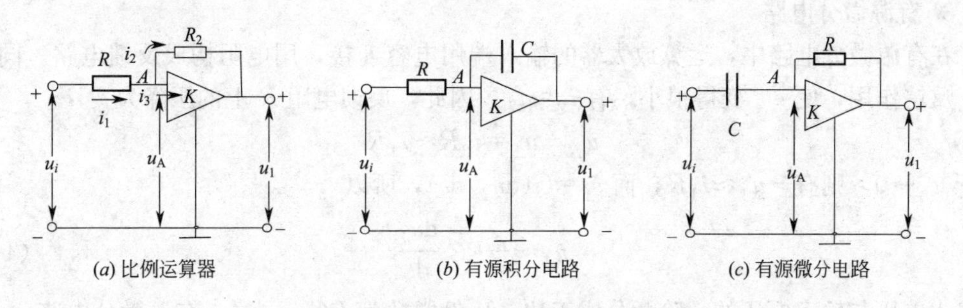

(a) 比例运算器　(b) 有源积分电路　(c) 有源微分电路

图 4-6 有源微、积分电路及比例运算器

从图 4-6 中可以看出，与前述无源微、积分电路不同之处是在电路中多了一个运算放大器。这种运算放大器采用深度电压负反馈电路，所以 A 点的电位很低。

1. 比例运算器

运算放大器是一种用来实现信号组合运算的放大器，是一个具有高放大倍数并带有深度电压负反馈的直流放大器。比例运算器就是运算放大器的一个典型应用。信号从输入端输入，经放大后输出，然后又把输出电压通过反馈电路反馈回来，以并联的形式加到输入端（图 4-6(a)）。这样从输入到输出之间构成一个闭合环路，通常把放大器的这种工作状态称作闭环状态。为了区别，把没有反馈作用的工作状态称作放大器的开环状态。开环放大倍数一般用 K 表示，它是把反馈网络看作输出端负载时的开环电压放大倍数，其值为 $-K=u_1/u_A$，K 前面的负号表示输出电压的变化量和输入电压的变化量是反相的。

由于 K 值一般做得很大，而 u_1 又是一个有限值。所以迫使 u_A 接近于零电位但又不等于零，故 A 点称为“虚地”。由于 A 点的电位接近于零，流入放大器的电流 i_3 是很小的，$i_2\approx i_1$。当放大倍数 K 足够大时，负反馈放大器的输出电压 u_1 与输入电压 u_i 之间的关系就简单地由电阻比值 $-R_2/R_1$ 来确定，即

$$K=\frac{u_1}{u_i}=-\frac{R_2}{R_1}$$

这种情况称之为比例运算，此电路称为比例运算器。

2. 有源积分电路

有源积分电路中的运算放大器是用电容来构成反馈回路的，如图 4-6(b) 所示。由于 A 点为“虚地”，$i_3\to 0$，有 $i_2\approx i_1$，则电容两端的电压

$$u_A-u_1=\frac{1}{C}\int i_2\,dt\approx\frac{1}{C}\int i_1\,dt \tag{4-11}$$

因为 $u_A\approx 0$，所以 $-u_1\approx\frac{1}{C}\int i_1\,dt$，$i_1=(u_i/R)$，代入式(4-11) 得

$$u_1\approx\frac{1}{C}\int\frac{u_i}{R}dt=-\frac{1}{RC}\int u_i\,dt \tag{4-12}$$

即输出电压与输入电压的积分成正比。有源积分电路的截止频率

$$f_c=\frac{1}{K2\pi RC}$$

由于 K 很大，故截止频率 f_c 可以做得很低，从而扩大了积分的频率范围。

3. 有源微分电路

在有源微分电路中，运算放大器的输入端用电容连接，用电阻构成反馈电路。同样，由于反馈作用，使 u_A 变得很小，有 $i_2\approx i_1$。因此，反馈电阻 R 上的压降为

$$u_A-u_1=i_2R\approx i_1R$$

由于 $u_A\to 0$，则有 $-u_1\approx i_1R$，而 $i_1=C(du_i/dt)$，所以

$$u_1\approx -RC\frac{du_i}{dt} \tag{4-13}$$

即输出电压与输入电压的一阶微分成正比，比例常数为 RC。同样，有源微分电路，无论在频率范围或相对误差方面，都比无源微分电路好得多。

4.2 滤波器

滤波器是振动测量分析线路中经常需要用到的部件。它能选择需要的信号，滤掉不需要的信号。滤波器最简单的形式是一种具有选择性的四端网络，其选择性就是能够从输入信号的全部频谱中，分出一定频率范围的有用信号。为了获得良好的选择性，滤波器应以最小的衰减传输有用频段内的信号（称为通频带），而对其他频段的信号（称为阻频带）则给以最大的衰减。位于通频带与阻频带界限上的频率称为截止频率 f_c。

滤波器根据通频带的不同可分为以下四种：

(1) 低通滤波器，能传输 $0 \sim f_c$ 频带内的信号；

(2) 高通滤波器，能传输 $f_c \sim \infty$ 频带内的信号

(3) 带通滤波器，能传输 $f_1 \sim f_2$ 频带内的信号；

(4) 带阻滤波器，不能传输 $f_1 \sim f_2$ 频带内的信号。

根据元件性质的不同可分为以下两种：

(1) *LC* 滤波器，由电感和电容组成；

(2) *RC* 滤波器，由电阻和电容组成。

另外，按滤波器电路内有无放大器，可分为有源滤波器和无源滤波器。

滤波器已在振动测试和数据分析中获得了越来越广泛的应用。一般来讲，低通、高通滤波器多用于振动数据的模拟分析。

滤波器的工作特性主要表现为衰减、相位移、阻抗特性及频率特性的优劣。

以低通滤波器为例，衰减频率特性决定着通频带与阻频带分隔的程度，如图 4-7 所示。阻频带内衰减的大小则决定着邻近通频带的信号所产生的干扰电压的大小，阻频带内衰减特性的陡度与衰减数值越大，滤波器的选择性就越好。

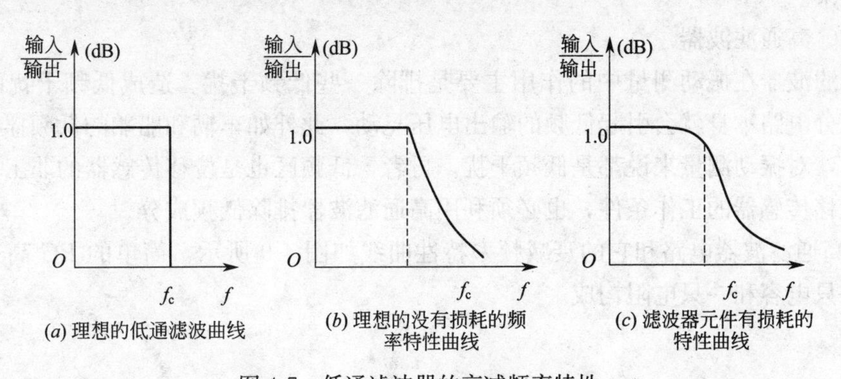

图 4-7　低通滤波器的衰减频率特性

4.2.1 无源 *RC* 高、低通滤波器

1. *RC* 低通滤波器

在振动测试中，压电式加速度传感器得到广泛应用。这种加速度传感器的工作区域在它的幅频特性的低频段，而高频段的存在对低频测试将会带来坏的影响。这种情况下一般都采用 *RC* 低通滤波器，它只让低频交流分量通过，高频交流分量受到最大的衰减。

RC 低通滤波器的典型电路和衰减频率特性曲线如图 4-8 所示。它主要是由一个电阻和一个电容构成。

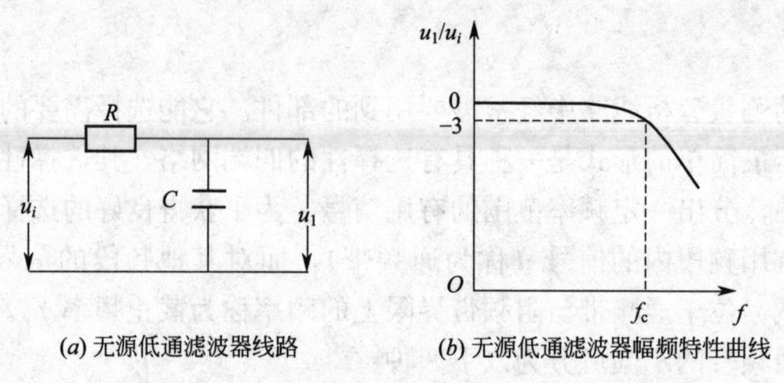

(a) 无源低通滤波器线路　(b) 无源低通滤波器幅频特性曲线

图 4-8　无源低通滤波器电路及幅频特性示意图

f_c 称为滤波器截止频率，其对应的输出信号 u_1 和输入信号 u_i 的比值为 3dB。低通滤波器的通频带为 $0 \sim f_c$。

这种 RC 低通滤波器和 RC 积分电路非常相似，只是 RC 低通滤波器的工作段是 RC 积分电路的非积分区，而它的阻频带则是 RC 积分电路的积分工作区。

RC 低通滤波器的衰减频率特性，可以用电容元件的容抗值随频率变化的性质来说明。容抗随频率升高而减小，则电路两端的数输出电压亦随之而减小，当 $f=f_c$ 时，容抗值和电阻值相等，即

$$\frac{1}{2\pi f_c C}=R \tag{4-14}$$

当 $f<f_c$ 时，容抗远远大于电阻值，这样在 R 上的信号压降可以忽略不计，输入信号 u_i 近似地认为全部传送到输出端，即 $u_1=u_i$，当 $f>f_c$ 时，则输出电压 u_1 很小。

在应用一个 RC 低通滤波器衰减不够时，也可用两个 RC 滤波器网络串接起来，以提高滤波效果。

2. RC 高通滤波器

高通滤波器在振动测量中的作用主要是排除一些低频干扰。造成低频干扰的来源很多，如积分电路本身就会引起低频的输出电压晃动，此外如车辆和船舶的低频摇摆、桥梁的挠度等，对振动测量来说都是低频干扰。再者，低频区也是位移传感器的非工作区，为了满足位移传感器的工作条件，也必须利用高通滤波器排除低频成分。

RC 高通滤波器电路和它的衰减频率特性曲线如图 4-9 所示，简单的 RC 高通滤波器也是由一只电容和一只电阻构成。

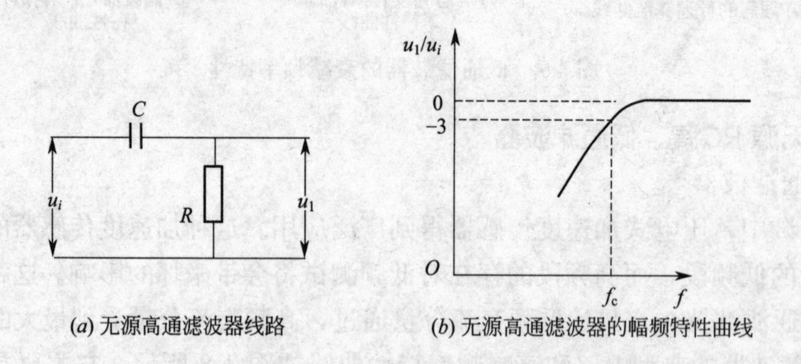

(a) 无源高通滤波器线路　(b) 无源高通滤波器的幅频特性曲线

图 4-9　无源高通滤波器电路及幅频特性示意图

RC 高通滤波器与低通滤波器相比，只是把 R 和 C 对换一个位置。在同样截止频率 f_c 时，u_1/u_i 比值为-3dB。这种 RC 高通滤波器与微分电路极为相似，微分电路用的是阻频带区，而高通滤波器用的是非微分区间。

与低通滤波器相似，RC 高通滤波器的衰减频率特性曲线也可用电容元件的容抗随频率而变化的性质来说明。容抗随频率升高而减小，当 $f>f_c$ 时，则滤波器的输出电压与输入电压相接近，$u_1=u_i$。当 $f<f_c$ 时，则输出电压很小。

4.2.2 有源高、低通滤波器

无源的 RC 高、低通滤波器，因具有线路简单、抗干扰性强、有较好的低频范围工作性能等优点，并且体积较小，成本较低，所以在测振仪中被广泛采用。但是，由于它的阻抗频率特性没有随频率而急剧改变的谐振性能，故选择性欠佳。为了克服这个缺点，在 RC 网路上加上运算放大器，组成有源 RC 高、低通滤波器。有源 RC 滤波器在通频带内不仅可以没有衰减，还可以有一定的增益。

有源 RC 滤波器是一种带有负反馈电路的放大器，如图 4-10(a) 所示。若在反馈电路中接入高通滤波器，则得到有源低通滤波器。实际电路为了增大衰减频率特性曲线的衰减幅度，在电路的输入或输出端再接入 RC 低通滤波器，如图 4-10(b) 所示。它的频率特性曲线如图 4-11(a) 所示。

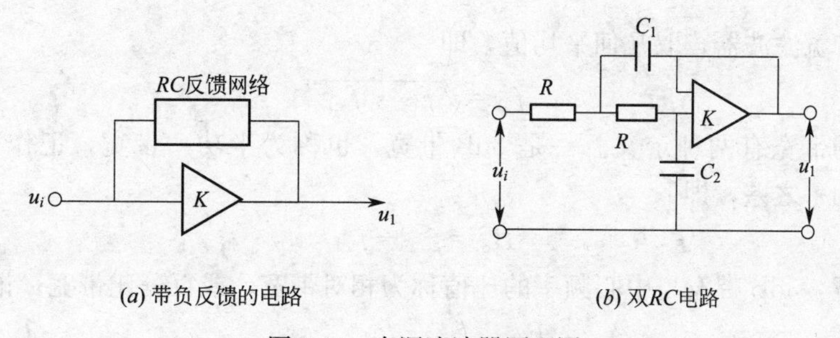

图 4-10　有源滤波器原理图

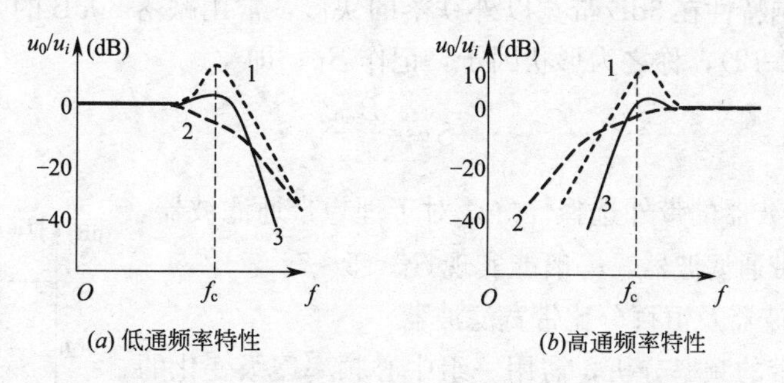

图 4-11　有源低通滤波器和高通滤波器的频率特性曲线

1—放大器本身的频响曲线；2—无源滤波器的频响曲线；3—合成滤波器的实际频响曲线

由此可见，有源低通滤波器频率特性比无源低通滤波器频率特性有了明显提高。

同样，若在反馈电路中，接入 RC 低通滤波器时，得到的则是有源高通滤波器。为了增大衰减频率特性曲线的幅度，在输入或输出端再接入 RC 高通滤波器，它的频率特性曲线如图 4-11(b) 所示。

为了在阻频带有更大的衰减频率特性，实际应用的有源滤波器往往采用的是多级有源滤波器。

4.2.3 带通滤波器和带阻滤波器

选择适当的电阻、电容值并用适当的缓冲，可把高通 RC 滤波器和低通 RC 滤波器组合起来，构成带通滤波器或带阻滤波器。当低通滤波器截止频率 f_{c2} 大于高通滤波器截止频率 f_{c1} 时，它们串联起来就组成带通滤波器。把高通滤波器和低通滤波器并联起来，当高通滤波器截止频率 f_{c1} 大于低通滤波器截止频率 f_{c2} 时，就可组成带阻滤波器。由于带通滤波器是最常见的关键器件，下面主要介绍带通滤波器的主要工作性能。

1. 带通滤波器的基本参数

带通滤波器的基本参数有：高端截止频率、低端截止频率、中心频率、带宽和波形因子等。

带通滤波器有两个截止频率，即高端截止频率 f_{c2} 和低端截止频率 f_{c1}，或称之为上截止频率和下截止频率。

带通滤波器的中心频率 f_0 根据滤波器的性质，分别定义为上、下截止频率 f_{c2} 和 f_{c1} 的算术平均值或几何平均值。对于恒带宽滤波器取算术平均值，即

$$f_0=\frac{1}{2}(f_{c2}+f_{c1}) \tag{4-15}$$

对恒百分比带宽滤波器，取几何平均值，即

$$f_0=\sqrt{f_{c2}\cdot f_{c1}} \tag{4-16}$$

滤波器的带宽有两种定义。一是 3dB 带宽，也称为半功率带宽，记作 B_3。它等于上、下截止频率之差，即

$$B_3=f_{c2}-f_{c1} \tag{4-17}$$

二是相对带宽，3dB 带宽与中心频率的比值称为相对带宽，或百分比带宽，记作 b，即

$$b=\frac{B_3}{f_0}=\frac{f_{c2}-f_{c1}}{f_0}\times 100\% \tag{4-18}$$

滤波器的频响特性在 3dB 带宽以外跌落的快慢，常用跌落 60dB 的带宽 B_{60} 与 B_3 的比值来衡量（图 4-12），称之为形状因子，记作 S_F；即

$$S_F=\frac{B_{60}}{B_3} \tag{4-19}$$

S_F 值小，表明滤波器的带外选择性好。对于理想带通滤波器，有 $S_F=1$；实际带通滤波器，一般能实现 $S_F<5\sim7$。

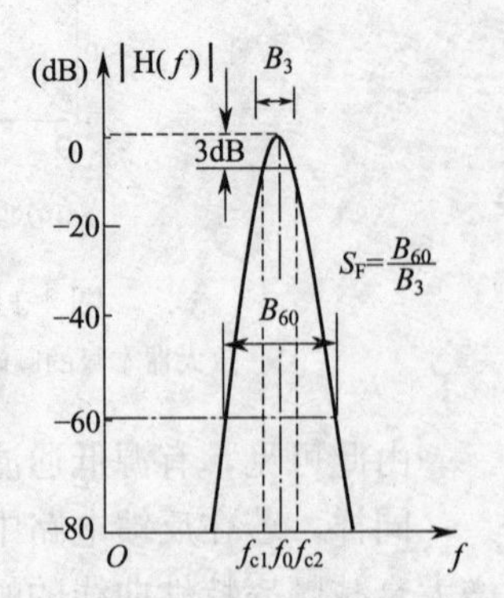

图 4-12 带通滤波器的形状因子

2. 恒带宽滤波器及恒百分比带宽滤波器

实现某一频带的频率分析，需用一组中心频率逐级变化的带通滤波器，其带宽应相互衔接，以完成整个频带的频率分析。当中心频率改变时，各个带通滤波器的带宽如何取值，通常有以下两种方式：一种是恒带宽滤波器，取绝对带宽等于常数，即

$$B_3=f_{c2}-f_{c1}=常数$$

另一种是恒百分比带宽滤波器，取相对带宽等于常数，即：

$$b=\frac{B_3}{f_0}=\frac{f_{c2}-f_{c1}}{f_0}\times 100\%=常数$$

中心频率变化时，这两种带通滤波器的带宽变化情况为：恒带宽滤波器不论其中心频率 f_0 取何值，均有相同的带宽；而恒百分比带宽滤波器的带宽则随 f_0 的升高而增加。

需加说明的是，恒带宽滤波器具有均匀的频率分辨率，对那些包含多个离散型简谐分量的信号，采用恒带宽滤波器是适宜的。恒带宽方式的缺点在于分析频带不可能很宽，一般也就是 10 倍，最多不过 100 倍。而恒百分比带宽方式则可实现很宽的分析频带，比如说 100 倍，甚至 1000 倍；在分析频带内它给出相同的百分比频率分辨率。

3. 1/N 倍频程（Octave）滤波器

1/N 倍频程滤波器也是一种恒百分比带宽滤波器但它的定义是

$$\frac{f_{c2}}{f_{c1}}=2^{\frac{1}{N}} \tag{4-20}$$

注意到恒百分比带宽中 $f_0=\sqrt{f_{c2}\cdot f_{c1}}$ 的关系，有

$$\frac{f_{c2}}{f_0}=2^{\frac{1}{2N}},\frac{f_0}{f_{c1}}=2^{\frac{1}{2N}} \tag{4-21}$$

相应的百分比带宽为

$$b=\frac{B}{f_0}=\frac{f_{c2}-f_{c1}}{f_0}=\frac{2^{\frac{1}{2N}}-1}{2^{\frac{1}{2N}}} \tag{4-22}$$

因此取不同的 N 将是不同的百分比带宽滤波器，由此可得到以下的对应关系：

$1/N=1$	1/3	1/6	1/12
$b=70.7\%$	23.16%	11.56%	5.76%

4.3 压电加速度传感器测量系统

压电加速度传感器的特性已在第 3 章介绍，这里值得提出的是它具有高输出阻抗特性，因此，同它相连的放大器输入阻抗的大小将对测量系统的性能产生重大影响。测量系统的高输入阻抗前置放大器就是为此目的而设置的，它的作用有以下几点：

(1) 将压电加速度传感器的高输出阻抗转换为前置放大器的低输出阻抗，以便同后续仪器相匹配；

(2) 放大从加速度传感器输出的微弱信号，使电荷信号转换成电压信号；

(3) 实现前置放大器输出电压归一化，与不同灵敏度的加速度传感器相配合，在相同的加速度输入值时，实现相同的输出电压。

目前前置放大器有两种基本设计形式。一种是前置放大器的输出电压正比于输入电压，称为电压放大器，此时需要知道的是传感器的电压灵敏度 S_V。另一种是前置放大器的输出电压正比于加速度传感器的输出电荷，称为电荷放大器，此时需要知道的是传感器的电荷灵敏度 S_a。它们之间的主要差别是，电压放大器的输出电压大小同它的输入连接电缆分布电容有密切关系，而电荷放大器的输出电压基本上不随输入连接电缆的分布电容而变化。因此，电荷放大器测量系统适用于那些改变输入连接电缆长度的场所，特别适用于远距离测量。

为了解这一本质差别，下面对它们的工作原理分别加以分析。

4.3.1 电压放大器

电压放大器的作用是放大加速度传感器的微弱输出信号，把传感器的高输出阻抗转换为电压放大器的低输出阻抗。压电加速度传感器与所用的电压放大器、传输电缆组成的等效电路如图 4-13 所示。它也可进一步简化为如图 4-14 所示的简化等效电路。图中 q_a 为压电传感器产生的总电荷；C_a、R_a 为传感器的电容量和绝缘电阻值；C_c 为传输电缆电容量；C_i、R_i 为放大器的输入电容和输入电阻。

图 4-14 中等效电容 $C=C_a+C_c+C_i$，等效电阻 $R=\frac{R_aR_i}{R_a+R_i}$，压电传感器产生的总电荷 $q_a=d_xF$。设

$$q_a=q_{a1}+q_{a2}=d_xF \tag{4-23}$$

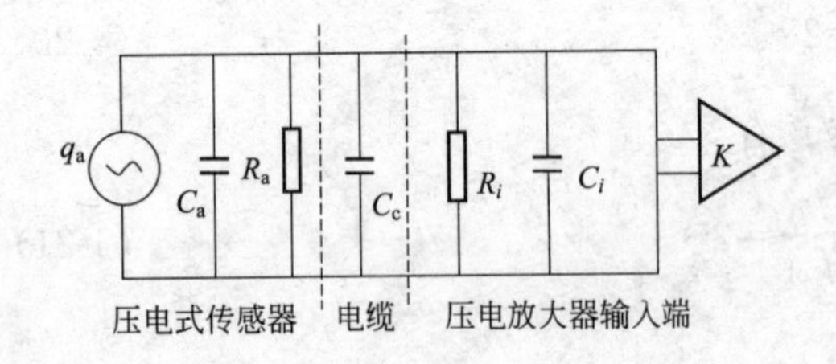

图 4-13 压电式传感器、电缆和电压放大器组成的等效电路

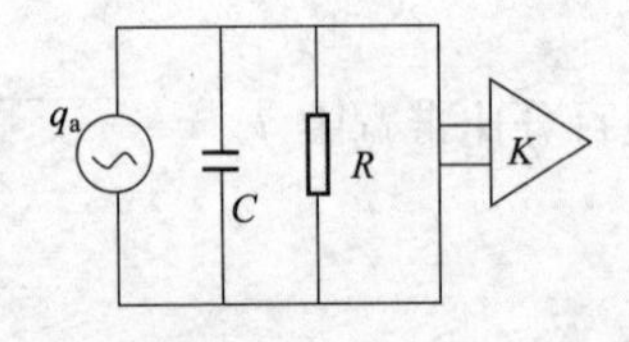

图 4-14 压电式传感器、电缆和电压放大器组成的简化等效电路

其中 q_{a1} 为使电容 C 充电到电压 u 所需的电荷量，即 $u=\frac{q_{a1}}{C}$；q_{a2} 是电荷经电阻 R 泄漏的电荷量，并在 R 上产生电压降，其值也相当于 u，即 $u=\frac{dq_{a2}}{dt}R$。将 q_{a1}、q_{a2} 分别代入式(4-23)，整理后可得

$$RC\frac{du}{dt}+u=d_xR\frac{dF}{dt} \tag{4-24}$$

设作用力表达式为 $F=F_m\sin\omega t$，代入式(4-24) 可得

$$RC\frac{du}{dt}+u=d_xR\frac{d}{dt}(F_m\sin\omega t)$$

解微分方程可得特解

$$u=u_m\sin(\omega t+\theta)$$

则微分方程特解的幅值 u_m

$$u_m=\frac{d_xF_m\omega R}{\sqrt{1+(\omega RC)^2}} \quad 或 \quad u_m=\frac{d_xF_m\omega}{\sqrt{(1/R)^2+(\omega C)^2}} \tag{4-25}$$

从式(4-25) 中可以看出：

(1) 当测量静态参数（$\omega=0$）则时，则 $u_m=0$，即压电式加速度传感器没有输出，所以它不能测量静态参数；

(2) 当测量频率足够大（$1/R\ll\omega C$）时，则 $u_m\approx d_xF_m/C$，即电压放大器的输入电压与频率无关，不随频率变化；

(3) 当测量低频振动（$1/R\gg\omega C$）时，则 $u_m=d_xFR\omega$，即电压放大器的输入电压是

频率的函数，随着频率的下降而下降。

电缆电容对电压放大线路的影响也是一个主要因素，由于压电传感器的电压灵敏度 S_V 与电荷灵敏度有以下关系

$$S_V=\frac{S_q}{C_a} \tag{4-26}$$

而电荷灵敏度 $S_q=\frac{q_a}{a}$，电压灵敏度 $S_V=\frac{u_a}{a}$，则电压放大器的输入电压 u（因为 R_a 和 R_i 足够大可忽略它们的影响）可作以下计算

$$\begin{aligned} u &=\frac{q_a}{C_a+C_c+C_i}=\frac{S_q a}{C_a+C_c+C_i} \\ &=\frac{S_V C_a a}{C_a+C_c+C_i}=\frac{C_a}{C_a+C_c+C_i}u_a \end{aligned} \tag{4-27}$$

这样，放大器的输入电压 u 等于加速度传感器的开路电压 u_a 和系数 $\frac{C_a}{C_a+C_c+C_i}$ 的乘积。一般 C_a 和 C_i 都是定值，而电缆电容 C_c 是随导线长度和种类而变化的，所以随着电缆种类和长度的改变，将引起输入电压的改变，从而使电压灵敏度、频率下限也发生变化，这对实际使用是很不方便的。因此，为了克服导线电容的严重影响，通常采用电荷放大器作为压电式加速度传感器的测量线路。

4.3.2 电荷放大器

电荷放大器是一种输出电压与输入电荷量成正比的前置放大器。下面简述它的工作原理。

由传感器、电缆和电荷放大器组成的等效电路如图 4-15 所示。图中 C_F 为反馈电容，K 为运算放大器的放大倍数，其他符号同图 4-13 所示。

为讨论方便，暂不考虑 R_a 和 R_i 的影响，试看电荷放大器的输出电压与传感器发出的电荷之间的关系。

电荷放大器输入端处的电荷为加速度传感器发出的电荷 q_a 与“反馈电荷” q_F 之差，而 q_F 等于反馈电容 C_F 与电容两端电位差（u_a-u_i）的乘积，即

$$q_F=C_F(u_i-u_1) \tag{4-28}$$

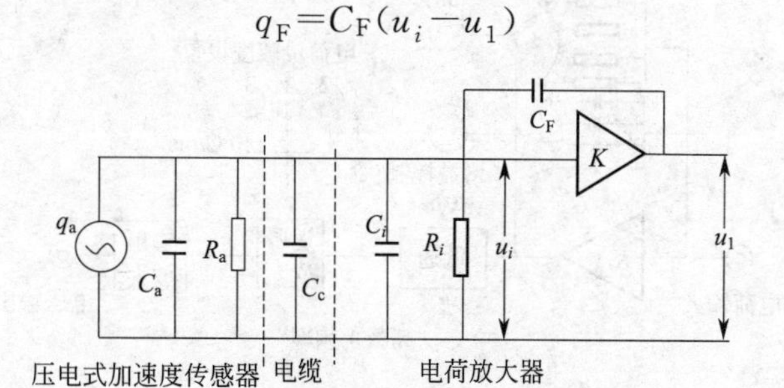

图 4-15　压电式加速度传感器、电缆和电荷放大器组成的等效电路

电荷放大器的输入电压就是电荷差（q_a-q_F）在电容 $C=C_a+C_c+C_i$ 两端形成的电位差，即

$$u_i=\frac{q_a-q_F}{C} \tag{4-29}$$

由于放大器采用深度电压负反馈电路，即

$$u_1=-Ku_i \tag{4-30}$$

由式(4-28)～式(4-30) 可得

$$u_i=\frac{q_a}{C+(1+K)C_F} \tag{4-31}$$

所以

$$u_1=\frac{-Kq_a}{C+(1+K)C_F}$$

因为电荷放大器是高增益放大器，即 $K\gg1$，因此，一般情况下 $(1+K)C_F\gg C$，则有

$$u_1\approx\left|\frac{q_a}{C_F}\right| \tag{4-32}$$

由此可见，电荷放大器的输出电压与加速度传感器发出的电荷成正比，与反馈电容 C_F 成反比，而且受电缆电容的影响很小，这是电荷放大器的一个主要优点。因此在长导线测量和经常要改变输入电缆长度时，采用电荷放大器是很有利的。

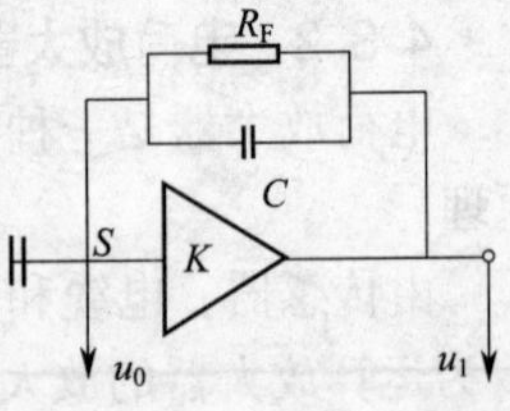

实际电荷放大器线路中。为使运算放大器工作稳定，一般需要在反馈电容上跨接一个电阻，如图 4-16 所示。同时，它将对低频起抑制作用，因此实际上它起到了高通滤波器的作用。有意选择不同的 R_F值，可得到一组具有不同低截止频率的高通。电荷放大器的电路框图，如图 4-17 所示。电荷放大器的几个主要功能如下。

图 4-16 并联 R_F 情况

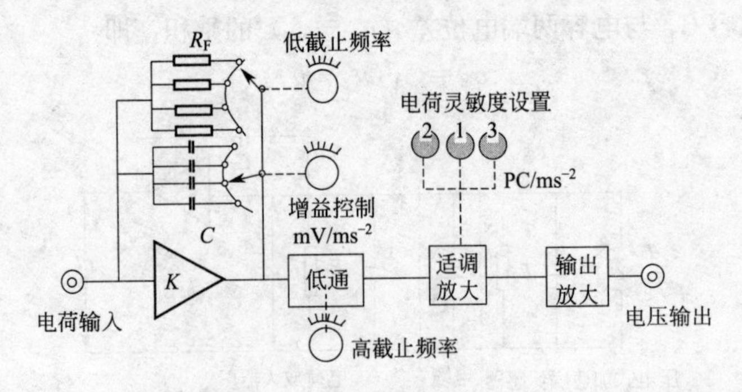

图 4-17 电荷放大器的电路框图

(1) 电路的输入级上设置了一组负反馈电容 C_F，改变 C_F值，可以获得不同的增益，即可得到对应于单位加速度不同的输出电压值。

(2) 电路上设置有低通及高通滤波环节，这些环节在测量时可以抑制所需频带以外的

高频噪声信号及低频晃动信号。高通是由并联反馈电阻 R_F 来实现；低通则由另一个低通电路来实现，比如最简单的 R_C 低通滤波器电路。

(3) 电路上最有特点的是适调放大环节，它的作用是实现“归一化”功能。适调放大环节就是一个能按传感器的电荷灵敏度调节其放大倍数的环节。它可以不论压电式加速度传感器的电荷灵敏度为多少，各通道都能输出具有统一灵敏度的电压信号，这也就是“归一化”的含义。

如图 4-18 所示为 B&K 公司的 2635 型电荷放大器面板与国产电荷放大器实物照片。除了上述各环节外，电荷放大器还设置有积分环节，以实现对振动速度和振动位移的测量。

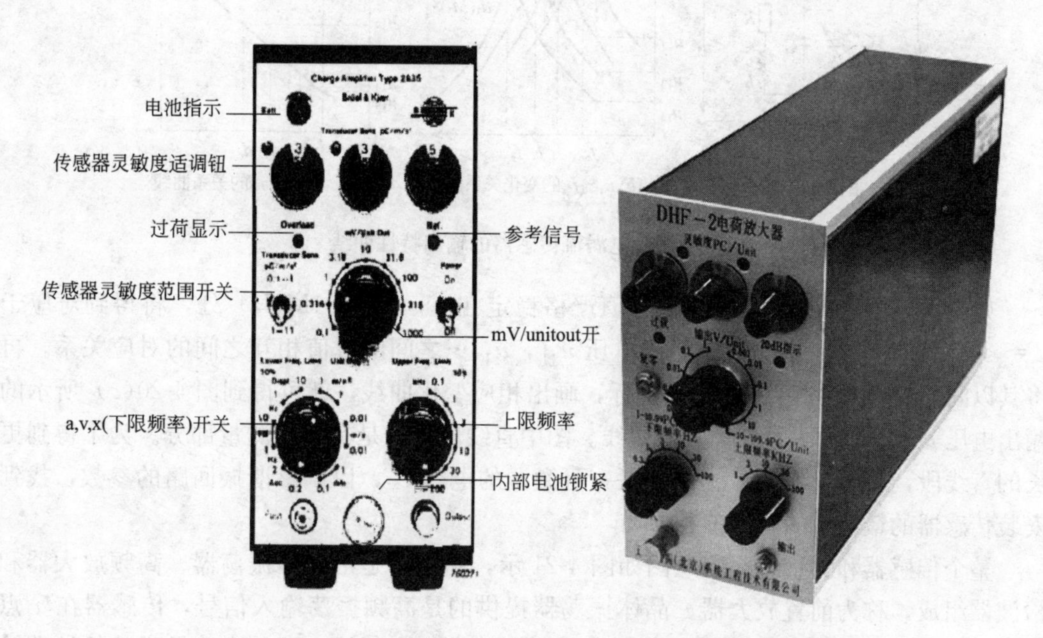

图 4-18　2635 电荷放大器的面板图与国产电荷放大器实物

4.4　电涡流式传感器的测量系统

在第 3 章已经介绍了电涡流传感器的工作原理，它主要是将测量间隙 d 的变化转化为测量 $L'(d)$ 的变化，进而根据 $L'(d)$ 的关系曲线求出 d 与输出电压 u_1 的变化规律。

为了测定 $L'(d)$ 的变化，并建立输出电压 u_1 的间隙 d 的变化关系，一般采用谐振分压电路，为此在图 3-17(b) 的等效电路中并联一电容 C（如图 4-19 中虚线所示）。这样就构成一个 R'、L'、C'谐振电路，其谐振频率（即阻抗 Z 达最大值的频率）

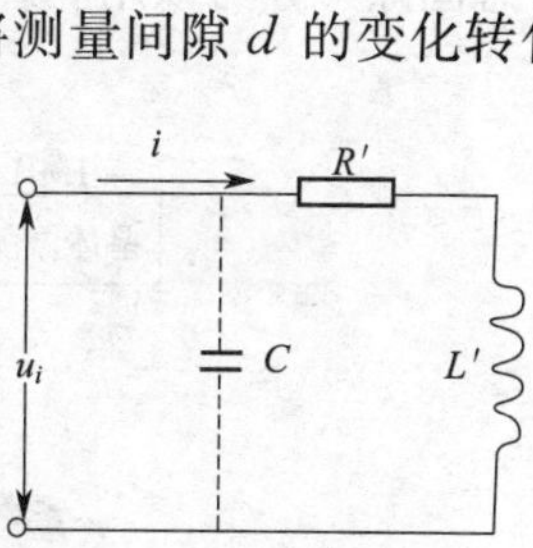

图 4-19　谐振电路图

$$f_{谐}=\frac{1}{2\pi}\frac{1}{\sqrt{L'(d)C}} \tag{4-33}$$

这样 $f_{谐}$ 将随 d 的变化而变化。即当间隙距离 d 增加时，谐振频率 $f_{谐}$ 将降低；反之，当间隙距离 d 减小时，谐振频率 $f_{谐}$ 将增大。若在振荡电压 u_1 与谐振回路之间引进一个分压电阻 R_c，如图 4-20(a) 所示，当 R_c 远大于谐振回路的阻抗值 $|Z|$ 时，则输出电压 u_1 决定于谐振回路的阻抗值 $|Z|$。

对于某一给定的间隙距离 d，就有一相应的 $L'(d)$ 或 $f_{谐}$ 与之相对应，这时输出电压 u_1 随振荡频率的变化而变化，如图 4-20(b) 所示。

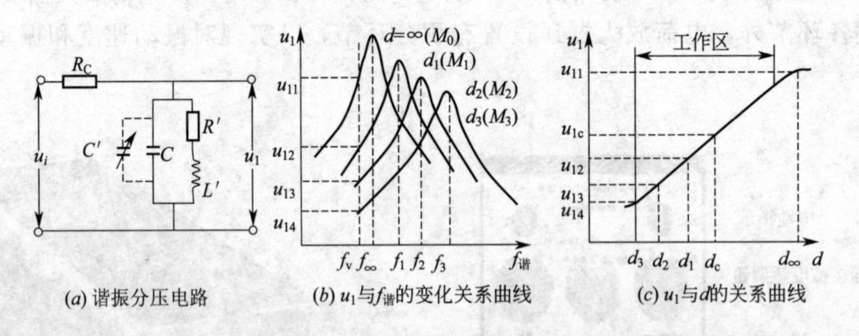

(a) 谐振分压电路　(b) u_1与$f_{谐}$的变化关系曲线　(c) u_1与d的关系曲线

图 4-20　电涡流传感器的输出特性曲线

如果将振荡输入电压 u_1 的频率值严格稳定在 f_0（比如 1MHz）处，将得到对应于 $d=\infty$，$d=d_1$，$d=d_2$…时与输出电压 u_{11}，u_{12}…之间的数值相互之间的对应关系。再将其以间隙 d 为横坐标，u_1 为纵坐标，画出相应变化曲线，就可得到图 4-20(c) 所示的输出电压 u_1 与间隙 d 的变化关系曲线。图中直线段部分是有用的测量部分。为了得到更长的直线段，在图 4-20(a) 上还并联一可微调的电容 C'，以调整谐振回路的参数，找到安装传感器的最合适的谐振位置 d_c。

整个传感器和测量线路示意图如图 4-21 示，它通常是由晶体振荡器、高频放大器和检波器组成，称为前置放大器。晶体振荡器提供的是高频振荡输入信号，传感器在 a 点输入的是随振动间隙 d 变化调高频载波调制信号。经高频放大器放大，最后从检波器输出的是带有直流偏置成分的振动电压信号。其直流偏置部分相当于平均间隙 d_c，交变部分相当于振动幅值的变化。由此可知，非接触式电涡流传感器具有零频率响应，可以测量静态间隙，并可以用静态方法校准。

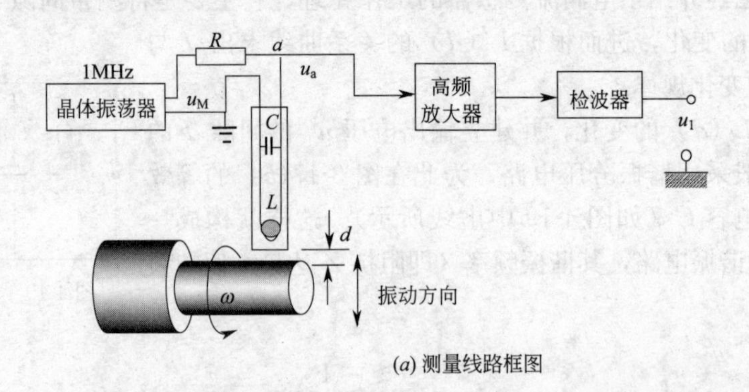

(a) 测量线路框图

图 4-21　电涡流传感器测量线路与工作原理示意图

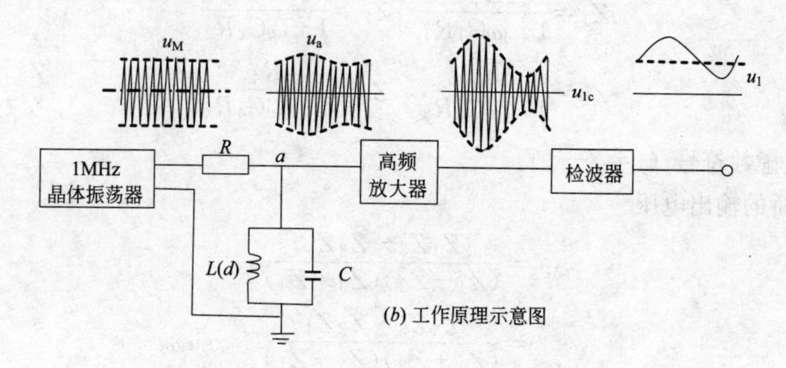

图 4-21　电涡流传感器测量线路与工作原理示意图（续）

4.5 动态电阻应变仪

在上一章中，已讲述了利用应变片可将被测构件的应变关系转换为电阻变化率$\frac{\Delta R}{R}$（$=K\varepsilon$）的变化关系。因此只要测得$\frac{\Delta R}{R}$的值，即可计算出应变 ε 的值。在动载荷下，应变片的电阻变化率是随时间变化的，所以需要采用专用的仪器来测量应变片的电阻变化率，这种专用的仪器称为动态电阻应变仪。

动态电阻应变仪主要由电桥电路、放大器、相敏检波器、滤波器、振荡器和直流稳压电源等部分组成。

本章主要介绍电桥电路、相敏检波器部件的工作原理。其他部件（如放大器、振荡器、直流稳压电源等）的工作原理，可参阅一般电子技术书籍，这里不再介绍。

4.5.1　交流电桥的基本特性

电桥是电阻应变仪的重要组成部分。通过电桥，将由应变片转换来的电阻变化率$\frac{\Delta R}{R}$再转换为电压的变化，然后再将此电压的变化关系输给放大器加以放大。

电桥根据电源的性质分为直流电桥和交流电桥两类。目前在电阻应变仪中大多采用交流电桥。

交流电桥如图 4-22 所示。供电桥的支流电压 u_i 称为载波电压。设

$$u_i=U_{0m}\sin 2\pi f_0 t \tag{4-34}$$

式中　U_{0m}——载波电压的振幅（峰值）；

f_0——载波电压的频率。

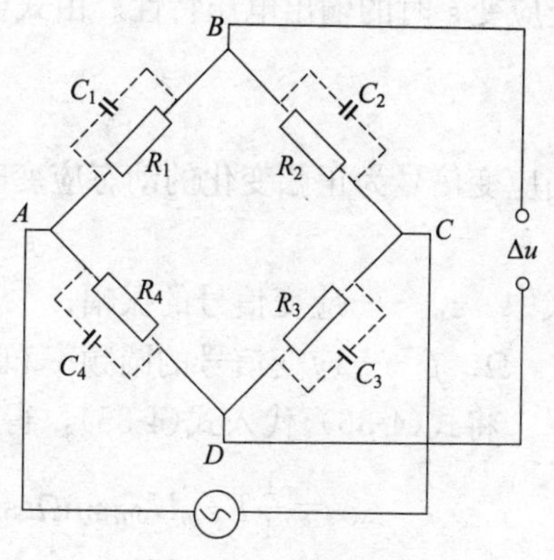

图 4-22　交流电桥

在实际交流电桥的各桥臂中，总存在导线及应变片的分布电容。载波频率 f_0 愈高，分布电容 C 的影响愈严重。对于全桥连接的交流电桥，各桥臂上的分布电容相当于在应变片上并联一个电容，如图 4-22 中的 C_1，C_2，C_3 及 C_4。各桥臂的阻抗可表示为

$$Z_1=\frac{R_1}{1+\mathrm{j}\omega C_1R_1}\quad Z_2=\frac{R_2}{1+\mathrm{j}\omega C_2R_2}$$

$$Z_3=\frac{R_3}{1+\mathrm{j}\omega C_3R_3}\quad Z_4=\frac{R_4}{1+\mathrm{j}\omega C_4R_4}\tag{4-35}$$

式中　j——虚数符号（$j=\sqrt{-1}$）。

交流电桥的输出电压

$$\Delta u=\frac{Z_1Z_3-Z_2Z_4}{(Z_1+Z_2)(Z_3+Z_4)}u_i$$

$$=\frac{Z_1Z_3-Z_2Z_4}{(Z_1+Z_2)(Z_3+Z_4)}U_{0\mathrm{m}}\sin\omega t\tag{4-36}$$

若电桥初始处于平衡状态，则 $Z_1Z_3=Z_2Z_4$，所以 $\Delta u=0$。若四片应变片分别感受到的应变为 ε_1，ε_2，ε_3 及 ε_4，则各片的电阻值将产生变化，其变化量分别为 ΔR_1，ΔR_2，ΔR_3 和 ΔR_4，因而桥臂阻抗变化量分别为 ΔZ_1，ΔZ_2，ΔZ_3 和 ΔZ_4；所以交流电桥的输出电压

$$\Delta u=\frac{u_i}{4}\left(\frac{\Delta Z_1}{Z_1}-\frac{\Delta Z_2}{Z_2}+\frac{\Delta Z_3}{Z_3}-\frac{\Delta Z_4}{Z_4}\right)\tag{4-37}$$

在一般情况下，由于桥臂上的分布电容较小（连接导线不太长），电源频率也不太高，因此 $\omega CR\ll1$。例如，假定电源频率为 50Hz，$R=120\Omega$，$C=1000\mathrm{pF}$，则 $\omega CR\approx3.8\times10^{-3}\ll1$。因此交流电桥的桥臂阻抗仍可看作纯电阻，于是式(4-33) 可表示为

$$\Delta u=\frac{u_i}{4}\left(\frac{\Delta Z_1}{Z_1}-\frac{\Delta Z_2}{Z_2}+\frac{\Delta Z_3}{Z_3}-\frac{\Delta Z_4}{Z_4}\right)$$

$$=\frac{Ku_i}{4}(\varepsilon_1-\varepsilon_2+\varepsilon_3-\varepsilon_4)\tag{4-38}$$

上式说明，当交流电桥初始是平衡的、电源频率不太高、导线的分布电容较小时，交流电桥仍可作为纯电阻性电桥来进行计算。

下面讨论交流电桥的输出电压特性。为了分析简明起见，这里只讨论仅有一个桥臂感受应变 ε 时的输出电压特性。由式(4-34) 可知，此时电桥的输出电压

$$\Delta u=\frac{1}{4}K\varepsilon U_{0\mathrm{m}}\sin\omega t\tag{4-39}$$

当应变信号为正弦变化的动态应变时，假设动态应变信号为

$$\varepsilon=\varepsilon_{\mathrm{m}}\sin\Omega t=\varepsilon_{\mathrm{m}}\sin2\pi ft\tag{4-40}$$

式中　ε_{m}——应变信号的振幅；

Ω、f——应变信号的圆频率和频率。

将式(4-36) 代入式(4-35)，得

$$\Delta u=\frac{1}{4}K\varepsilon_{\mathrm{m}}U_{0\mathrm{m}}\sin\Omega t\sin\omega t$$

$$=\frac{1}{8}K\varepsilon_{\mathrm{m}}U_{0\mathrm{m}}\cos(\omega-\Omega)t-\frac{1}{8}K\varepsilon_{\mathrm{m}}U_{0\mathrm{m}}\cos(\omega+\Omega)t\tag{4-41}$$

$$=\frac{1}{8}K\varepsilon_{\mathrm{m}}U_{0\mathrm{m}}\cos2\pi(f_0-f)t-\frac{1}{8}K\varepsilon_{\mathrm{m}}U_{0\mathrm{m}}\cos2\pi(f_0+f)t$$

Δu 的波形如图 4-23(c)所示，它包含有（f_0-f）和（f_0+f）两种频率成分。动态应变信号通常含有 0～f_{max} 整个频带，因而交流电桥输出的调幅波的频率只在（f_0-f_{max}）至（f_0+f_{max}）的范围内变化。从图 4-23(c)可以看出，f_0 必须比 f_{max} 高很多，才能使调幅波的包络线较真实地反映应变信号波形。一般电阻应变仪要求 $f_0\geqslant(7\sim10)f_{max}$，也就是说，仪器可测应变信号的最高频率 f_{max}（即仪器的最高工作频率）是仪器的载波频率 f_0 的 1/10～1/7。

4.5.2 相敏检波器

交流电桥输出的电压信号是一个载波电压被应变信号调制后的调幅信号，其频率和载波电压的频率相同，振幅按应变信号的变化规律变化。拉伸应变使电桥输出一个与载波电压同相位的调幅电压信号，而压缩应变则使电桥输出一个与载波电压反相位的调幅电压信号。为了得到真实的应变信号波形，必须将调幅波中的高频载波去掉，还原为原来的应变信号，此过程称为检波（又称为解调）。在电阻应变仪中，采用的检波器不同于一般解调调幅波用的检波器，它要求不仅能够反映幅值的大小，而且还要鉴别相位（即应变的正、负）。这种既能检波又能鉴别相位的检波器称为相敏检波器。在图 4-23(d)、(e)中，可以清楚地看出调幅波经相敏检波器和普通检波器所得到的不同波形。

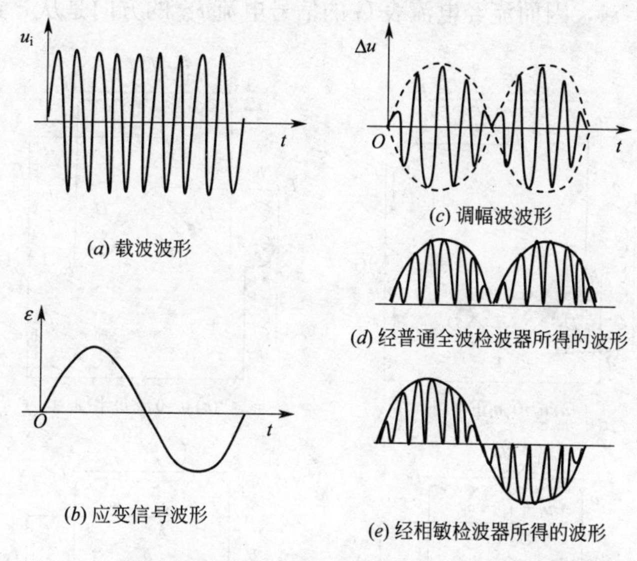

图 4-23　调幅波经相敏检波器和普通全波检波器所得的波形

在电阻应变仪中，常采用四个晶体二极管构成环形相敏检波器，如图 4-24 所示。其中 D_1、D_2、D_3 和 D_4 为型号和特性参数都相同的晶体二极管。由变压器 T_1 输入应变信号电压 u_s，由变压器 T_2 供给参考标准电压 u_r，且$|u_r|\geqslant2|u_s|$。参考电压 u_r 和电桥的供桥电压 u_i 是同相位的，用以作为辨别信号极性的标准。变压器 T_1 和 T_2 的中心抽头为 e 和 f。下面我们来讨论在不同应变信号（即不同的 u_3）时，相敏检波器的工作特性。

1. 无应变信号（即 $u_s=0$）的情况

在 u_r 的正半周时，设 u_r 的极性如图 4-25(a)所示，则二极管 D_3 和 D_4 导通，D_1 和 D_2 截止，相当于变压器 T_1 的 b 端开路，这时流经 D_4 的电流 i_4 沿回路 cD_4defc 流过电流表 G；流经 D_3 的电流 i_3 沿回路 $fedD_3af$ 流过电流表 G。可见，电流 i_3 和 i_4 以相

反方向流经电流表G。由于变压器中心抽头对称，二极管参数相同，因而 i_3 和 i_4 大小相等，故电流表G中无电流流过，$i_G=0$。

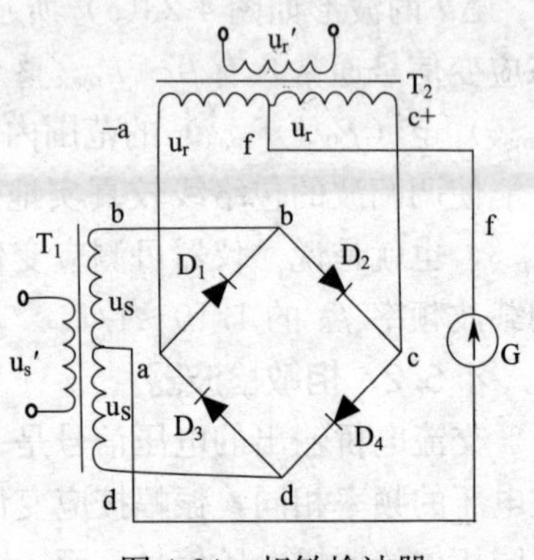

图 4-24 相敏检波器

在 u_r 的负半周时，u_r 的极性如图 4-25(*b*) 所示，则 D_1 和 D_2 导通，D_3 和 D_4 截止，这时流经电流表G的电流为 i_1 和 i_2，大小相等，方向相反故 $i_G=0$。由此可知，只要无信号输入 ($u_s=0$)，不论参考电压 u_r 在正半周还是在负半周，二极管中虽有 u_r 形成的回路电流流过，但相敏检波器的输出恒为零。u_r 仅使 D_1、D_2 或 D_3、D_4 交替地导通或截止。

2. 有拉伸应变信号（即 u_s 和 u_r 同相位）的情况

在 u_r 的正半周时，设 u_r 和 u_s 的极性如图 4-25(*c*) 所示。由于 $|u_r|\geqslant 2|u_s|$，二极管的导通与否取决于 u_r 的极性，因此 D_3 和 D_4 导通，D_1 和 D_2 截止。变压器 T_1 的 b 端开路，仅是 e 和 d 两端的信号电压 u_s 在电流表G中形成电流。此时在回路 cD_4defc 中作用的电压为 (u_r+u_s)，电流为 i_4；在回路 $fedD_3af$ 中作用的电压为 (u_r-u_s)，电流为 i_3。由此可知，$i_4>i_3$，因而流经电流表G的信号电流 i_G 的方向是从 e 到 f。

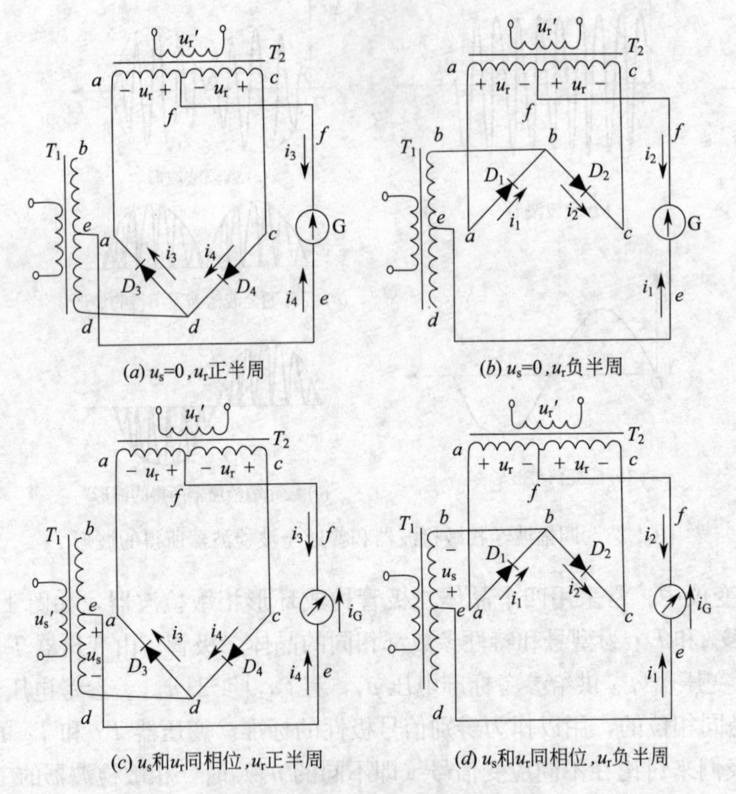

图 4-25 相敏检波器的工作原理

在 u_r 的负半周时，设 u_r 和 u_s 的极性如图 4-25(*d*) 所示。

此时 D_1 和 D_2 导通，D_3 和 D_4 截止。变压器 T_1 的 d 端开路，仅是 e 和 b 两端的信号电压 u_s 在电流表G中形成电流。这时回路 aD_1befa 中作用的电压为 (u_r+u_s)，电流

为 i_3；在回路 $febD_2cf$ 中作用的电压为（u_r-u_s），电流为 i_2。由此可知 $i_1>i_2$，因此流经电流表 G 的信号电流 i_G 的方向同样也是从 e 到 f。

可见，当应变信号为拉伸应变（u_s 和 u_r 同相位）时，不论 u_r 在正半周还是在负半周，相敏检波器输出的信号电流的方向都是从 e 到 f。

3. 有压缩应变信号（即 u_s 和 u_r 反相位）的情况

这种情况仍可利用图 4-25(c)、(d) 来分析，只是 u_s 的极性与图中表示的相反。用同样的分析方法可知，不论 u_r 在正半周还是负半周，i_G 的方向都是从 f 到 e，正好和拉伸应变信号时的相反。因而可以根据相敏检波器输出电流的正、负来鉴别应变信号的正、负（拉、压）。

4.5.3 动态电阻应变仪的工作原理

动态电阻应变仪的原理如图 4-26 所示。由应变片组成测量电桥，其载波电压 u_1 由振荡器供给。在应变片感受应变信号后；测量电桥输出一个调幅交流电压 Δu，经交流放大器放大后的电压为 u_s，由相敏检波器检波后的电压信号为 u'，再经低通滤波器滤去高次谐波，得到与原应变信号相似的电压 u 或电流波形 i，再由记录器记录下来。直流稳压电源供给放大器和振荡器直流工作电压。

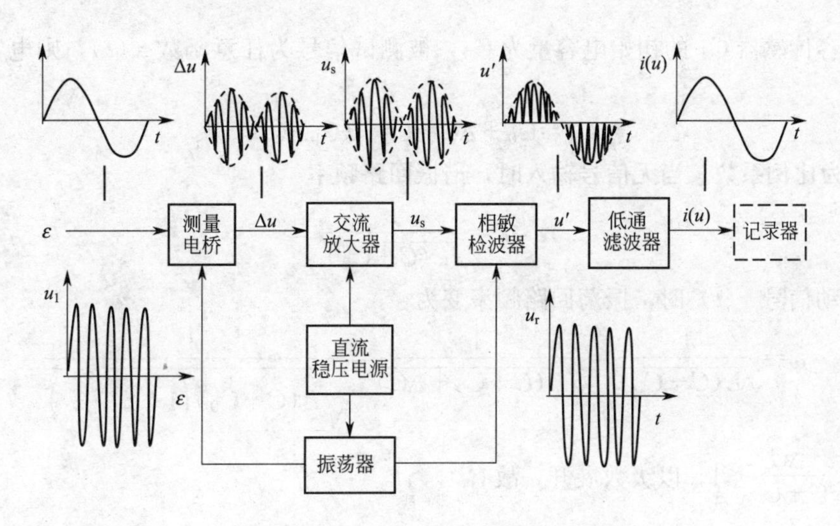

图 4-26 动态电阻应变仪的原理方框图

4.6 参量型传感器测量系统

在参量型传感器测量系统中，使用的测量电路有多种形式，有简单的测量电路，也有利用电子载波技术的测量电路。下面简单介绍其中一种测量电路（调频式放大器）的工作原理。

调频式放大器是将电容传感器（或电感传感器）接收到的振动信号通过载波频率变化将振动信号传递和放大的装置。在振动测量中，通常采用谐振式调频放大器把被测量的振动信号转换成随频率变化的电信号，经限幅放大后，再通过鉴频器转换为电压信号，经过带通滤波器和功率放大器即可用仪表指示或记录仪记录。它的工作原理如图 4-27 所示。

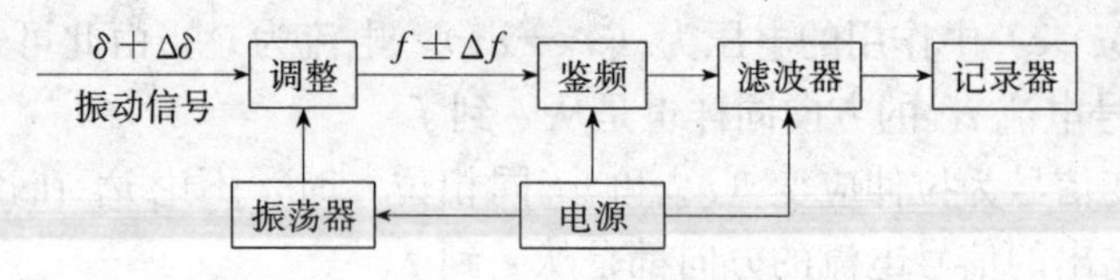

图 4-27 调频系统方框图

电容传感器并联在自激振荡器上作为振荡器谐振回路的一部分，当测试量（如位移 $\delta_0 \pm \Delta\delta$）使电容发生微小变化（$C_0 \pm \Delta C$）时，就会使谐振频率按照电容量变化规律发生变化（$f \pm \Delta f$）。图 4-28 为谐振式调频器的工作原理图，电感 L 与电容 C 组成谐振回路，并联电容 C_1 即为电容传感器。

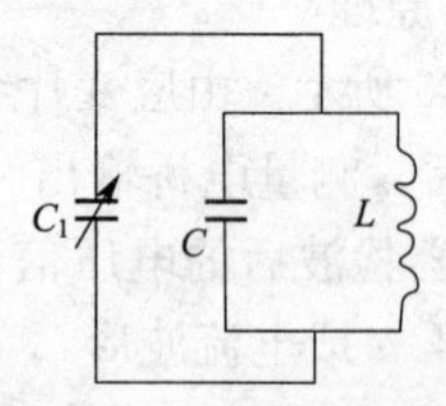

图 4-28 谐振式调频器的工作原理图

设电容传感器 C_1 的初始电容量为 C_0，被测试信号为任意函数 $x(t)$，则电容传感器的电容

$$C_1 = C_0 + \Delta C = C_0 + kC_0 x(t) \tag{4-42}$$

其中，k 为比例系数。当无信号输入时，谐振回路频率

$$\omega_0 = \frac{1}{\sqrt{L(C+C_0)}} \tag{4-43}$$

当输入振动信号 $x(t)$ 时，振荡回路频率变为

$$\omega = \frac{1}{\sqrt{L(C+C_0)}} = \frac{1}{\sqrt{L(C+C_0+\Delta C)}} = \frac{1}{\sqrt{L(C+C_0)\left(1+\frac{\Delta C}{C+C_0}\right)}} \tag{4-44}$$

由于 $-1 < \frac{\Delta C}{C+C_0} < 1$，以级数展开，故有

$$\omega = \frac{1}{\sqrt{L(C+C_0)}}\left[1 - \frac{\Delta C}{2(C+C_0)}\right] = \omega_0[1 - k_1 x(t)] \tag{4-45}$$

式中，$k_1 = \frac{kC_0}{2(C+C_0)}$；$k_1\omega_0 x(t)$ 表示随被测试信号变化的频率变化量。该式表明，利用谐振式调频器即可实现调频过程。

调频波的解调电路通常称为鉴频器。鉴频器的功能就是把调频波频率的变化转换为电压的变化。一般鉴频器由两部分组成：一部分为线性变换电路，用以将等幅的调频波变换为幅值变化的调幅波，该部分通常由振荡回路组成；另一部分为幅值检波器，用以对调幅波检波，该部分通常由二极管检波器组成。

图 4-29(a) 为一种振幅鉴频器，其线性交换部分的工作原理是基于谐振回路的频率特性。调频波 u_F 经过 L_1、L_2 耦合，加于由 L_2、C_2 组成的谐振回路上，在它的两端获得如图 4-29(b) 所示电压—频率特性曲线。当输入信号的圆频率 ω 与谐振回路的固有圆

频率 p_n 不相同时，比如 $\omega > p_n$ 时，其输出电压 u_A 将随输入调频波 u_F 的频率而增加，直至 $\omega = p_n$ 时获得最大值。可以认为，在某一适当的频率范围中，$u_A - \omega$ 近似成直线关系。调频波频率 $\omega_0 \pm \Delta\omega$ 正好位于由 L_1、C_2 所组成谐振回路所规定的线性频率范围内，才能使输出电压 u_A 的幅值随调频波的频率变化成正比地变化，从而达到将调频波变换为调幅波的目的。

将调频波变换为调幅波以后，再输入到幅值检波器检波，经过低频放大和滤波，就可以还原成与初始的振动信号成正比的电信号并进行记录或仪表显示。

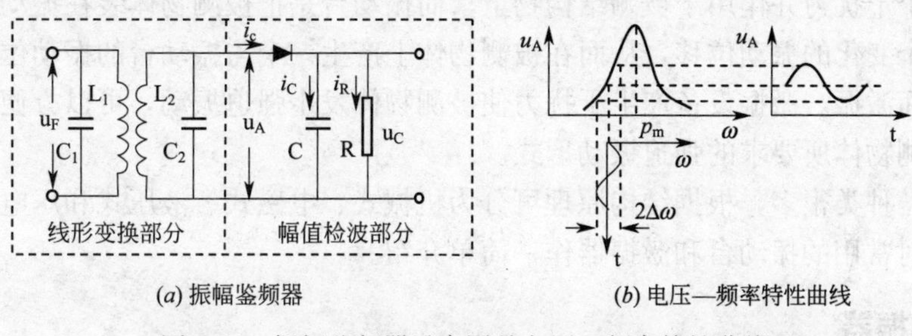

(a) 振幅鉴频器　　(b) 电压—频率特性曲线

图 4-29　振幅鉴频器示意图及电压—频率特性曲线

调频放大器对传感器和调频振荡器以及这两者间连接导线的分布电容、电感的影响较敏感，它们的变化会引起振荡频率明显的变化，从而产生显著的误差。所以使用时要特别予以注意。在使用过程中，需要较好的屏蔽，有时还需要将连接导线固定起来以免受振动的影响。调频放大器在远距离输送和遥测中，有其特殊的优点，它的抗干扰能力很强，可用作多路传输，因此它的应用越来越广泛。

思考题

1. 简述无源微、积分电路及滤波器的工作原理，画出各自的幅频特性曲线及工作范围，并推导出有关公式（微、积分电路）。

2. 简述有源微、积分电路及比例运算器的工作原理。

3. 简述有源滤波器的工作原理及频率特性。

4. 你知道几种带通滤波器，其主要参数和带宽是如何定义的？

5. 简述电压放大器、电荷放大器的工作原理（推导有关公式），它们的主要功能是什么？

6. 简述电涡流式传感器测量系统的工作原理。

7. 下列哪些传感器测量系统具有零频率响应？

（1）压电式加速度计配电荷放大器；

（2）电磁式速度传感器配微积分电路；

（3）电涡流式传感器及测量系统。

8. 简述动态电阻应变仪的工作原理。

9. 简述参量型传感器测量系统的工作原理。

第5章　激振设备

振动激振设备主要是振动台和激振器。通常，激振器是安装在被测物体上直接激振，从而产生一个干扰力并作用于被测结构物上；而振动台是把被测物体装在振动平台上，振动台产生一个变化的振动位移，从而在被测物体上产生一个与振动台的振动位移相对应的牵连惯性力而激振。激振设备产生干扰力使被测物体发生强迫振动，可以方便地实现在测试实验时被测物体所要求的强迫振动形式。

激振设备种类很多，根据结构原理可分为机械式、电磁式、液压式和压电式等多种形式。本节只对常用的振动台和激振器作一简单介绍。

5.1　激振器

5.1.1　机械惯性式激振器

这种激振器是利用偏心质量的旋转，使之产生周期变化的离心力，以起激振作用。由两个带偏心质量而反向等速旋转的齿轮结构组成的机械惯性式激振器如图 5-1 所示。

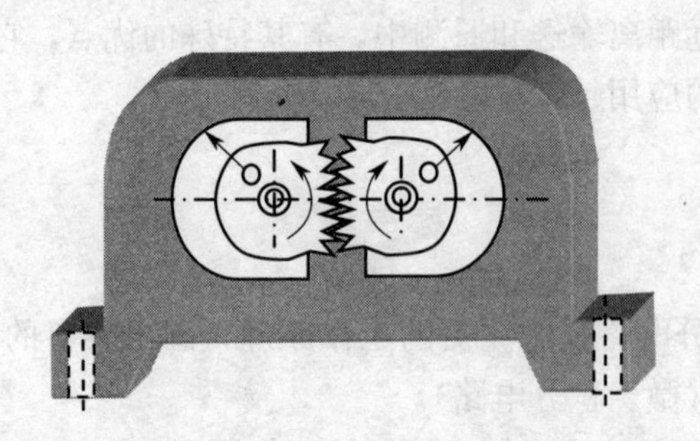

图 5-1　惯性式激振器示意图

偏心质量齿轮旋转时，两质量的惯性力的合力在铅直方向以简谐规律变化，在水平方向合力为零，则激振力的大小

$$F=2m\omega^2 e\cos\omega t \tag{5-1}$$

式中　m——偏心块质量；

e——偏心块的偏心距；

ω——旋转角速度。

使用时，将激振器固定在被测物体上，激振力带动物体一起振动。此类激振器一般都用直流电动机带动，改变直流电动机的转速可调节干扰力的频率。

这种激振器的优点是，制造简单，能获得从较小到很大的激振力（0 至几千公斤）；缺点是工作频率范围很窄，一般为 0～100Hz。由于受转速的影响，激振力大小无法单独控制，另外，机械惯性式激振器本身质量较大，对被激振系统的固有频率有一定影响，且安装使用很不方便。

5.1.2 电磁式激振器

电磁式激振器是将电能转换成机械能，并将其传递给试验结构的一种仪器。其结构原理示意图如图 5-2 所示。

电磁式激振器由磁路系统（包括励磁线圈、中心磁极、磁极板）与动圈、弹簧、顶杆、外壳等组成。动圈固定在顶杆上，处在中心磁极与磁极板之间的空气气隙中；顶杆由弹簧支撑，工作时顶杆处于限幅器的中间，弹簧与壳体相连接。电磁式激振器工作原理如下。

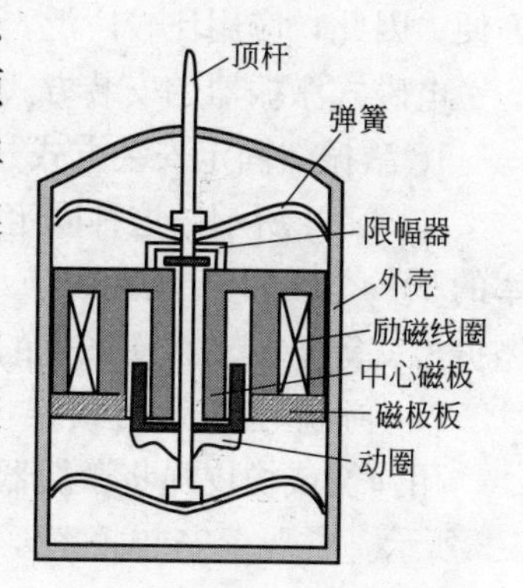

图 5-2 电磁式激振器原理

在励磁线圈中输入直流电流，使中心磁极在磁极板的空气气隙中形成一个强大的磁场；同时再给动圈输入一个交变电流 I_e，电流在磁场的作用下产生的电磁感应力

$$F = BLI_m \sin\omega t \tag{5-2}$$

式中 B——磁感应强度；

L——动圈绕线有效长度；

I_m——通过动圈电流的幅值。

力 F 使顶杆作上下运动，由顶杆传给试件的激振力是电磁感应力 F 和可动部分的惯性力、弹性力、阻尼力等的合力。但由于激振器的可动部分质量很小，弹簧较软（激振器弹簧通常做成失稳状态；即在一定范围内，弹簧力不随弹簧变形而改变），所以在一般情况下，其惯性力、弹性力和阻尼力可以忽略。当输入动圈内的电流 I_e 以简谐规律变化时，则通过顶杆作用在物体上的激振力也以简谐规律变化。

使用这种激振器时，是将它放置在相对于被测试物体静止的地面上，并将顶杆顶在被测试物体的激振处，顶杆端部与被测试物体之间要有一定的预压力，使顶杆处于限幅器中间，且要注意满足相应的跟随条件，即式(3-4)。激振前顶杆应处于振动的平衡位置。这样激振器的可动部分和固定部分才不发生相应的碰撞。

与电磁式激振器配套使用的仪器有信号发生器、功率放大器和直流稳压电源。连接方框图如图 5-3 所示（磁场采用永久磁铁产生时，激振器不需要直流电源）。

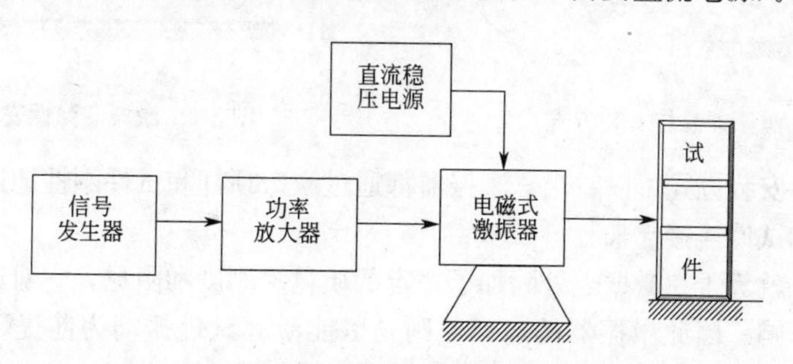

图 5-3 电磁式激振器系统连接示意图

信号发生器是产生一定形式、一定频率范围和一定大小振动信号的设备，并向多功能形式发展，即同一信号发生器可产生多种振动信号，如正弦、脉冲（分波、三角波）、随机和瞬态随机等多种激振信号。

功率放大器是将信号发生器输出的电压信号进行放大，给激振器提供与电压信号成正比的电流，以使电磁式激振器产生符合要求的激振力。

电磁式激振器的优点是能获得较宽频带（0～1万Hz）的激振力，即产生激振力的频率范围较宽。而可动部分质量较小，从而对被测物体的附加质量和附加刚度较小，使用也方便。因此，应用比较广泛，但这种激振器的缺点是不能产生太大的激振力。

电磁式激振器的安装方式有许多种，一般以下面三种安装方式为主。

1. 激振器固定安装方式

如图5-4所示，这种固定方式要求安装后，激振系统的共振频率要高于激振器工作频率的3～4倍以上。为此，应尽可能采用刚性较好的支架。在这种情况下，传递给试件的激振力就等于驱动线圈产生的电磁感应力F。

2. 弹性悬挂安装方式

用弹簧或橡皮绳将激振器悬挂在支架上，如图5-5所示。它要求安装频率要远低于激振器的工作频率。此时施加于试件的激振力近似地等于驱动线圈产生的电磁感应力F。用手握激振器对试件做激振试验就属于这种安装方式，一般手握激振器的固有频率大约为2～3Hz。

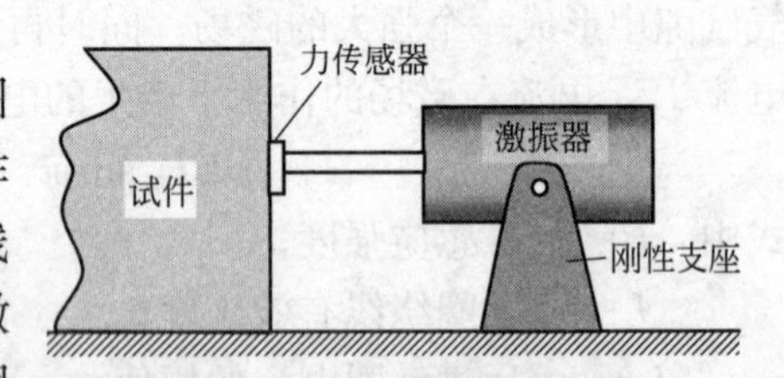

图5-4　激振器固定安装方式

3. 弹性安装方式

弹性安装方式如图5-6所示，它适用于试验物体的质量远大于激振器的质量，激振器的工作频率远远高于安装共振频率的情况。

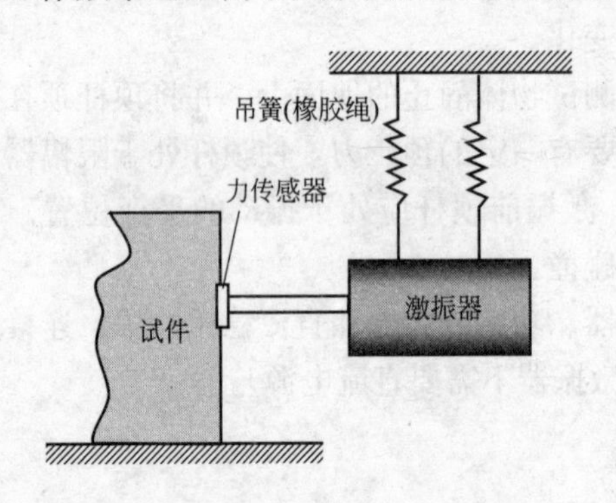

图5-5　激振器悬挂安装方式

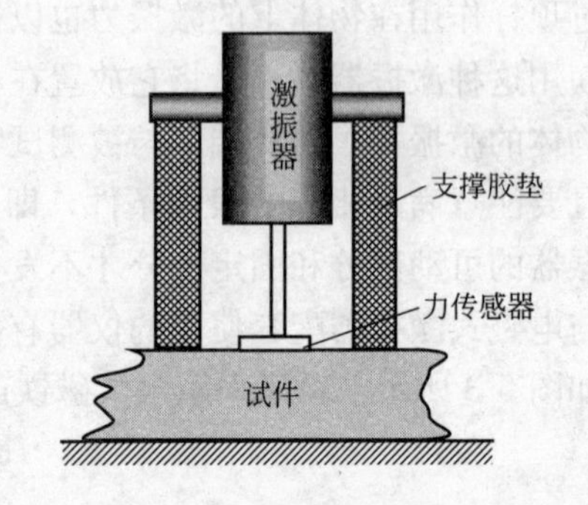

图5-6　激振器弹性安装方式

从以上三种安装方式可以看出，激振器都通过激振顶杆和试件刚性地连接在一起，或者通过预压力和试件连接起来。

这样，试件就等于在激振点处附加了一定的质量、刚度和阻尼，它对试件的动态参数会产生一定的影响。因此激振器的选择原则是以能激起试件振动为前提，尽量选用功率小、质量小、刚度小的激振器。对于轻型结构、刚度很弱（如薄板）的试件，则要采用非接触式激振器激振为好。

5.2　振动台

5.2.1　机械式振动台

机械式振动台有连杆偏心式和惯性离心式两种。它们的工作原理如图5-7所示。

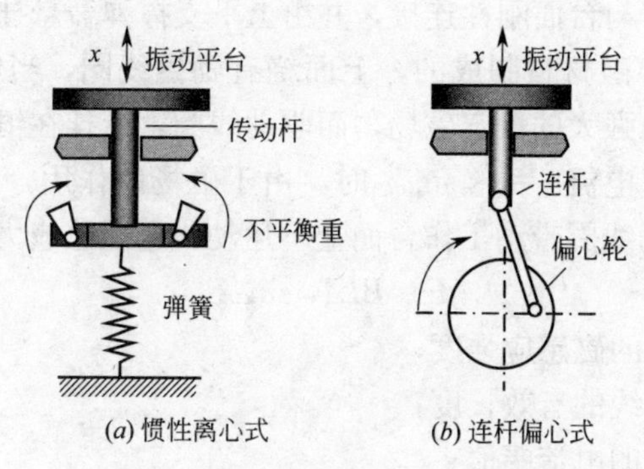

图 5-7　机械式振动台的工作原理

惯性离心式振动台是基于旋转体偏心质量的惯性力而引起振动平台的振动来工作的，其工作原理与离心式激振器的工作原理相同。

连杆偏心式振动台是基于偏心轮转动时，通过连杆机构而使工作台作交变正弦运动来工作的。振幅大小可用改变偏心距的大小来调节，频率可用改变电动机转速来调节。由于机械摩擦和轴承损耗的影响，这种振动台频率一般不能超过 50Hz。连杆偏心式振动台的主要优点是能够得到很低的频率，且振幅与频率的变化无关；主要缺点是不能进行高频激振，小振幅时失真度较大。一般来说，连杆偏心式振动台的有效频率范围为 0.5～20Hz；惯性离心式振动台的有效频率范围为 10～70Hz，且振幅在大于 0.1mm 以上时效果较好。机械式振动台的优点是结构简单，容易产生比较大的振幅和激振力；缺点是频率范围小，振幅调节比较困难，机械摩擦易影响波形，使波形失真度较大。

5.2.2　电磁式振动台

电磁式振动台的工作原理与电磁式激振器相同，只是振动台有一个安装被激振物体的工作平台，其可动部分的质量较大。控制部分由信号发生器和功率放大器等组成。控制箱与振动台之间由电缆连接。电磁振动台的种类很多，目前，除了正弦波振动台以外，还有随机振动台等。电磁式振动台的频率范围很宽，可从近于零赫兹到几千赫兹，最高可达几十千赫兹。

电磁式振动台的优点是，噪声比机械式振动台小，频率范围宽，振动稳定，波形失真度小，振幅和频率的调节都比较方便。缺点是有漏磁场的影响，有些振动台低频特性较差。电磁式振动台的外形如图 5-8 所示。

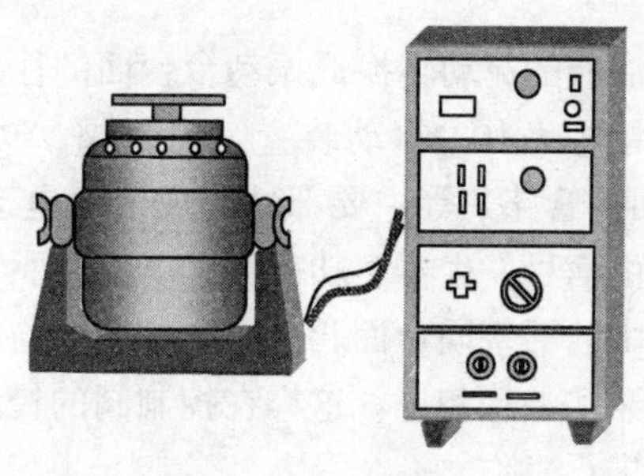

图 5-8　电磁式振动台

电磁式振动台的结构原理与电磁式激振器极为相似，如图 5-9 所示。它的驱动线圈绕在线圈骨架上，通过连杆与台面刚性连接，并由上下支撑弹簧悬挂在振动台的外壳上。振动台的固定部分是由高导磁材料制成的，上面绕有励磁线圈，当励磁线圈通以直流电流时，磁缸的气隙间就形成强大的恒定磁场，而驱动线圈就悬挂在恒定磁场中。

当驱动线圈通过交流电流 $i=I_{\mathrm{m}}\sin\omega t$ 时，由于磁场的作用，在驱动线圈上就产生电磁感应力 F，从而使驱动线圈带动工作台面上下运动。电磁感应力 F 的大小

$$F=BLI_{\mathrm{m}}\sin\omega t \tag{5-3}$$

式中 B——空气气隙中的磁感应强度；

L——驱动线圈导线的有效长度；

I_{m}——驱动线圈中的电流幅值；

ω——驱动交流电流的圆频率。

因此，改变驱动交流电流的大小和频率，就能改变工作台面的振动幅值的大小及振动的频率。电磁式振动台的控制系统如图 5-10 所示。

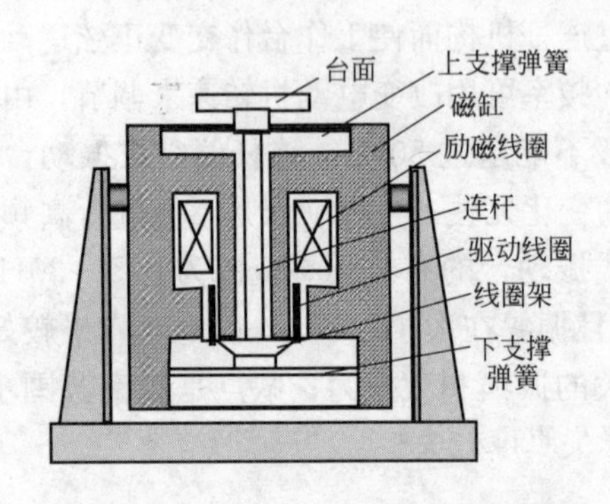

图 5-9 电磁式振动台结构原理图

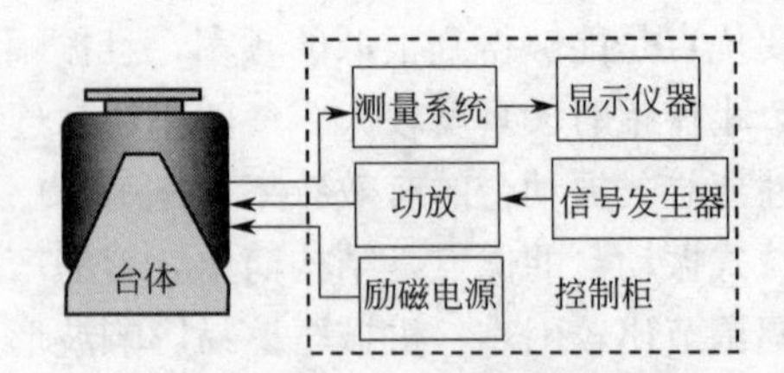

图 5-10 电磁式振动台控制系统框图

控制系统分为三路，一路是励磁部分，它主要给励磁线圈提供励磁电流而产生恒定的磁场；另一路是激励部分，它主要由信号发生器和功率放大器等组成，其输出信号接到振动台的驱动线圈上，以使其产生频率和幅值均为可调的振动信号；第三路是测量部分，其传感器装在台体内，测量放大器的输出可接各种显示和记录设备。该部分用来测量台面的位移、速度和加速度值。整个控制系统组装在控制柜中。目前一些先进的振动台还装有微处理器。

5.3 液压式振动台

液压式振动台是将高压油液的流动转换成振动台台面的往复运动的一种机械，其原理如图 5-11 所示。其中台体由电动力式驱动装置、控制阀、功率阀、液压缸、高压油路（供油管路）和低压油路（回油管路）等主要部件组成。而电动力式驱动装置和电磁式振动台的控制系统结构一样，由信号发生器、功率放大器供给驱动线圈驱动电信号，从而驱动控制阀工作。由于液压缸中的活塞同台面相连接，控制台与功率阀有多个进出油孔，分别通过管路与液压缸、液压泵和油箱相连，这样在控制阀的控制下，通过不断改变油路就可使台面按控制系统的要求进行工作。

振动台处于平衡位置时，即电动力式驱动装置中的驱动线圈未加驱动信号时振动台的平衡位置，控制阀和功率阀的滑阀正好关闭了所有的进出油孔，使高压油不能通过控制阀

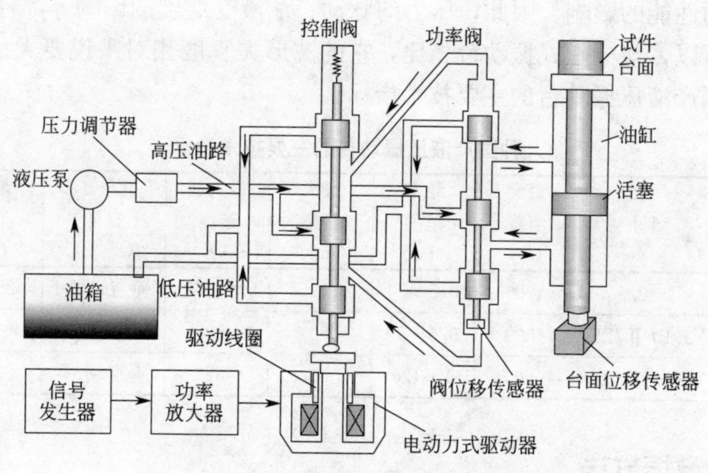

图 5-11　液压振动台结构原理

和功率阀而进入液压缸，于是活塞处于静止平衡位置。当给驱动装置的驱动线圈加一驱动信号使驱动装置的可动部分向上移动时，控制阀即离开平衡位置向上运动，从而打开控制阀的高压油孔，高压油经下面的油路进入功率阀，迫使功率阀向上运动，继而使功率阀的高压油孔打开，高压油从下面进入液压缸，并推动活塞向上运动，这样振动台台面就向上运动，而处在控制阀、功率阀和活塞上端的油经回油管流入油箱中。当外加驱动信号使驱动线圈的可动部分向下运动时，控制阀即向下运动，高压油从上面进入功率阀，迫使功率阀向下运动，高压油从上面进入液压缸而推动活塞向下运动，这样振动台就向下运动。不难看出，液压振动台就是利用控制阀和功率阀控制高压油流入液压缸的流量和方向来实现台面的振动，台面振动的频率和电驱动装置的驱动线圈的振动频率相同。

实际的液压振动台工作在闭环控制状态，它的控制系统如图 5-12 所示。信号发生器产生的振动信号与各反馈回路传感器测量得到的阀位移、液压脉动及台面位移信号一起在控制部分进行处理，最后产生误差信号送到电动驱动装置的驱动线圈中，然后经控制阀和功率阀使振动台产生稳定的振动。

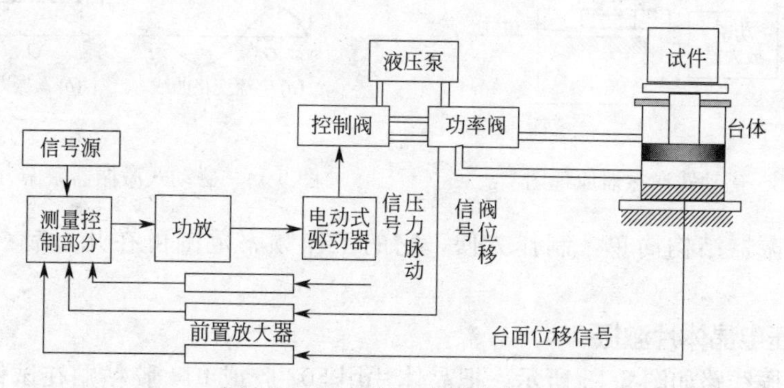

图 5-12　液压振动台的控制系统

由于液压振动台可比较方便地提供大的激振力，台面能承受大的负载，因此一般都做成大型设备，以适应大型结构的模型试验。它的工作频率段下限可低至零，上限可达几百赫兹。由于台面由高压油推动，因而避免了漏磁对台面的影响。但是，台面的振动波形直接受油压及油的性能的影响。因此，压力的脉动、油液受温度的影响等都将直接影响台面的振动波形。所以，与电磁式振动台相比，它的波形失真度相对来说要大一些。表中 5-1 中列出了几种国产液压振动台的主要技术指标。

几种国产液压振动台的主要技术指标 表 5-1

厂家	型号	最大负载(N)	频率范围(Hz)	最大振幅(mm)	最大加速度($m\cdot s^{-2}$)	振动	最大推力(N)	台面尺寸(mm)
苏州试验仪器厂	E－2.5	4000	0.5～30	±12.4	50(空载)	垂直、水平	25000	400×600
西北机械厂	Y5910 Ⅱ/ZF	1500	0.5～30	50	50	垂直	10000	400×600
西北机械厂	Y5925 Ⅱ/ZF	6500	1～120	30	25	垂直、水平	25000	ϕ700

5.4 其他激振方法

5.4.1 磁动式激振器

磁动式激振器是一种非接触式激振器。一般轻型结构或质量小、刚度很弱的试件进行激振试验时常采用它，它对被激励的物体的动态特性没有什么影响。

图 5-13 是磁动式激振器的结构原理图。它主要由磁铁和绕在铁心上的线圈组成。线圈有两个，一个是励磁线圈，它通以直流电流，产生恒定的偏置磁场；另一个为驱动线圈，它由外部信号源供给激励信号，当驱动线圈通以交变电流时，磁铁对试件就产生交变的吸力，从而激起试件的振动。因此，该激振器适用于磁性材料制成的试件；若试件为非磁性材料，可在激振点处贴上一层铁磁材料薄片。

磁动式激振器中的励磁线圈的作用是产生一个恒定的磁场，对试件产生一恒定的作用力 F_0；而交变的激振力就叠加在 F_0 之上，其频率等于驱动电流的频率，如图 5-14(*b*)所示。但偏置电流不能太大以避免铁心的饱和。

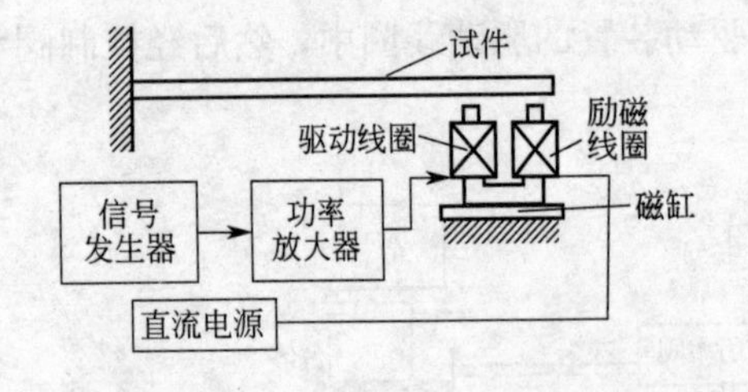

图 5-13 磁动式激振器原理图

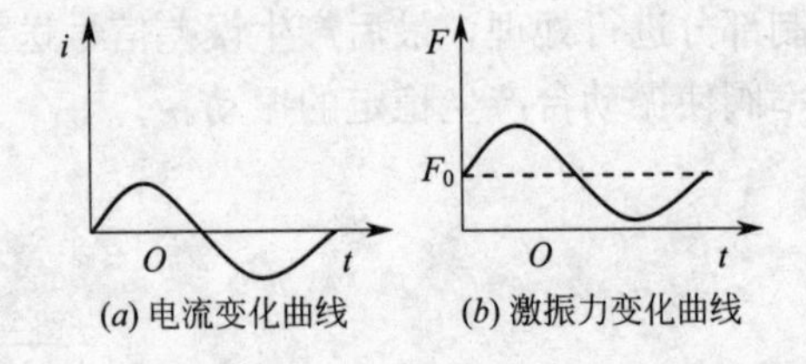

图 5-14 磁动式激振器激振力变化曲线

磁动式激振器结构简单，制作方便，它的工作频率范围可在几十赫兹到数百赫兹之间。

5.4.2 压电晶体片激振

晶体片激振线路如图 5-15 所示。把晶体片用 502 胶或 914 胶粘贴在试件上（一般粘贴在应变最大处），利用压电晶体的逆压电效应，在晶体片的两个极面上加一正弦的交变电压，晶体片就会产生正弦交变的伸缩，该伸缩力作用在被测部件上，就可激励它产生强迫振动。若保持晶体片两个极面上的电压幅值不变，逐步改变电压的频率，使被激励试件产生共振，从而就能找到共振频率，并可测出幅频曲线等振动参数。

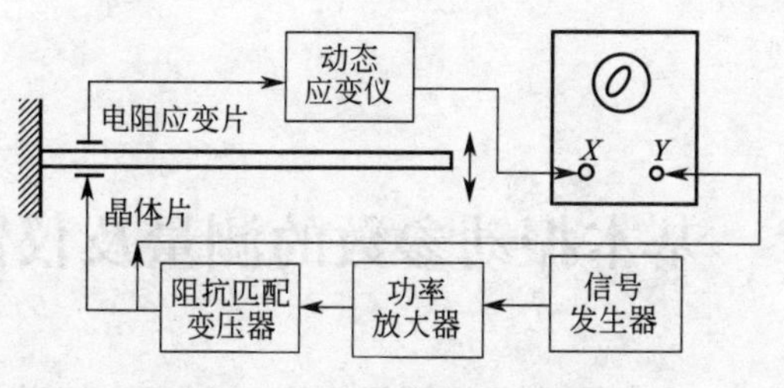

图 5-15　压电晶体片激振线路

晶体片激振适用于比较小的轻型结构及刚度很弱的连续体的激振，由于晶体片比较小，对激振系统带来的附加质量和附加刚度也比较小。

5.4.3　力锤及应用

力锤又称手锤，是目前试验模态分析中经常采用的一种激励设备。它的结构有两种形式，如图 5-16 及图 5-17 所示。它由锤帽、锤体和力传感器等几个主要部件组合而成。当用力锤敲击试件时，冲击力的大小与波形由力传感器测得并通过放大记录设备记录下来。因此，力锤实际上是一种手握式冲击激励装置。使用不同的锤帽材料可以得到不同脉宽的力脉冲，相应的力谱也不同。常用的锤帽材料有橡胶、尼龙、铝、钢等。使用不同的锤帽材料，力谱的带宽不同。一般橡胶锤帽的带宽窄，钢最宽。因此，使用力锤激励结构时，要根据不同的结构和分析频带选用不同的锤帽材料。

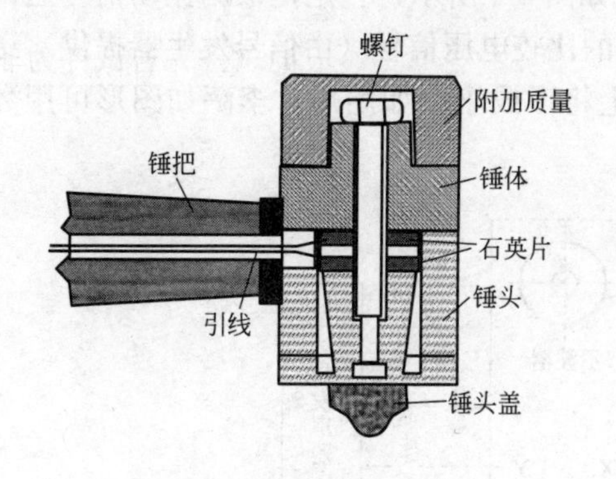

图 5-16　力锤的结构示意图

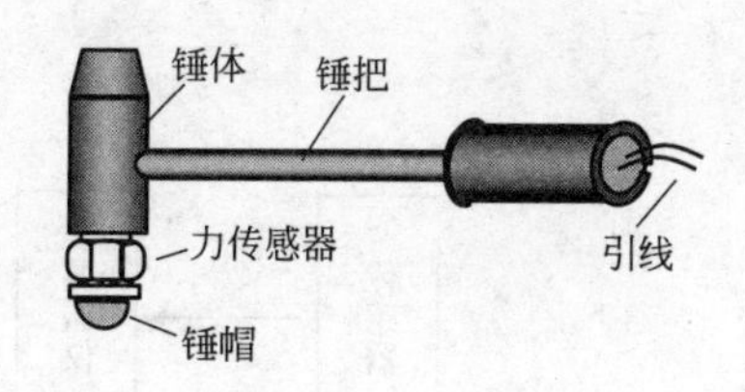

图 5-17　力锤

常用力锤的锤体重约几十克到几十千克，冲击力可达数万牛顿。

由于力锤结构简单，便于制作，使用十分方便，而且避免了使用价格昂贵的激振设备及其安装激振器带来的大量工作，因此，它被广泛地应用于现场及室内的激振试验。

思考题

1. 指出你所知道的激振设备和激振方法的优缺点及适用范围。
2. 简述电动力式激振器的工作原理及主要性能特点。

第 6 章　基本振动参数的测量及仪器设备

本章将介绍振动系统振动参数的一般测量方法，包括：简谐振动的频率及振幅的测量、两个同频简谐振动相位差的测量、衰减系数的测量以及用光学原理对振幅的测量。同时还对振动测量中应该注意的问题及相应的仪器设备的工作原理加以说明。

6.1　简谐振动频率的测量

6.1.1　李萨如图形比较法

利用示波器、信号发生器以及常用振动信号测试设备所组成的测试系统，来测简谐振动的振动频率，称之为李萨如图形比较法。

运动方向相互垂直的两个简谐振动的合成运动轨迹，称为李萨如（Lissajous）图形，这是由法国科学家 Jules Lissajous 在 1875 年首先发现的。李萨如图形可由示波器很好地显示出来。

使用李萨如图形法测量振动频率的测量系统如图 6-1 所示，它是把被测振动信号送入阴极射线示波器的垂直偏转轴 Y，而把已知频率的比较电压信号（由信号发生器提供）送入水平偏转轴 X，这时在电子示波器的显示屏上将形成李萨如图形。李萨如图形可用数学方法加以说明。

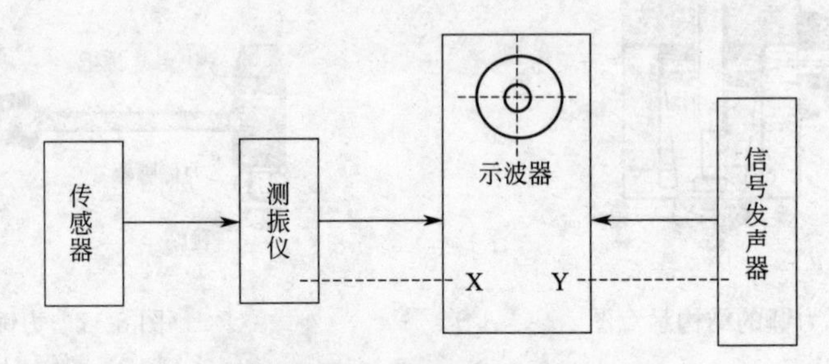

图 6-1　李萨如图形测频的试验框图

假设在示波器的 X 轴和 Y 轴同时输入的两个电压信号分别为

$$x = X_{\mathrm{m}}\sin(\omega_x t+\varphi) \qquad y = Y_{\mathrm{m}}\sin\omega_y t$$

当 $\omega_x=\omega_y=\omega$ 时，消去上述两式的参量 ωt 则可得

$$\left(\frac{x}{X_{\mathrm{m}}}\right)^2+\left(\frac{y}{Y_{\mathrm{m}}}\right)^2-2\left(\frac{x}{X_{\mathrm{m}}}\right)\left(\frac{y}{Y_{\mathrm{m}}}\right)\cos\varphi=\sin^2\varphi \tag{6-1}$$

此式是一个椭圆方程，椭圆的图像与两个信号之间的相位差 φ 有关。当 $\varphi=0$ 时，上式变为

$$\left(\frac{x}{X_{\mathrm{m}}}\right)^2+\left(\frac{y}{Y_{\mathrm{m}}}\right)^2-2\left(\frac{x}{X_{\mathrm{m}}}\right)\left(\frac{y}{Y_{\mathrm{m}}}\right)=0 \tag{6-2}$$

它是一条直线方程。此时，李萨如图形为一条直线。

$$\frac{x}{X_m}=\frac{y}{Y_m} \tag{6-3}$$

当 $\varphi=\frac{\pi}{2}$时，式(6-1) 变为

$$\left(\frac{x}{X_m}\right)^2+\left(\frac{y}{Y_m}\right)^2=1 \tag{6-4}$$

此式是一个正椭圆方程，其李萨如图形为一个正椭圆图形。

李萨如图形的形成原理也可以用作图的方法来说明。图 6-2 表示了作图的过程。若 $\omega_x \neq \omega_y$，合成的图形将不再是椭圆，而是更复杂的图形。当振动信号圆频率 ω_y 与比较电压信号圆频率 ω_x 有如下关系时

$$m\omega_y=n\omega_x \tag{6-5}$$

其中 m 与 n 是正整数，即两频率比 $\omega_x : \omega_y$ 是一个正有理数时，总能形成一个稳定的图形。图 6-3 给出了几组不同频率比和不同相位差时的李萨如图形。

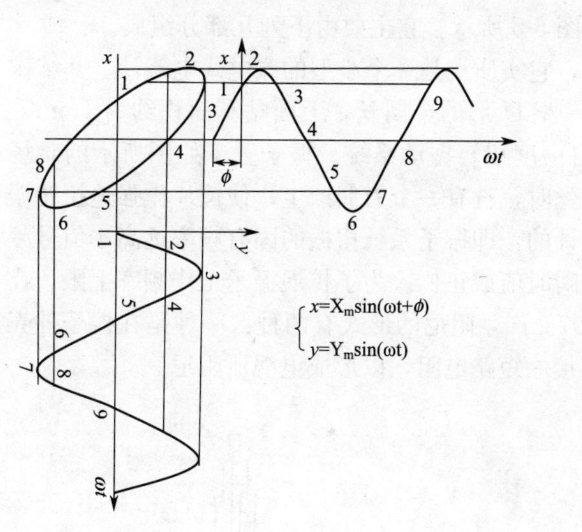

图 6-2　两个同频率简谐振动信号合成的李萨如图形

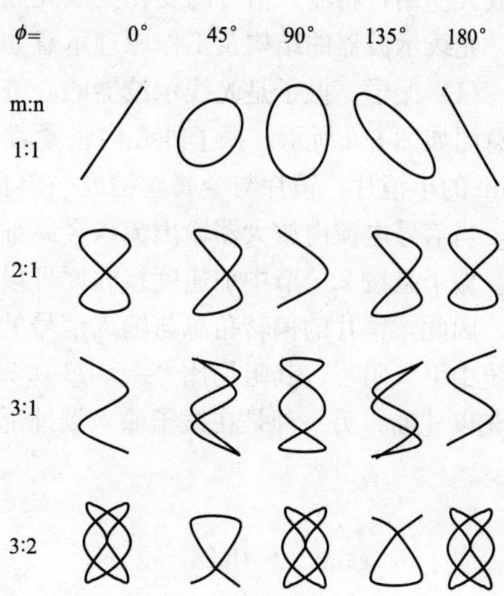

图 6-3　李萨如图形

在测试过程中，为了准确和读数方便，常调节信号发生器输出比较电压信号的频率，使它等于被测试振动信号的频率或二倍于振动信号的频率。这种测试方法的精度主要取决于信号发生器的频率精度。在测量过程中还应当注意选用的示波器和信号发生器的工作频率范围必须能够覆盖所测量振动频率的范围。

6.1.2　录波比较法

这种方法是将被测振动信号和时标信号（一般为等间距的时间脉冲信号）一起送入光线示波器中并同时记录在记录纸上，然后根据记录纸上的振动波形和时标信号两者之间的周期比测定被测振动波形的频率。图 6-4 所示为这种记录图像，若量出被测信号在周期 T 长度中的时标脉冲数 n，则被测振动信号频率

$$f=\frac{1}{T}=\frac{1}{nT_0}=\frac{1}{n}f_0 \tag{6-6}$$

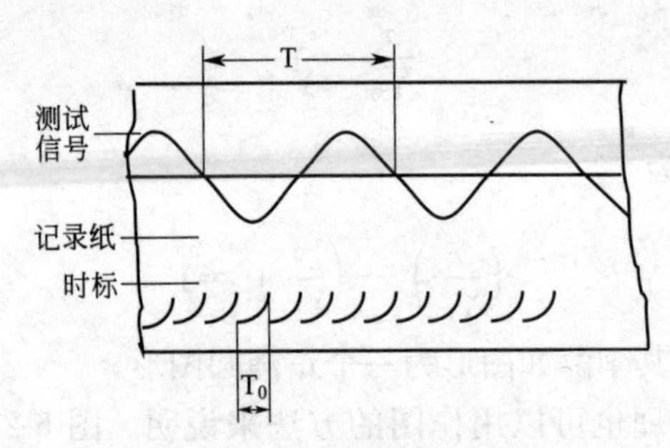

图 6-4　录波比较测频方法

式中，$f_0=\dfrac{1}{T_0}$为时标信号的频率，一般选取 $n=5\sim10$，便可以得到较准确的结果。此法顺便还可以利用振动信号的波形，直接读出振动的振幅值 A。

光线示波器（振子示波器）的工作原理主要是利用磁电式振子的偏转运动和光学杠杆的放大作用，将输入信号的变化变成光点的移动而记录在感光纸或胶卷上的。

光线示波器的结构及工作原理示意如图 6-5 所示。它主要由下列几部分组成。

（1）振子。振子是光线示波器的心脏，它实质上是一个小型的磁电式电流计。其结构示意图如图 6-6 所示。振子外壳内张紧着一根 U 形的金属丝，上面贴有面积约为 1mm×1mm 的小镜片。镜片与金属丝构成一单自由度扭转振动系统。振子置于如图所示的磁场中，当信号电流由放大器输出流入金属细丝时，就有一个力偶产生，使镜片作强迫扭转振动。振子是按 2.3 节中加速度接收原理设计的，即振子系统扭振的固有频率远高于信号频率，因此，镜片的偏转角总与输入信号的瞬时值成正比。为了扩展振子工作频率上限，在系统中引入阻尼，其阻尼比 $\zeta=0.6\sim0.707$。产生阻尼的形式有两种：一种是在振子外壳中充以硅油；另一种是在振子输入端外部接一短路电阻，以形成电涡流阻尼。

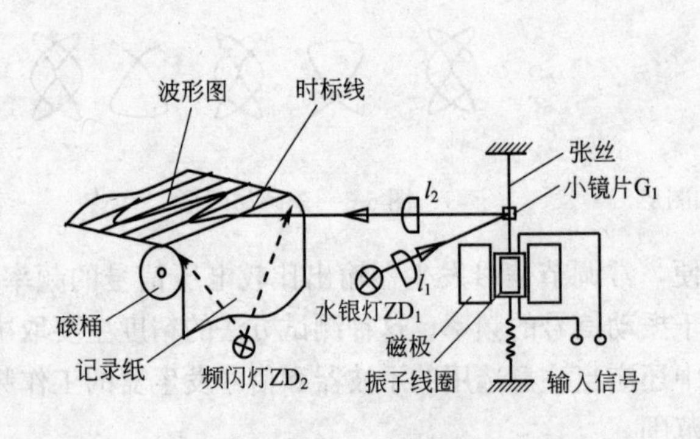

图 6-5　光线示波器原理结构示意图

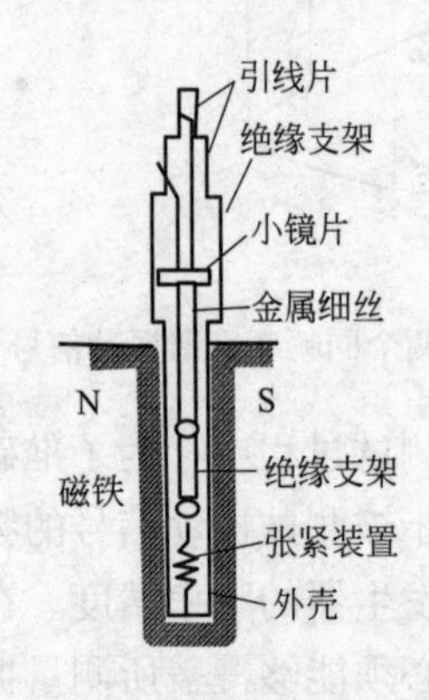

图 6-6　振子结构示意图

一台示波器通常配有多种不同性能的振子供选用。固有频率低的振子工作频率范围窄，灵敏度高，许用最大电流小，对外界干扰敏感；固有频率高的振子则相反。

（2）光学杠杆放大系统。该系统的水银灯 ZD_1 发出的强光经透镜 l_1、反射镜等光学系统形成一光束照射到振子 G_1 的小镜片上，由小镜片的偏转引起反射光束的偏转，再经过反射镜、柱形透镜 l_2 会聚到记录纸上记录。

（3）时间基准系统。时间基准脉冲触发频闪灯 ZD_2 闪光，经反射镜、透镜 l_2 在记录纸上记下时间标记线。

(4) 分格线系统。水银灯 ZD_1 的另一束光线，经过透镜、反射镜及梳状光阑，在记录纸上记下分格线，便于直读记录波形的幅值。

(5) 记录纸传动系统。该系统带动记录纸以多种确定的速度移动，使记录沿时间轴展开。

(6) 其他还有记录长度控制、多通道记录分辨、遥控系统等。

使用时要根据被测信号的频率范围和放大器的输出参数来选择振子。高频振子在机械和电气方面都不易损坏，抗干扰能力强。如果灵敏度足够的话，应优先选用。光线示波器最大的优点是，测试过程十分方便。尽管这种方法的测量误差较大，但是它却有独特的优点，既可以测定随时间变化振动信号的频率，也可以测定两个以上随时间变化的振动信号频率之间的关系。例如，可测定回转轴振动频率与转速之间的关系等。

它的工作频率范围从直流直到 5000Hz 左右，可进行多通道同时记录，记录结果可长期保存。如用紫外线记录纸，则在测量现场就可立即得到记录显示。它是一种广泛应用的记录仪器。

6.1.3 直接测频法

直接测频法是使用频率计数器直接测定简谐波形电压信号的频率或周期的一种方法。频率计数器有指针式和数字式两种，其中数字式频率计数器的测量精度较高，它是目前普遍采用的测频仪器。

一般说来。此类仪器由三部分组成：一是计数部分，它包括衰减与放大器、限幅电路、微分电路及双稳态触发电路等几个环节。它的基本功能是将被测正弦信号变成矩形脉冲信号，脉冲持续的时间精确等于正弦波的周期，矩形脉冲的高电平与零电平控制与门电路开或闭；二是时基信号发生器，它利用石英振荡器产生的基准振荡信号，经时基分频电路将基准信号分成若干个时基频率不同的时基脉冲信号，当时基脉冲信号通过与门电路时，计数器就能累计出一个振动周期内时基脉冲信号的个数；三是显示部分，经过显示计算电路，被测信号的振动频率就被计算出来，并以数字方式在数码管、液晶管上直接显示出来。图 6-7 为频率计数器的测频原理方框图。图 6-7 中各工作点的波形如图 6-8 所示。

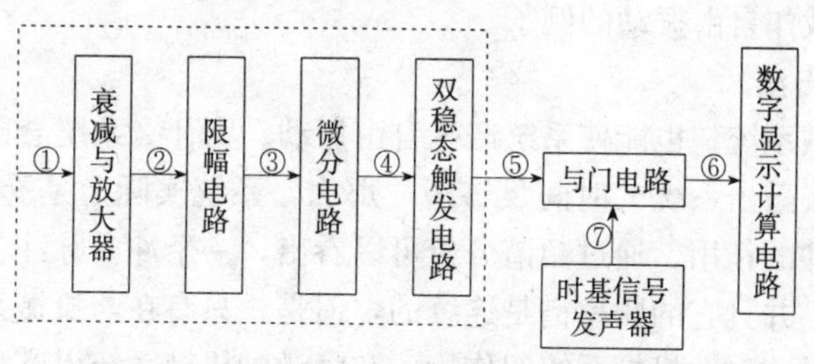

图 6-7　频率计数器的测频原理方框图

为了精确地测量被测信号的频率，数字式频率计数器要求输入信号具有足够大的电平，而且波形失真要小，这样才能保证整形后得到理想的矩形脉冲波。另外时基信号发生器的精度与稳定度对整个仪器的测试效果起着至关重要的作用。数字式频率计也有它的缺陷。它在累计时基信号的脉冲个数时总要引起一个脉冲的绝对误差。只有增加被测信号周期内的时基信号脉冲个数，才能降低它的相对误差值。

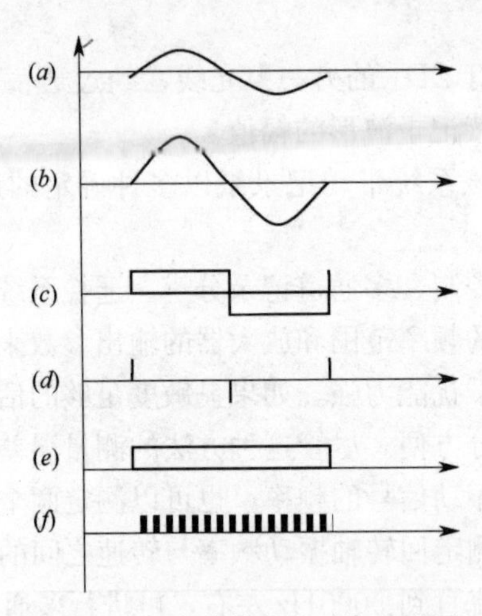

图 6-8 频率计数器的工作波形图

6.2 机械系统固有频率的测量

确定机械系统的固有频率，往往是一项很重要的工作，一般说来，通过理论及数值计算，可以估计系统固有频率的频率范围（一般很费机时，且不准确）。通过振动测量工作，则可以比较精确地确定系统的固有频率。

测量机械系统的固有频率，一般采用两类方法：自由振动法和强迫振动法。

6.2.1 测量机械系统固有频率的自由振动法

用自由振动法测量机械系统的固有频率，一般都是测量此系统的最低阶固有频率，因为较高阶自由振动衰减较快，几乎在振动波形中无法看到。通常为了让机械系统产生自由振动，一般采取两个途径。

1. 初位移法

在机械系统上加一个力使系统产生一个初始位移，继而把力很快（突然）地卸除掉，机械系统受到突然释放，并开始作自由振动。图 6-9 是一悬臂梁受到重力 W 作用而产生初始位移后突然卸载作自由振动的例子。

2. 敲击法（撞击法）

用榔头敲击机械系统，也能使系统产生自由振动。为什么系统会以它的固有频率作自由振动呢？如果榔头敲击系统的时间足够短，那么，系统实际上是受到作用力 P 的冲量的作用——冲击脉冲的作用。通过频谱分析可以看出，一个冲击脉冲包括了从零到无限大的所有频率的能量，并且它的频率谱是连续的，但是，只有在与机械系统的固有频率相同时，相应的频率分量才对此机械系统起作用，它将激励机械系统以其自身的低阶固有频率作自由振动。图 6-10 是悬臂梁受到冲击力 P 作用产生自由振动的例子。

在机械系统中，阻尼总是存在的，因此，系统的自由振动很快就被衰减了。于是，为了测量系统的固有频率，在实验中，通常需要把机械系统作衰减振动的波形、标准时间信号的波形同时记录下来，按照录波比较法，测定系统在衰减振动中的固有频率。由第 7 章的内容可知，系统作衰减振动的固有频率 f_d（或 p_d）与系统的固有频率 f_n（或 p_n）之间有如下的关系：

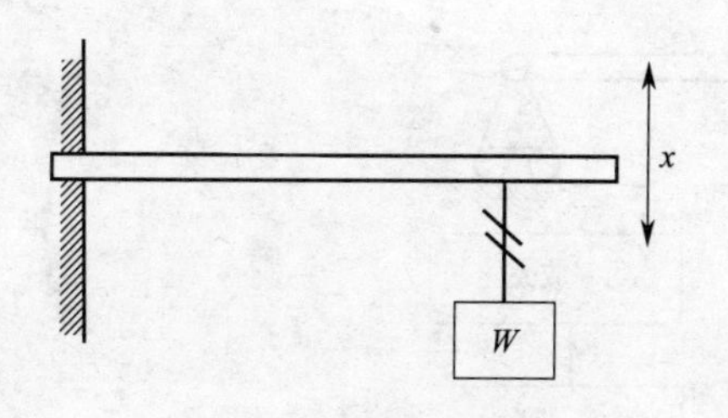

图 6-9　初位移法示意图

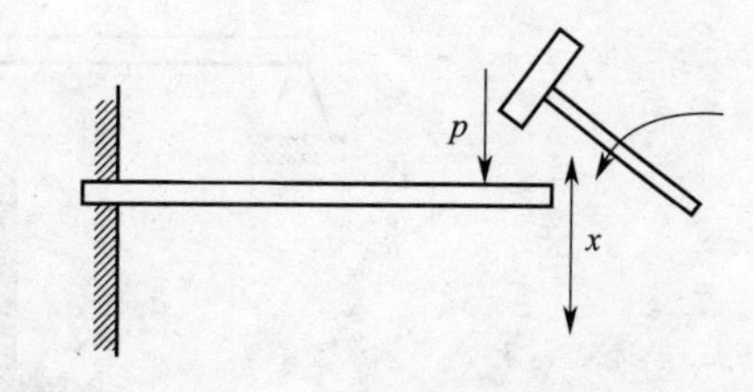

图 6-10　敲击法示意图

$$f_d = \sqrt{f_n^2 - (n/2\pi)^2} \tag{6-7}$$

其中 n 为系统衰减系数。由此可知，用自由振动法（实际上是衰减振动法）得到的系统固有频率，略小于实际的固有频率。

由此可知，用自由振动的方法测量机械系统的最低阶固有频率，有优点也有缺点。优点是方法比较简便；缺点是振动波形很快就衰减掉了，需要用示波器记录它的振动波形，并且测出的固有频率数据偏小。不过，如果在测试系统固有频率的同时，把系统的衰减系数也测试出来，这个缺点是可以克服的。有关内容将在 6.5 节中讲到。

6.2.2　测量机械系统固有频率的强迫振动法

强迫振动法，实质上就是利用共振的特点（共振时振幅最大）来测量机械系统的固有频率，因此，这种方法也叫共振法。在振动测量中，产生强迫振动的方法很多，主要有以下几种。

1. 调节转速的方法

逐步提高旋转机械的转速，并测量相应的振幅，当强迫振动的振幅最大的时候，就是机械系统共振的时候，发生共振时的转速叫作临界转速，用 n_c 表示。根据临界转速和固有频率的关系

$$f_n = \frac{n_c}{60}$$

就可以计算出机械系统的固有频率。

例如，若测量桥梁的固有频率，在桥上放一个激振器，激振器上有两个质量相同的偏心块。当这两个偏心块以相同的转速反向旋转的时候，偏心块产生离心惯性力 Q，如图 6-11 所示。惯性力 Q 迫使桥梁在铅直方向产生强迫振动。逐步提高激振器的转速，找出临界转速，就可以计算出桥梁的固有频率。

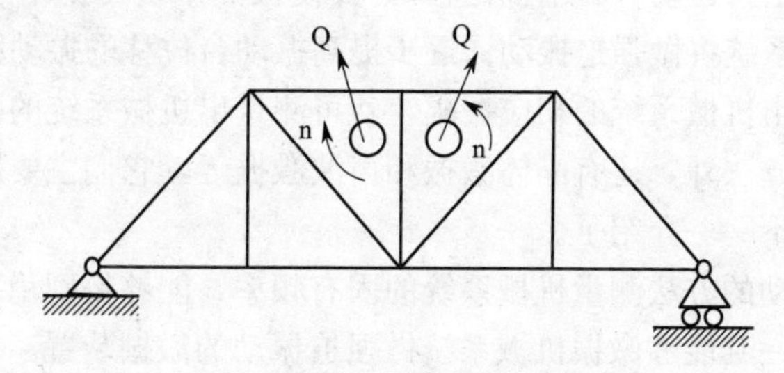

图 6-11　调节转速法示意图

2. 调节干扰力频率的方法

如图 6-12 所示。

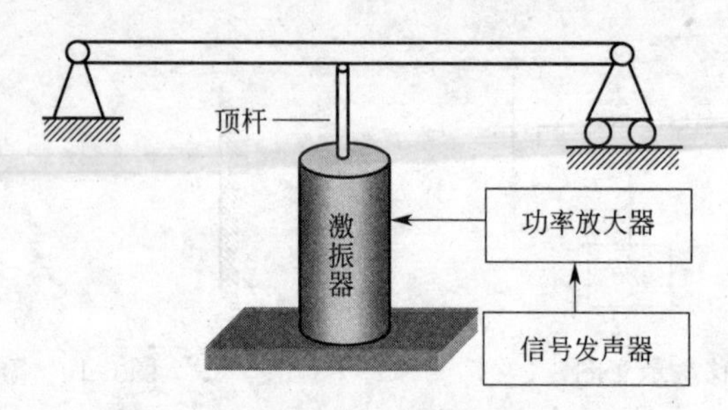

图 6-12　调节干扰力频率法示意图

(1) 用电磁激振器激振。将激振器的顶杆顶在机械系统的某个部位上，并使功率放大器输入激振器的电流保持不变，顶杆对机械系统作用一个幅值为常量并按正弦变化的电磁干扰力，以激励机械系统做强迫振动。逐步提高激振器的振动频率，并测量出相应的振幅，找出共振频率，就找到了机械系统的固有频率。

但是，在应用此法时应注意到共振频率的选择问题。由于强迫振动方程的解为 $x=x_{m}\sin(\omega t+a)$。其中

$$x_{m}=\frac{x_{st}}{\sqrt{(1-\lambda^{2})^{2}+4\zeta^{2}\lambda^{2}}}\qquad \tan\alpha=\frac{2Q}{1-\lambda^{2}}$$

则速度幅值和加速度幅值应为

$$\dot{x}_{m}=\frac{x_{st}\omega}{\sqrt{(1-\lambda^{2})^{2}+4\zeta^{2}\lambda^{2}}}\qquad \ddot{x}_{m}=\frac{x_{st}\omega^{2}}{\sqrt{(1-\lambda^{2})^{2}+4\zeta^{2}\lambda^{2}}}$$

极大值频率分别由以下关系式求出，即由

$$\frac{dx_{m}}{d\omega}=0\qquad \frac{d\dot{x}_{m}}{d\omega}=0\qquad \frac{d\ddot{x}_{m}}{d\omega}=0$$

得

$$f_{x}=\sqrt{f_{n}^{2}-\frac{n^{2}}{(2\pi)^{2}}}\qquad f_{\dot{x}}=f_{n}\qquad f_{\ddot{x}}=\sqrt{\frac{1}{1-\frac{n^{2}}{(2\pi)^{2}f_{n}^{2}}}}$$

所以应用共振法求共振频率 f_{n} 时应注意测量信号的选择，一般选速度信号为好。

(2) 将整个机械系统（实物或模型）安装在振动台台面上。振动台工作时，整个系统和振动台台面一起作正弦运动（即干扰位移），并使被测系统产生牵连惯性力。在牵连惯性力的作用下，被测系统将做强迫振动。逐步提高振动台位移的振动频率，并让振动台的幅值保持不变，测量出机械系统的相应振幅，就可测量出机械系统的固有频率。

除以上两种激振方法外，还有晶体激振和声波激振等，它们主要用于薄壳叶片和薄膜结构系统中，这里就不一一介绍了。

总之，用强迫振动的方法测量机械系统的固有频率，能够得到稳态的振动波形，便于观测，不过它却需要一套能够激振机械系统做强迫振动的激振装置。

用强迫振动法测量机械系统的固有频率，可测得机械系统的前几阶固有频率，比应用自由振动法可多得到几阶固有频率。若想得到更高阶的固有频率，可应用实验模态分析法。

■ 6.3　简谐振动幅值的测量

由于振动加速度的峰值同结构的惯性外载荷有关，而振动的幅值与构件的最大应力有直接关系，所以在振动测量中，经常遇到的问题是如何测量振动加速度的幅值和振动位移的幅值。对于简谐振动来说，只要能够测出位移、速度和加速度的幅值中的任何一个，就能很容易地计算出其他两个。因此，可以分别用压电加速度传感器、磁电式传感器等测量系统测量，只要选择适当的量程，从电压表或在示波器中就可读出其振动的幅值。下面简单介绍几种常用的方法。

6.3.1　指针式电压表直读法

指针式电压表是振动测量中最常用的显示仪表，用以测量振动位移、速度或加速度的数值（峰值、有效值或平均绝对值）。

从本质上说，测振动用的指针式电压表是一台交流电压表，其原理如图 6-13 所示。

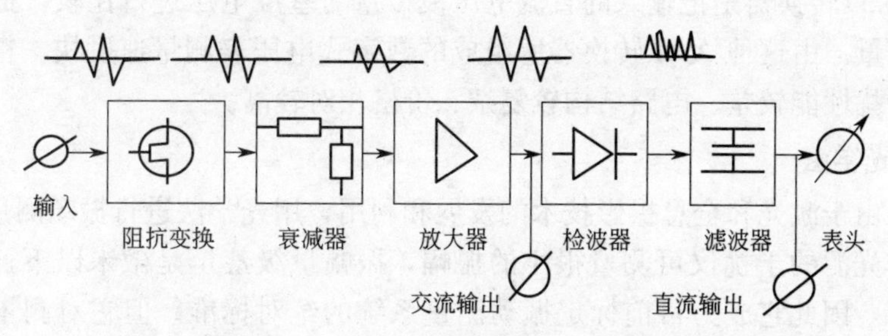

图 6-13　指针式电压表的电路框图

来自传感器的被测振动信号输入到阻抗变换电路、衰减器及放大器后，被变换为适当大小的交流信号，然后由检波器（整流器）变成脉冲信号，再经滤波器加以平滑化成为直流信号，最后由动圈式直流表头指示出来。

通常，检波器有三种不同的检波电路，使得电表指针的偏转分别与被测信号的平均绝对值、峰值或有效值成正比。这样，就构成了三种不同的电压表，从而可测量出三种不同的振动参数数值。

6.3.2　数字式电压表直读法

近年来，由于集成电路、固体显示器及薄膜技术的飞速发展，数字仪表的性能日趋完善，体积和造价大幅度降低，加之数字仪表读数直观方便，测量精度高，因此在许多方面，它已代替了传统的指针式仪表（图 6-14）。

数字式测振表的原理框图和指针式（模拟式）（图 6-13）基本相同，所不同的仅在于对检波以后的直流电压的测量方法不同。指针式仪表采用磁电式表头，而数字式仪表采用一个直流数字电压表。

直流数字电压表（DVM）由模拟/数字转换器（A/D 转换器）及电子计数显示器两大部分组成。A/D 转换器是直流数字电压表的核心电路，它有许多种形式，可以从不同的角度把它进行分类，表 6-1 是其中的一种分类方法。

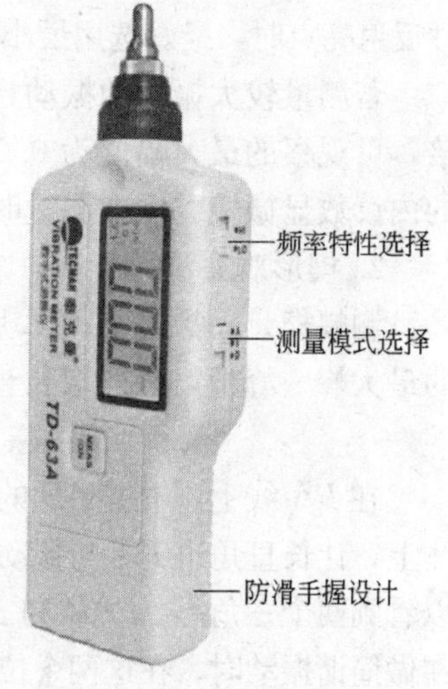

图 6-14　数字式测振表

A/D转换器的分类　　表6-1

积分式（间接式）	电压/时间转换式	斜坡式、双斜积分式、多斜积分式
	电压/频率转换式	电荷平衡式、负零式、交替积分式
比较式（直接式）	反馈比较式	逐次比较式、计数比较式、跟踪比较式
	无反馈比较式	并联比较式、串联比较式、串并联比较式
复合式	电压/时间比较式	两次取样式、三次取样式、电流扩展式
	电压/频率比较式	两次取样式

积分式A/D转换器是首先将输入的直流电压模拟量转换成某种中间量（时间间隔或频率），再把中间量转换成数字量，由数字电路进行显示。由这种转换器所组成的数字式电压表有很强的抗干扰力。目前已有市售的大规模集成电路，把除数字显示器以外的模拟和数字电路全部集成于一块硅衬底上，使用十分方便。

比较式A/D转换器是把输入的直流电压模拟量与基准电压进行比较，把模拟电压直接转换成数字量。由这种A/D转换器所组成的数字式电压表测量速度快、精度高、稳定性好，但抗干扰性能较差、电路结构较复杂、价格相对较高。

6.3.3 光学法

近年来，由于激光和全息摄影技术的发展和利用，用光学法进行振动测量已有很大发展。用激光作光源的干扰仪可测量很小的振幅，振幅量级甚至是微米以下，其测量精度高，结果可靠，因此它成为目前标定振动测量系统的绝对标准。但它对测量条件要求严格，技术也复杂，加之条件限制，我们不作介绍。只简单介绍利用眼睛视觉的滞留作用进行振动观察的光学测量方法。

1. 用读数显微镜观察

在振动物体上标以刻线，当振动频率高于10Hz时，由于眼睛视觉的滞留作用，可见一阴影横带，用读数显微镜观察此横带的宽度，即得振动位移的振幅峰－峰值。亦可在振动物体上贴一小块金刚砂纸，用亮灯照之，在读数显微镜中可观察到某些反射特亮的点。当振动时，这些亮点就变成亮线，如图6-15所示，于是可读出振动位移的峰—峰值。在选择金刚砂反射亮点时，最好选用最小的可见点，这是因为它的体积小，可提高测量结果的精度。

若测量较大振幅的振动，可使用内读数显微镜，内读数显微镜的放大倍数为10～20倍，可观察的最大幅值为0.05mm或0.01mm。目前，我国已有可观测最小振幅为1μm的内读数显微镜。但在测量时，要注意使读数显微镜严格固定。

2. 楔形观察法

测幅楔是一黑色ΔPAB片，如图6-16示，短直角边AB长等于或大于被测振动位移的最大峰—峰值，一般取长直角边

$$PA=(10\sim50)AB \tag{6-8}$$

在PA线上，根据AB的真实尺寸按比例刻出标度尺，在使用时，把测幅楔贴到被测物体上，让长直角边PA与振动方向垂直。当物体振动时，如果振动频率$f>10$Hz，那么就可以看到两个三角形ΔPAB和$\Delta P'A'B'$，它们分别处在振动的两个边界位置，这是由于物体在做简谐振动时，在这两个位置上停留的时间最长。同时，在测幅楔的阴影部分有一个交点C，C点在PA标尺上所对应位置的数值就是被测振动位移峰—峰值的大小，即

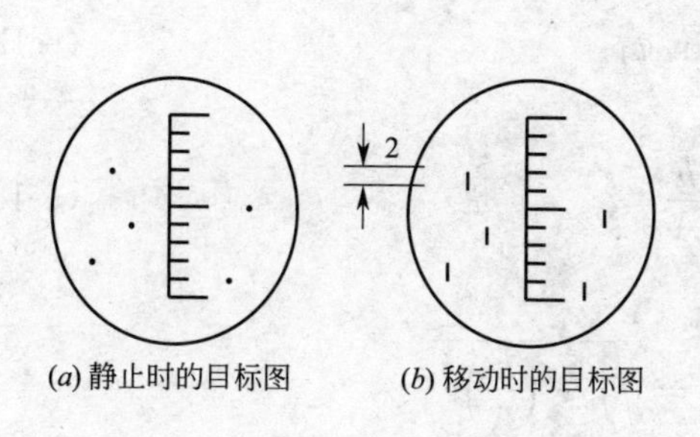

图 6-15　读数显微镜观察法示意

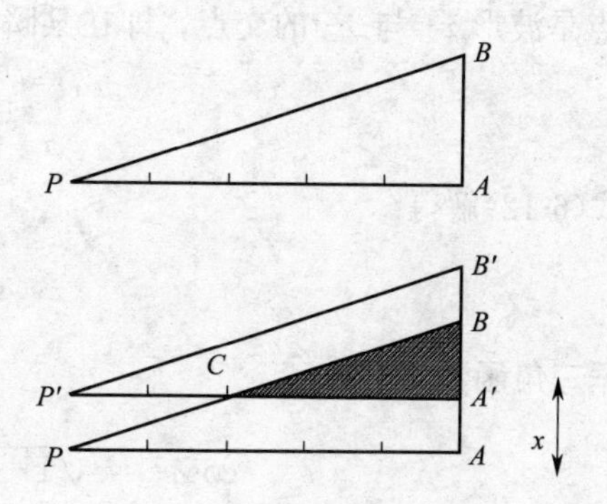

图 6-16　楔形观察法示意图

$$2x_{\mathrm{m}}=\frac{AB}{PA}AC \tag{6-9}$$

x_{m} 为被测振动位移的幅值。测幅楔的使用范围一般为：

频率范围：$f>10\mathrm{Hz}$；

振幅范围：$A>0.1\mathrm{mm}$；

尺　　寸：基线长度 PA 为 50～100mm。

6.4　同频简谐振动相位差的测量

通常所说的相位差，总是对两个同频率的简谐振动而言。通常有以下几种测量方法。

6.4.1　示波器测量法

用电子示波器测量相位差，常用的是线性扫描法和椭圆法。

1. 线性扫描法

振动信号 x_1 和 x_2 经测量系统转换、放大后，变成两个电压信号。把两个信号分别接入示波器的 Y_1、Y_2 输入端，在线性扫描的情况下，示波器荧光屏上得到两个振动波形。将两个扫描时间轴合在一起，并把这两个振动波形的峰值调节成一样的大小，如图 6-17 所示。可以通过下述两种方法，确定 x_1、x_2 的相位差。

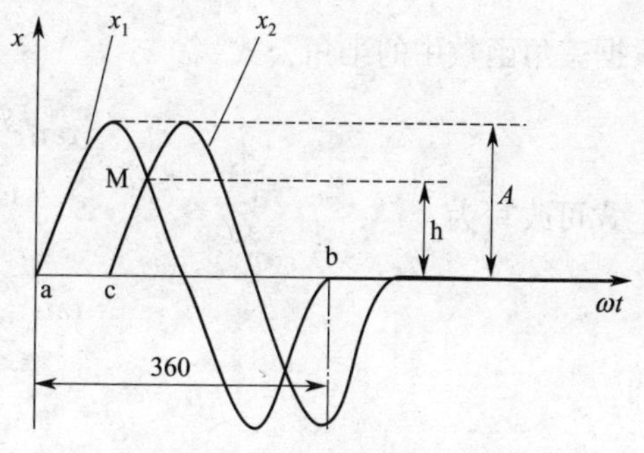

图 6-17　线性扫描法示意图

(1) 分别测出振动波形的峰值 A 和两个振动波形的交点 M 的纵坐标 h，代入式(6-10)就可以算出振动信号 x_1 超前于 x_2 的相位角。

$$\varphi=2\arctan\left(\sqrt{\frac{A^2}{h^2}-1}\right) \tag{6-10}$$

现将公式证明如下。

由于把信号 x_1 与 x_2 的峰值都调节到一样的大小，因此，示波器上显示的振动波形的方程式分别为

$$x_1=A\sin(\omega t+\varphi)$$
$$x_2=A\sin\omega t$$

M 点是波形 x_1 与 x_2 的交点，即在某瞬时 t_1，x_1 与 x_2 的坐标值都是 h，因此

$$x_1=h=A\sin(\omega t_1+\varphi) \tag{6-11}$$

$$x_2=h=A\sin\omega t_1 \tag{6-12}$$

由式(6-12)解得

$$\sin\omega t_1=\frac{h}{A} \tag{6-13}$$

根据三角函数关系的

$$\cos\omega t_1=\sqrt{1-\sin^2\omega t_1}=\sqrt{1-\left(\frac{h}{A}\right)^2}$$

即

$$\cos\omega t_1=\frac{h}{A}\sqrt{\frac{A^2}{h^2}-1} \tag{6-14}$$

将式(6-11)运用三角函数的和角公式展开得

$$h=A(\sin\omega t_1\cos\varphi+\cos\omega t_1\sin\varphi)$$

并将式(6-13)和式(6-14)代入上式得

$$h=A\left[\frac{h}{A}\cos\varphi+\frac{h}{A}\sqrt{\frac{A^2}{h^2}-1}\sin\varphi\right] \tag{6-15}$$

整理后得

$$\frac{1-\cos\varphi}{\sin\varphi}=\sqrt{\frac{A^2}{h^2}-1} \tag{6-16}$$

根据三角函数中的半角公式

$$\tan\frac{\varphi}{2}=\frac{1-\cos\varphi}{\sin\varphi} \tag{6-17}$$

上式可改写为

$$\tan\frac{\varphi}{2}=\sqrt{\frac{A^2}{h^2}-1}$$

即

$$\varphi=2\arctan\left[\sqrt{\frac{A^2}{h^2}-1}\right]$$

(2) 若分别测出振动波形的波长 ab 和两振动波形零点的距离 ac，利用公式

$$\varphi=\frac{ac}{ab}\times360 \tag{6-18}$$

同样可以计算出振动信号 x_1 超前于 x_2 的相位角。

2. 椭圆法

如果示波器具有 Y 轴输入和 X 轴输入，就可以采用椭圆法测量两个信号的相位差。

振动信号 x_1、x_2 经转换放大后，分别接入示波器的 X、Y 输入端，在示波器荧光屏上，将得到一个椭圆图形（特例情况下为直线或圆形）。为了便于测量，将两个振动波形的峰值调节到一样的大小，即让图 6-18 中的 $A_1=A_2=A$，分别测出 A 和椭圆图形与 X 轴（或 Y 轴）交点 M（或 N）的坐标值 x_M（或 Y_N），代入下面的公式，就可以计算出振

动信号 x_1（接 X 输入端的）超前于 x_2（接 Y 输入端的）的相位角。

$$\varphi=\arcsin\frac{x_M}{A}=\arcsin\frac{y_N}{A}$$

现将上式证明如下（证明方法与证明式(6-10)的方法类似）。

由于把信号 x_1、x_2 的峰值都调节到一样大小，则接入示波器 X 输入端的信号 x_1，用 x 表示为

$$x=x_1=A\sin(\omega t+\varphi) \tag{6-19}$$

接入 Y 输入端的信号 x_2 用 y 表示为

$$y=x_2=A\sin\omega t \tag{6-20}$$

它们的峰值相等，x_1 超前于 x_2 的相位角为 φ

当 $y=0$ 时，$\omega t=0$

则 $x=x_M=A\sin\varphi$

故 $\varphi=\arcsin\dfrac{x_M}{A}$

同理当 $x=0$ 时，$\omega t+\varphi=\pi$

$y=-y_N=-A\sin\varphi$

所以 $\varphi=\arcsin\dfrac{y_N}{A}$

因此得

$\varphi=\arcsin\dfrac{x_M}{A}=\arcsin\dfrac{y_N}{A}$，证毕。

图 6-18 椭圆法示意图

6.4.2 相位计直接测量法

相位计的基本工作原理与双线示波器直接比较法是相同的，它根据通道 A 的信号正向过零时与通道 B 的信号正向过零时的时间差及信号周期来计算相位差。图 6-19(a)是模拟式相位计的工作原理图，其测试原理可用图 6-20(c)来说明。

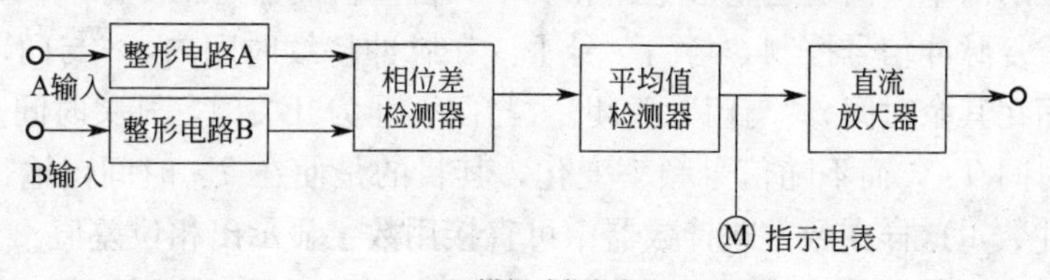

(a) 模拟式相位仪

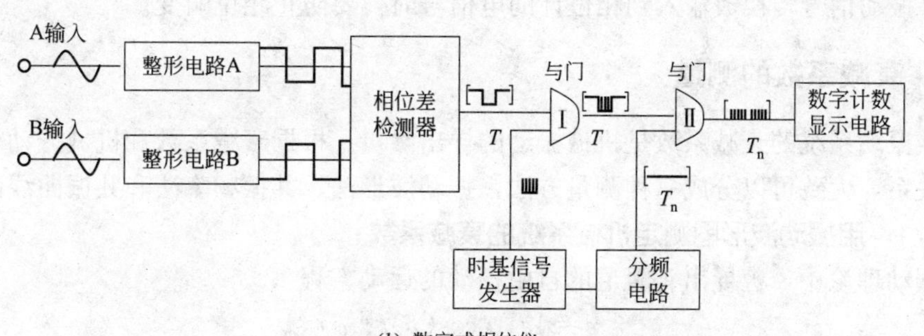

(b) 数字式相位仪

图 6-19 模拟式、数字式相位计的工作原理

图 6-19(a)中的整形电路由低通滤波器、过零比较器和反相斜率开关三个环节组成。来自低通滤波器的信号经过零比较器。当信号正向过零时，它产生方波的负向部分；负向过零时，则产生方波的正向部分，这样两个通道所输入的正弦波（图 6-20(a))就变成了周期相同的矩形波（图 6-20(b))，并且它们之间的相位信息保持不变。相位差检测器输出的是重复脉冲（图 6-20(c))，脉冲重复时间等于被测信号的周期，脉冲持续时间等于两输入信号的滞后时间差。平均值检波器测出重复脉冲的平均值，这样就使它输出的直流电压与输入信号间的相位差成正比关系。这种电路的特点是相位计易于和 $x-y$ 记录仪配合使用。

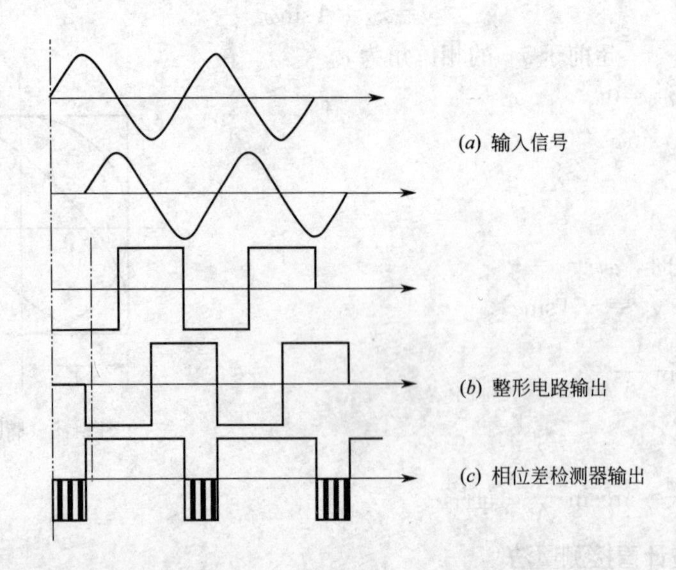

图 6-20 模拟式、数字式相位计的测试原理过程

图 6-19(b)表示数字式相位计的工作原理框图。它的特点是精度高，相位差信息能直接通过数码管显示出来。两通道整形电路和一个相位差检测器的工作原理同模拟量测量系统是相同的。重复脉冲信号控制“与门”号Ⅰ，在脉冲持续时间内，“与门”开，时基信号脉冲通过，而在其余时间，“与门”关闭。“与门”Ⅱ为开关门，开关时间是经分频电路给出周期基准时间 T_S，而不随信号频率变化，其目的是使在 T_S 时间内输出正比于两信号相位差的脉冲数，这样在数字式计数器中可直接用数字显示出相位差值。

利用相位计来测量振动信号之间的相差，可较大幅度地提高测试精度。但值得注意的是，在将振动信号转换成输入到相位计的电信号时，要防止相位畸变。

6.5 衰减系数的测量

机械振动系统的衰减系数是机械振动的导出参量。根据衰减系数和机械振动基本参量的不同关系，大致可以分成三种测量方法：振动波形法、共振频率法和共振曲线法。

6.5.1 用振动波形图测定机械系统的衰减系数

在振动理论中，曾导出有阻尼的自由振动的运动方程

$$x=Ae^{-nt}\cos(p_d t+\alpha) \tag{6-21}$$

振动波形如图 6-21 所示。振动的周期

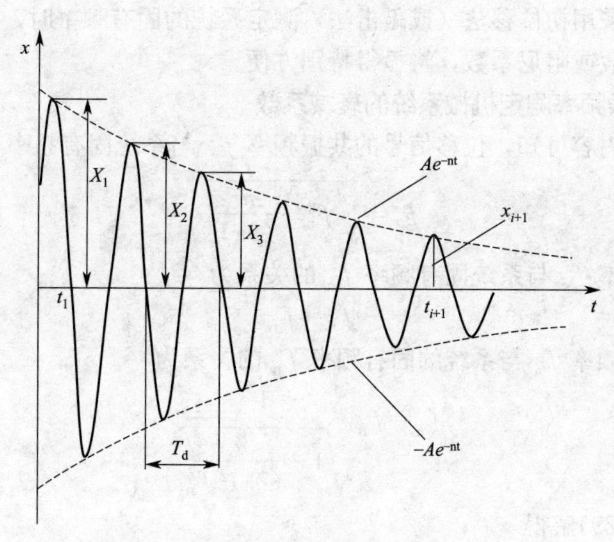

图 6-21　衰减振动的波形

$$T_d=\frac{2\pi}{p_d}=\frac{1}{f_d} \tag{6-22}$$

现在分析振动波形峰值的变化规律。由图 6-21 可以看出，当 $t=t_1$ 时，振动波形出现第一个峰值 x_1，代入式(6-21)，得

$$x_1=Ae^{-nt_1}\cos(p_d t_1+a) \tag{6-23}$$

经过 i 个周期后，即 $t=t_{i+1}=t_1+iT_d$ 时，出现第 $i+1$ 个峰值 x_{i+1}，

$$x_{i+1}=Ae^{-n(t_1+iT_d)}\cos[p_d(t_1+iT_d)+a]$$

化简得

$$x_{i+1}=Ae^{-nt_1}e^{-niT_d}\cos(p_d t_1+a) \tag{6-24}$$

由式(6-23)及式(6-24)得

$$\frac{x_1}{x_{i+1}}=e^{niT_d}$$

等式两端取自然对数，并经整理得

$$n=\frac{f_d}{i}\ln\frac{x_1}{x_{i+1}} \tag{6-25}$$

这就是用振动波形图测量衰减系数 n 的基本公式。由此看出，测量衰减系数 n 的问题，就转化为测量振动频率 n 和振幅 x_1、x_{i+1}的问题了。

在振动实验中，一般常用速度传感器和加速度传感器将机械振动量转换为电信号的变化量，再由光线示波器记录波形，为了不失真，一般是对传感器转换后的信号直接放大、记录。因此，在记录纸上记录的，是速度波形和加速度波形，而不是位移波形，于是就提出这样一个问题，根据速度波形和加速度波形，是否也可以测量衰减系数呢？回答是肯定的，并且计算公式与式(6-25)相似，（证明从略）即

$$n=\frac{f_d}{i}\ln\frac{\dot{x}}{\dot{x}_{i+1}} \tag{6-26}$$

和

$$n=\frac{f_d}{i}\ln\frac{\ddot{x}}{\ddot{x}_{i+1}} \tag{6-27}$$

由此可知，当采用初位移法（或敲击法）测定系统的固有频率时，采用振动波形图来测定系统的衰减系数或阻尼系数，将显得特别方便。

6.5.2 用共振频率测定机械系统的衰减系数

由 6.2 节中的内容可知，位移信号的共振频率 f_x 与系统固有频率 f_n 的关系为

$$f_x=\sqrt{f_n^2-\frac{n^2}{(2\pi)^2}} \tag{6-28}$$

速度信号的共振频率 f_v 与系统固有频率 f_n 的关系为

$$f_v=f_n \tag{6-29}$$

加速度信号的共振频率 f_a 与系统的固有频率 f_n 的关系为

$$f_a=f_n\frac{1}{\sqrt{1-\frac{n^2}{(2\pi)^2 f_n^2}}} \tag{6-30}$$

由式(6-28)及式(6-29)解得

$$n=2\pi\sqrt{(f_v^2-f_x^2)} \tag{6-31}$$

由式(6-29)及式(6-30)解得

$$n=\frac{2\pi f_v}{f_a}\sqrt{(f_a^2-f_v^2)} \tag{6-32}$$

以上两式即为用共振频率法测量衰减系数的基本公式。由此看出，测量衰减系数 n 的问题，就转化为测量位移信号、速度信号的共振频率 f_x、f_v（或 f_v、f_a）的问题了。

在测量中应该注意以下问题：

(1) 当衰减系数 n 比较小时，f_x、f_v、f_a 各值相差很小，采用这种方法存在比较大的误差；

(2) 在一般情况下，应该用比较精确的频率测量仪器测量共振频率，使其有效数字尽可能的精确。

6.5.3 用共振曲线测定机械系统的衰减系数

在振动理论中，曾经导出了强迫振动的振幅表达式

$$x_m=\frac{P}{k}\frac{1}{\sqrt{\left(1-\frac{\omega^2}{p_n^2}\right)^2+4n^2\frac{\omega^2}{p_n^4}}} \tag{6-33}$$

或

$$x_m=\frac{P}{k}p_n^2\frac{1}{\sqrt{(p_n^2-\omega^2)^2+4n^2\omega^2}}$$

$\because$

$$p_n^2=\frac{k}{m}$$

$\therefore$

$$H(\omega)=\frac{x_m}{P}=\frac{1}{m}\frac{1}{\sqrt{(p_n^2-\omega^2)^2+4n^2\omega^2}} \tag{6-34}$$

将此式绘成曲线如图 6-22 所示。这就是机械系统的位移共振曲线，它清晰地表示了机械系统对各个振动频率的响应程度（也就是在单位干扰力作用下所产生的振幅的大小）$H(\omega)$。

实际上，机械系统的共振曲线，往往是通过实验的方法测量出来的。具体的方法是：逐步增大简谐干扰力的频率，观测振幅的变化情况，逐个记录干扰力频率、干扰力峰值及振幅的大小，再以干扰力频率为横坐标，单位干扰力作用下的振幅 $H(\omega)$ 为纵坐标，将记录结果绘成曲线，就得到了机械系统的实际的共振曲线。

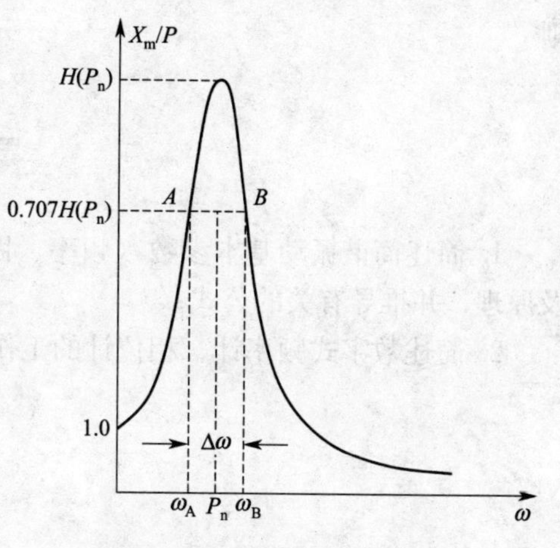

图 6-22 共振曲线法示意图

有了共振曲线，通过下述方法，可得到机械系统的衰减系数：

(1) 在共振曲线中，找出共振圆频率 p_n，量出对应的纵坐标 $H(p_n)$；

(2) 在纵坐标为 $0.707H(p_n)$ 的地方，画一条平行于横坐标轴的直线，该直线与共振曲线相交于 A、B 两点；

(3) 测量 A、B 间距，得 $\Delta\omega=\omega_B-\omega_A$

(4) 则系统的衰减系数

$$n=\frac{1}{2}\Delta\omega \tag{6-35}$$

由于 $0.707H(p_n)$ 具有半功率点的含义，因此，这种方法也叫作半功率点法。

可以看出，在振动测量中，如果已测试出机械系统的共振曲线，用这种方法测量机械系统的衰减系数，显然是很方便的。

半功率点法证明如下：

∵
$$|H(\omega)|=\frac{1}{k}\frac{1}{\sqrt{(1-\lambda^2)^2+4\zeta^2\lambda^2}} \tag{6-36}$$

其极值

$$H(p_n)=\frac{1}{2\zeta k\sqrt{1-\zeta^2}} \tag{6-37}$$

由半功率点定义

$$\frac{1}{2}H(p_n)=\frac{1}{2\sqrt{2}\zeta k\sqrt{1-\zeta^2}}=\frac{1}{\sqrt{2}k\sqrt{(1-\lambda^2)^2+4\zeta^2\lambda^2}} \tag{6-38}$$

解得

$$\lambda_A^2=1-2\zeta+2\zeta^2+\zeta^3 \qquad \lambda_B^2=1+2\zeta-2\zeta^2-\zeta^3$$

略去二、三次高阶项，求两式之差则有

$$\zeta=\frac{\omega_A^2-\omega_B^2}{4p_n^2}\approx\frac{\omega_A-\omega_B}{2p_n}$$

$$\omega_A^2-\omega_B^2=(\omega_A+\omega_B)(\omega_A-\omega_B)=2p_n(\omega_A-\omega_B)$$

$$\zeta=\frac{\Delta\omega}{2p_n} \qquad 由于 \quad \zeta\approx\frac{n}{p_n}$$

所以

$$\frac{n}{p_n}=\frac{\Delta\omega}{2p_n}$$

则
$$n=\frac{1}{2}\Delta\omega$$

思考题

1. 简述简谐振动基本参数（频率、固有频率、振幅、相位、阻尼）的几种测量方法及原理，并推导有关的公式。

2. 简述数字式频率计、相位计的工作原理。

第7章　模拟平稳信号分析

振动测量的结果分析是一项很重要且难于解决的工作。一个实际的振动测量信号总是很复杂的。通常，除了有各种不可避免的干扰成分外，机械系统本身的振动信号往往也包含着许多频率成分。本章仅介绍振动测量结果分析中的最基本的内容，即对振动模拟平稳周期信号的波形分析及模拟式频谱分析等。

■ 7.1　波形分析的简单方法

如果使用机械式测振仪记录的振动波形不太复杂，通常可用简单的波形分析来测定振动的频率和振幅；也可用光线示波器录波，再用简单的波形分析找出主要谐波分量的频率和振幅。所以用简单方法分析波形处理测量结果是十分必要的。根据实际工作的需要，下面以波形频率分析为主，至于振幅的大小，只要量出波形的高度除以仪器的放大倍数就可确定；或者从仪器上直接读出。一般波形分析的简单方法可分为两种，即包络线法和叠加法。

7.1.1　包络线法

对于接近正弦波的曲线。可以方便地确定其振动频率和幅值。而有些合成波，比简单波形复杂一些，但其波形变化有一定规律，它的包络线有一定的趋向，这时就可用包络线法进行分析处理。

1. 组成合成波的两种频率值相差较大时

当波形中两种频率值相差较大时，例如其中一个频率为另一个的5倍或5倍以上时，波形如图7-1所示。

这种波形有下列特点：

(1) 上、下包络线形状相同，都是正弦波；

(2) 上、下包络线间距，即包络带宽为一恒值；

(3) 上、下包络线之间较高频率的波，近似于正弦波，若包络线带宽为 $2A_2$，则 A_2 代表它的振幅峰值，T_2 为其振动周期；

(4) 上、下包络线本身代表波形中较低频率的波，其峰到谷的振幅峰值为 $2A_1$，则 A_1 为低频波形的振幅峰值，T_1 为其振动周期。

当振动曲线中高频和低频波的峰谷重合较好时，数据比较容易读取，如图7-2(a)示。若谷峰不重合，即初相位不同，合成波形的峰谷和包络线分频后的波形峰谷容易产生水平移动，如图7-2(b)所示。这时应注意周期的读数容易产生误差，图中 Δt_1 是低频波峰与合成波峰的错移，Δt_2 是高频波峰与合成波峰的错移。

2. 组成合成波的两种频率相近时

当组成合成波的两种频率相近时，振动合成波会呈现拍振现象。如火车通过桥梁时，在火车的强迫激振频率接近于桥梁固有频率时将产生拍振现象，如图7-3所示。这时两种频率的关系一般为

$$0.85f_1 \leqslant f_2 \leqslant 1.25f_1 \tag{7-1}$$

两种正弦波合成的拍振可用包络线法分析处理。这种拍振合成波有如下特点。

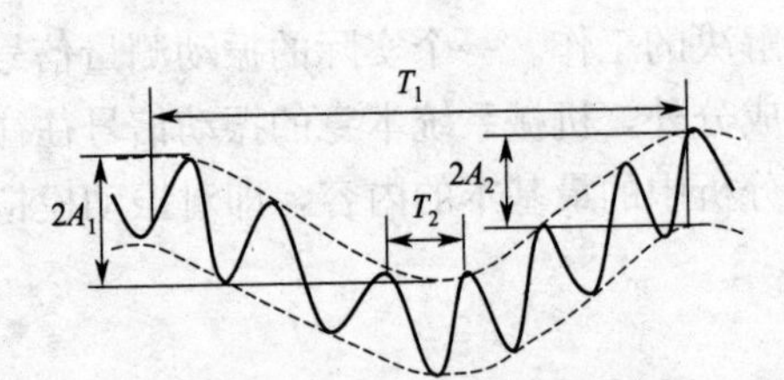

图 7-1 两个频率相差较大的波形示意图

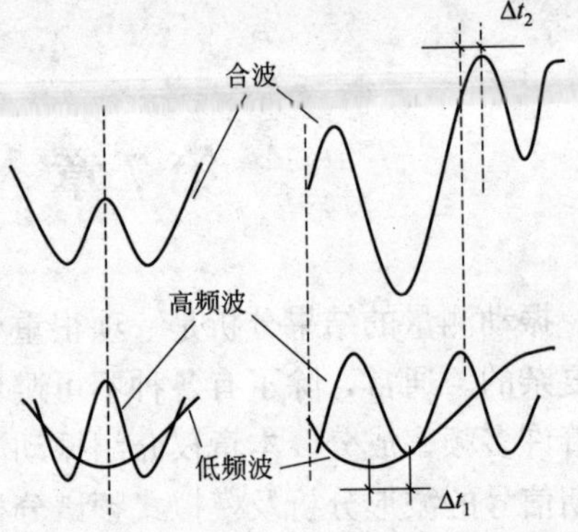

图 7-2 峰谷不重合时发生错移示意图

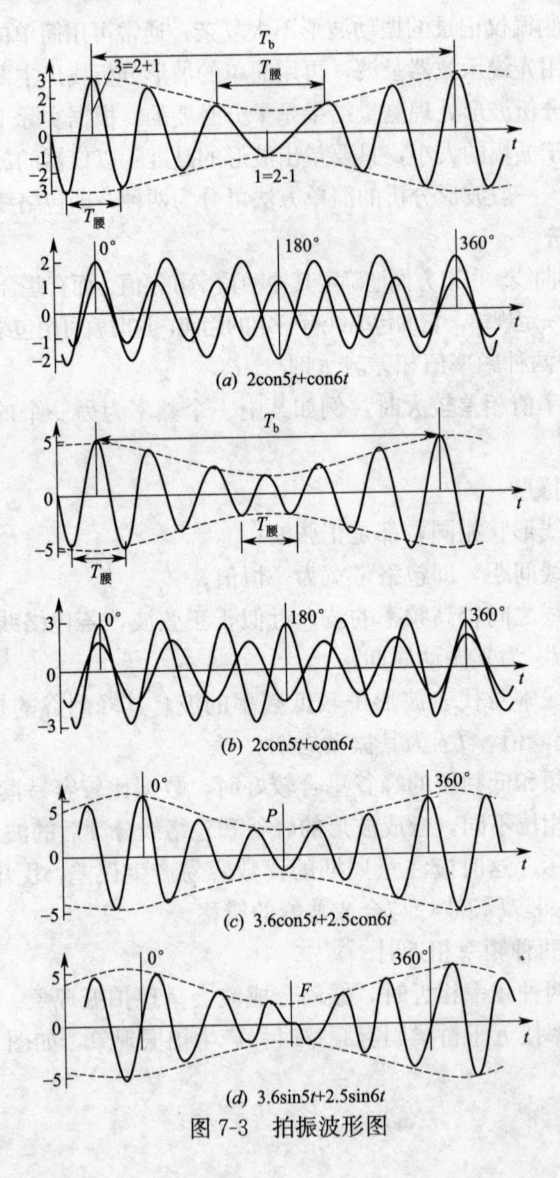

图 7-3 拍振波形图

(1) 上、下包络线近似正弦，但相位相反，呈反对称。

(2) 包络线带宽周期地变化，其变化频率为其组成波频率之差，如图 7-3 中的拍频 $1/T_b=6-5$。

(3) 合成波频率或称名义频率，在一般情形下就是大振幅主波的频率。

(4) 拍振波的腹部（即最大振幅处）和腰部（最小振幅处）相邻峰（波峰或波谷）的距离 $L_{腹}$ 和 $L_{腰}$ 决定于两组成波的频率关系。若令大振幅波频率为 $f_{主}$，小振幅波频率为 $f_{次}$，则 $L_{腹}<L_{腰}$ 时，$f_{次}>f_{主}$，如图 7-3(*a*)所示；$L_{腹}>L_{腰}$ 时，$f_{次}<f_{主}$，如图 7-3(*b*)所示。

(5) 拍振波的腹部是由两个组成波的瞬时同相产生，而腰部是两个组成波的瞬时反相产生。

(6) 包络线最大带宽等于两个组成波振幅之和，最小带宽为两组成波振幅之差。

(7) 组成波的相位对拍的形状影响极大，如图 7-3(*c*)所示，在 0°处为坐标原点，两组波在 0°同时达最大值，则此曲线可用余弦函数表示。拍振波相对于 $t=180°$ 的点 P 为正对称（偶函数）函数；如两组波在 0°处同时为零值时，如图 7-3(*d*)所示，则此曲线可以用正弦函数表示，拍在 $t=180°$ 时的瞬时值为零，它相对于 P 点为反对称（奇函数）函数。

3. 两个波组成其他形式的波时

上述两类波形用包络线法比较容易处理。有时由于两个组成波形的频率比不同，幅值比不同，单频相位角不一致，其合成波形的包络线趋向不易掌握，情况要稍复杂一些。图 7-4 列举了几个常见波形的例子，这时可用包络线法处理，也可用下面讲的叠加法处理。

图 7-4 中 a、b、c 为两组波形频率比为 2∶1 的合成波，图 7-4(*d*)为 3∶1 的合成波，幅值比与相位差如图示。

4. 包络线法分析和处理数据的步骤

用包络线法分析合成波的分量频率和幅值时，可按下述步骤进行。

(1) 检查波形的特征及波形峰谷的分布，读出在低频一个周期内所具有的高频波峰数。

(2) 作出上、下包络线。

(3) 若上、下包络线形状相同，相位一致，则属于简单情况，包络线内只有一个高频分量。

(4) 上或下包络线代表低频分量，包络带内的波形为高频分量。若包络线不是正弦，则继续把包络线作为分析对象进行分析。

(5) 包络线本身的峰谷，在一秒钟内振动的次数为低频分量的频率值。由包络线峰—峰幅值可计算出低频分量的振动幅值。一秒钟内高频分量的振动次数为高频分量的频率值，由包络线带宽可计算出高频分量的振幅值。

(6) 若上、下包络线形状和相位都不一致时，可通过小波之峰谷中点连线作出包络中线，如图 7-5 所示。包络中线代表低频分量，小波形代表高频分量。若包络中线不近似为正弦曲线时，要继续分析。

(7) 若两包络线近似为正弦波，但反相，即其间高频分量成拍频时，需要确定腹和腰的位置，量出腹和腰处上下包络线间的距离，量出腹腰处相邻波峰的间距 $L_{腹}$ 和 $L_{腰}$，量

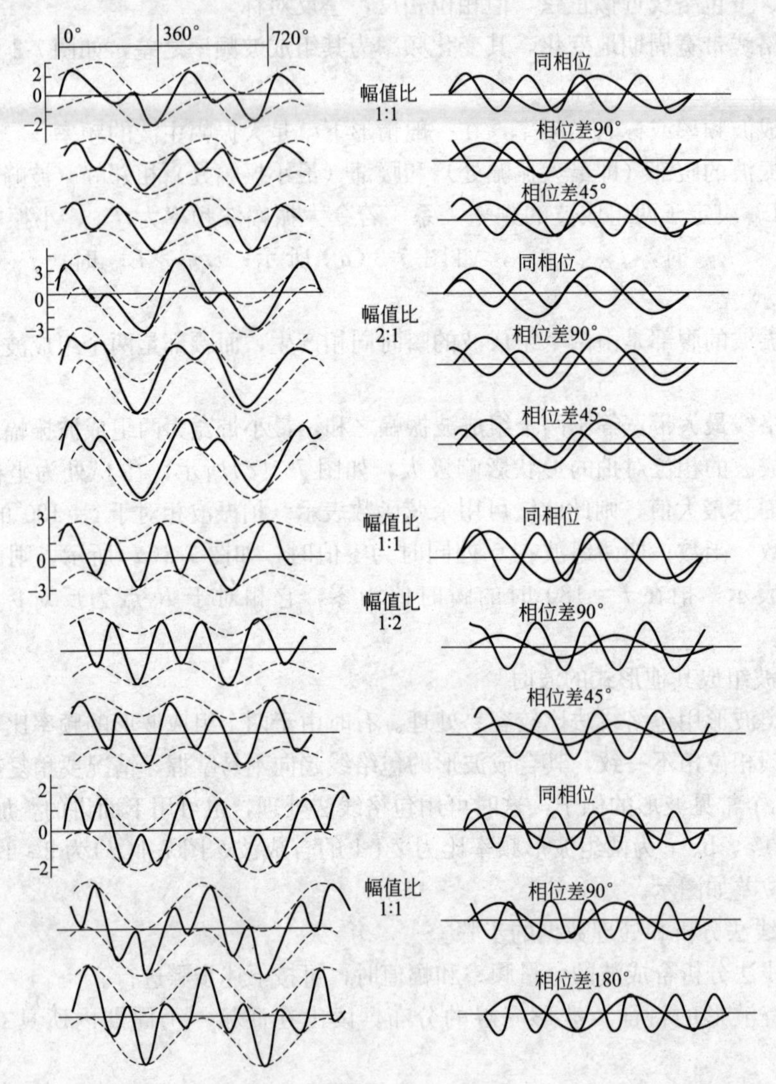

图 7-4 各种形式的包络线示意图

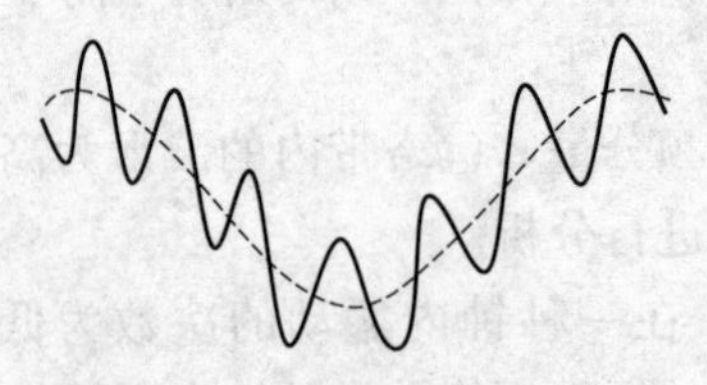

图 7-5 包络中线示意图

出拍周期 T_b，可求得拍频 f_b，读出合成波频率 $f_合$。

(8) 组成波形主要分量的频率 $f_主$ 为合成波频率 $f_合$，即 $f_合 = f_主$。其波峰幅值由包络线最大带宽与最小带宽之和的一半来计算。

(9) 当 $L_腹 < L_腰$ 时，$f_次 > f_主$，$f_次 = f_主 + f_b$。当 $L_腹 > L_腰$ 时，$f_次 < f_主$，则 $f_次 = f_主 - f_b$。次要分量的振动波峰幅值由最大带宽与最小带宽之差的一半来换算。

7.1.2 叠加法

包络线法对由两个（最多三个）谐波分量组成的波进行分析处理是较方便的，但对一些较复杂的周期信号就难以应用包络线法，这时可以采用叠加法。叠加法是把复杂周期波形有规律地进行简化，将偶数次和奇数次谐波分开，其实质上是数字计算法中比较简单的一种。以图 7-6 为例，分析步骤如下。

(1) 画参考线 AA'。AA'为平行于波形上相隔一周期的两点之间的连线。

(2) 将一周期 AC 划分成前后两半周期 AB 和 BC。

(3) 将 AB 段波形与 BC 段波形相减除以 2 可得峰值为 d_1 的一次谐波，如图 7-6(b)所示。

(4) 将 AB 段波形与 BC 段波形相加并除以 2 可得峰值为 d_2 的二次谐波及附加的常数部分 d_0，如图 7-6(c)所示。

(5) 将原始波形减去这两个谐波，其差为其他各次谐波，再用叠加法继续进行下去，直到都分解为简单谐波为止。

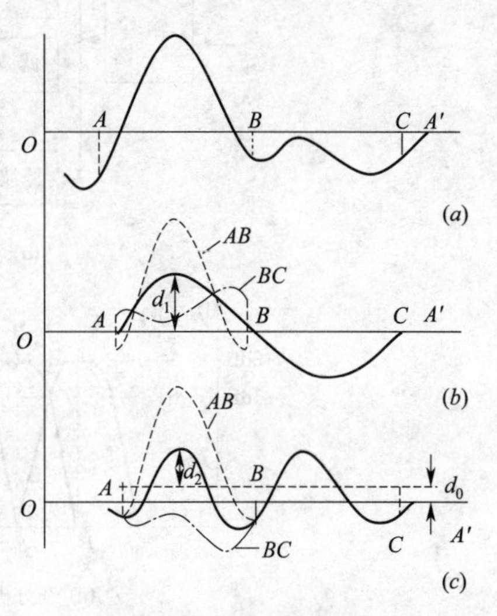

图 7-6　叠加法示意图

最后应该指出，对于复杂波形的频率和幅值，用以上方法处理难度很大，一般需要进行频谱分析，如可用模拟式的频谱分析法等进行处理，就很容易地求出各谐波分量的频率值和振幅值。

7.2 模拟式频率分析

频率分析的概念是从光学、声学和无线电技术中发展起来的。随着振动力学、结构动力学以及动力学参量测量技术的迅速发展，动态信号的数据处理分析，已经成为科研工作中的重要内容。

一个实际振动信号通常包含有很多频率成分，其中存在一个或几个主要的频率成分，而频谱分析可求得振动信号的各种频率成分和它们的幅值（或能量）及相位，这对研究被测对象的振动特性、振型和动力响应等是很有意义的。因此，通过频谱分析可以解决下列问题：

(1) 求得振动参量中的各个频率成分和它们的幅值及相位；

(2) 求出振动参量中各个频率成分和幅值的能量分布，从而得到主要幅值和能量分布的频率极值。

频率分析的主要理论基础是傅里叶分析法。模拟式频率分析法是分析平稳振动信号的一种常用方法、模拟式频率分析仪主要由信号输入放大器、带通滤波器、检测器、记录仪或指示仪等组成，它们的功能与作用分别为：带通滤波器的作用是只让输入信号中的一定频率范围（频带）内的分量通过，使其他频率分量完全衰减或基本衰减。检测器是对通过滤波器的信号进行峰值或有效值检波和平均，使之产生与之成比例的直流电平，然后送入电平记录仪、显示器或指示仪表进行显示或记录。在实际使用的过程中通过连续改变滤波器的通频带，就可以在记录仪或显示器上获得被分析信号的频率分析结果。

模拟式频率分析的最大缺点是分析速度慢，所需的时间较长。不过模拟式频率分析仪器对平稳振动信号的频率分析还是十分有效的。

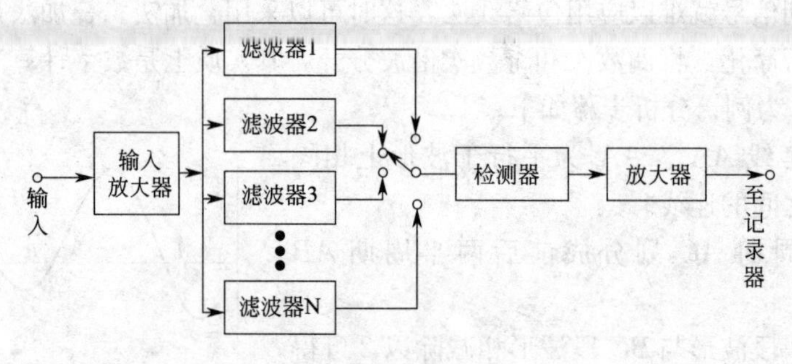

(a) 逐级式频率分析仪框图

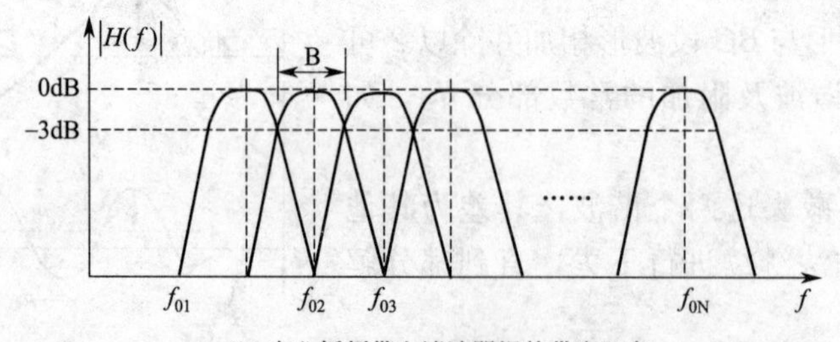

(b) 在分析频带上滤波器组的带宽分布

图 7-7 逐级式频率分析仪工作原理框图

7.2.1 逐级式频率分析

逐级式频率分析仪的工作原理如图 7-7(*a*)所示。它是由多个带通滤波器并联组成。为了使各带通滤波器的带宽覆盖整个分析频带，它们的中心频率应该使得相邻滤波器的带宽恰好相互衔接，如图 7-7(*b*)所示。为了在足够宽的分析频带内不至于设置过多的带通滤波器，一般都采用恒百分比带宽方式，而不取恒带宽方式。如 B&K 公司的 1616 型分析仪就是逐级式频率分析仪，它的带宽为 1/3 倍频程带宽，分析频率从 20Hz 至 40 kHz，共设置 34 个带通滤波器。

7.2.2 扫描式频率分析

扫描式频率分析是采用一个中心频率可调的带通滤波器，调节方式可以是手动调节，也可以是外信号调节，其工作原理如图 7-8 所示。

扫描式频率分析所用的带通滤波器一般是采用恒百分比带宽方式。如 B&K 公司的 1621 型可调滤波器，将总的分析频率从 0.2Hz 至 20kHz 分为五段，即 0.2Hz 至 2Hz、2Hz 至 20Hz、20Hz 至 2kHz、2kHz 至 20kHz，每一段连续可调。带宽可选 3%或 23%。

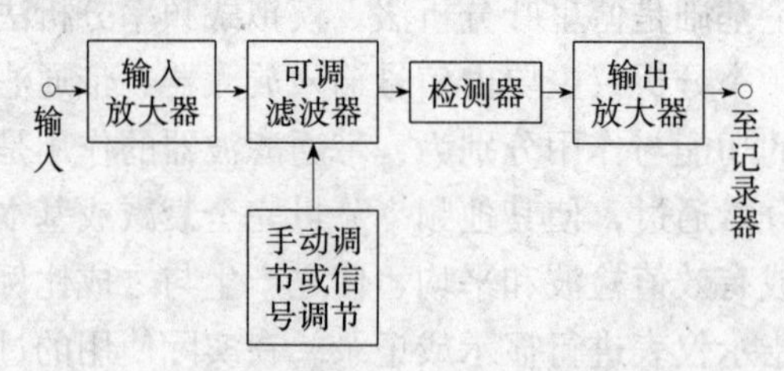

图 7-8 扫描式频率分析仪框图

7.2.3 外差式频率分析

利用类似于收音机中的外差式带通滤波器的工作原理和技术，可以实现较窄的恒带宽频率分析。例如，B&K 公司的 2010 型外差式频率分析仪就属于这一类型仪器。

外差式带通滤波器的工作原理如图 7-9 所示。它是由信号发生器、混频器及具有固定中心频率的带通滤波器组成。

设输入信号具有以下形式

$$x(t)=U_{s}\sin(2\pi f_{s}t+\varphi_{s})+\sum_{i}U_{i}\sin(2\pi f_{i}t+\varphi_{i}) \tag{7-2}$$

这里将信号分成两部分，第一部分 $u_{s}=U_{s}\sin(2\pi f_{s}t+\varphi_{s})$ 为正在分析的频率分量，第二部分 $\sum_{i}U_{i}\sin(2\pi f_{i}t+\varphi_{i})$ 为待分析的其他频率分量。

设信号发生器给出一频率为 f_{m} 的正弦信号

$$u_{m}(t)=U_{m}\sin2\pi f_{m}t \tag{7-3}$$

混频器实质上是一个乘法器，当 $u_{m}(t)$ 与 $x(t)$ 混频时，输出的信号

$$\begin{aligned}x(t)\cdot u_{m}(t)&=\left[U_{s}\sin(2\pi f_{s}t+\varphi_{s})+\sum_{i}U_{i}\sin(2\pi f_{i}t+\varphi_{i})\right]\cdot U_{m}\sin2\pi f_{m}t\\&=\frac{1}{2}U_{s}U_{m}\cos[2\pi(f_{m}-f_{s})t-\varphi_{s}]-\frac{1}{2}U_{s}U_{m}\cos[2\pi(f_{m}+f_{s})t+\varphi_{s}]\\&\quad+\sum_{i}\frac{1}{2}U_{i}U_{m}\cos[2\pi(f_{m}-f_{i})t-\varphi_{i}]\\&\quad-\sum_{i}\frac{1}{2}U_{i}U_{m}\cos[2\pi(f_{m}+f_{i})t+\varphi_{i}]\end{aligned} \tag{7-4}$$

所以混频后的信号由两部分频率分量组成：一部分是“和频信号”，另一部分是“差频信号”。两部分的频率分量信号同时输入中心频率为 f_{0}、带宽为 B 的滤波器，如果信号发生器的频率 f_{m} 使得

$$f_{m}+f_{s}=f_{0} \tag{7-5}$$

则只有频率为 $f_{m}+f_{s}$ 的“和频信号”

$$\begin{aligned}u_{0}&=\frac{1}{2}U_{s}U_{m}\cos[2\pi(f_{m}+f_{s})t+\varphi_{s}]\\&=U_{0}\cos(2\pi f_{0}t+\varphi_{s})\end{aligned} \tag{7-6}$$

能通过该带通滤波器。由于载波信号的幅值 U_{m} 是不变的。因此式(7-6)所给出的输出信号 u_{0} 中保留了输入信号 $x(t)$ 的幅值 U_{s} 和初相位 φ_{s} 信息。但原来的信号频率 f_{s} 被转换成滤波器的中心频率 f_{0}。输出信号 u_{0} 可被送入检测器进行幅值检测和显示。这就是外差式带通滤波器的基本工作原理。

注意到带通滤波器的带宽为 B，因此，只有在下述频率范围之内的信号分量

$$f_{s}-\frac{B}{2}\leqslant f\leqslant f+\frac{B}{2}$$

混频之后落在滤波器的通频带 $f_{0}\pm\frac{B}{2}$ 之内，才可通过。由于 f_{0} 很高，远高于信号 $x(t)$ 中的最高频率，因此，在带宽以外的频率分量均可被完全衰减或基本衰减。

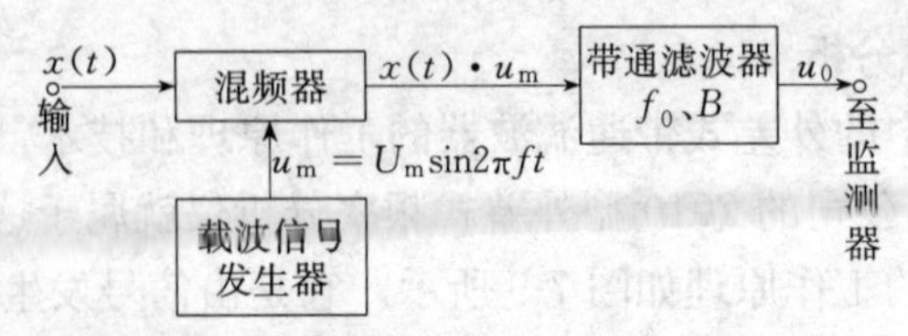

图 7-9　外差式滤波器的工作原理框图

在进行频率分析时，只要选定中心频率为 f_0 的带通滤波器后，改变信号发生器的频率 f_m，则通过带通滤波器的被分析信号频率分量 f_s 也必发生相应变化，这样连续改变信号发生器的频率 f_m，通过带通滤波器的被分析信号的频率分量 f_s 也必将发生相应的连续变化。

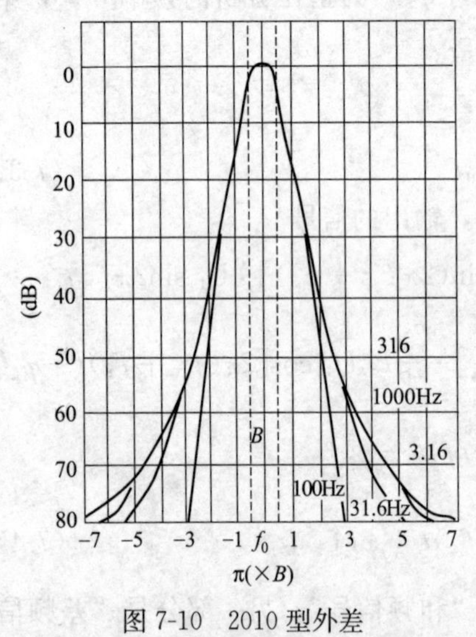

图 7-10　2010 型外差式分析仪的滤波特性

设被分析的频带为 $f_L \to f_H$，为满足 $f_m + f_s = f_0$ 的关系，则 f_m 的调节范围应为 $f_0 - f_L \to f_0 - f_H$。并且由于带宽不随分析频率 f_s 的变化而变化，故而外差式频率分析仪也被称为恒带宽频率分析仪。

下面以 B&K 公司的 2010 型外差式频率分析仪为例，说明其具体参数的选取及工作原理。该仪器是一种多功能仪器，其频率分析部分的技术指标参数如下。

分析频率范围：2～200kHz

带宽：恒带宽，分为六档可选，即 3.16 Hz，10Hz，31.6Hz，100Hz，316Hz，1000Hz

动态范围：85dB（3.16～100Hz 带宽）75dB（316，1000 Hz 带宽）

滤波原理：分三级混频和滤波。带通滤波器采用双二阶巴特沃兹滤波网络。

2010 型分析仪由于分析频率范围很宽，从 2Hz 至 200kHz。滤波器带宽多档可选，最窄的只有 3.16Hz，故采用了三级混频和滤波，滤波器的频率特性如图 7-10 所示。图中，横坐标刻度读数 n 代表频率 $f_0 + nB$，f_0 为中心频率，B 为带宽。

7.2.4　跟踪滤波器式频率分析

跟踪滤波器是在外差式滤波原理上变化而来的，它在机械结构频响函数测试中占有重要地位。当对结构进行频率为 f_s 的正弦激励时，结构上各测量点的响应信号中除了频率为 f_s 的成分外，还可能有其他频率成分。跟踪滤波器的功用是从响应信号中提取与激励同频率的信号。跟踪滤波器的原理如图 7-11 所示。它与外差式滤波不同之处在于它用调制器代替信号发生器。调制器能在频率为 f_s 的激励信号控制下，产生一载波信号 $u_m = U_m \sin 2\pi f_m t$，其频率 f_m 等于带通滤波器的中心频率 f_0 与控制频率 f_s 之和，即

$$f_m = f_0 + f_s \tag{7-7}$$

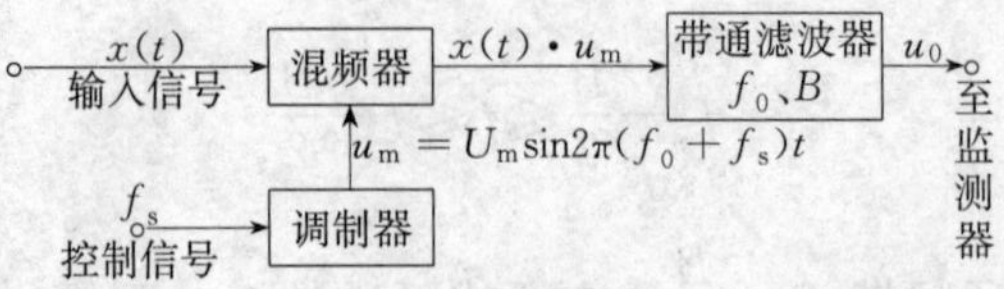

x(t) 输入信号　混频器　x(t)·u_m　带通滤波器 f_0、B　u_0　至监测器
$u_m = U_m \sin 2\pi(f_0 + f_s)t$
f_s 控制信号　调制器

图 7-11　跟踪滤波器的工作原理框图

所以，调制器是构成跟踪滤波器的关键环节。其他分析与外差式滤波完全相同。

设输入信号

$$x(t)=U_s\sin(2\pi f_s t+\varphi_s)+\sum_i U_i\sin(2\pi f_s t+\varphi_s) \tag{7-8}$$

经混频后，输出信号

$$\begin{aligned}x(t)\cdot u_m=&\frac{1}{2}U_sU_m\cos(2\pi f_0t-\varphi_s)-\frac{1}{2}U_sU_m\cos[2\pi(f_0+2f_s)+\varphi_s]\\&+\sum_i\frac{1}{2}U_iU_m\cos[2\pi(f_0+f_s-f_i)t-\varphi_i]\\&-\sum_i\frac{1}{2}U_iU_m\cos[2\pi(f_0+f_s+f_i)t+\varphi_i]\end{aligned} \tag{7-9}$$

将混频后的信号输入中心频率为 f_0 的带通滤波器，则其他成分均被衰减掉。只有分量

$$u_0=\frac{1}{2}U_sU_m\cos(2\pi f_0t-\varphi_s) \tag{7-10}$$

被送往检测器。u_0 中保留了被跟踪的频率分量的幅值 U_s 和初相位 φ_s 信息，但频率 f_s 被置换为 f_0，这是无关紧要的，因为 f_s 就是控制信号的频率。所以，跟踪滤波器总是自动跟踪控制频率 f_s 进行带通滤波。

■ 7.3　模拟式实时频谱分析简介

前述的频率分析方法，由于分析时间较长，而且各频谱线又不能同一时间得到，它满足不了现代振动信号分析的要求，在自动控制和机械故障诊断中，必须要进行实时分析。所谓实时分析，就是对于理想的窄带滤波器来说，分析整个频率范围内 m 个带宽所需的时间应等于分析一个带宽所需的时间。也就是说，实时分析要求在整个分析频率范围内，分析 m 条谱线所用的时间不能超过分析一条谱线所需要的时间，并且 m 条谱线要同时分析出来。要达到这一要求，就必须将分析速度提高 m 倍，或者对 m 条谱线同时进行分析。显然，用前述的串联式扫描滤波器是达不到这一要求的。为了满足这一快速分析要求，目前实时分析常采用下面三种方法：并联带通滤波器法，时基压缩法和快速傅里叶变换数字信号分析法。前一种方法是将 m 条谱线同时分析，后两种方法是提高分析速度。

7.3.1　并联带通滤波器

使用模拟滤波器分析频谱时，欲缩短时间，就必须去掉各滤波器分析时间的总和。一个最简便的方法是将多个不同中心频率的滤波器并联，这样可以使各级频谱同时进行分析。并联带通滤波器如图 7-12 所示。采用并联滤波器后，被分析的振动值号可以同时输出给各个带通滤波器，同时进行分析，这样就使总分析时间大大缩短，仅为一个带通滤波器分析的时间。同时，因各频谱都来自同一时间的振动信号，消除了时间上的差别。这种滤波方式的最大缺点是需要在仪器内安装大量的滤波器，多达数百个才能满足一般要求。

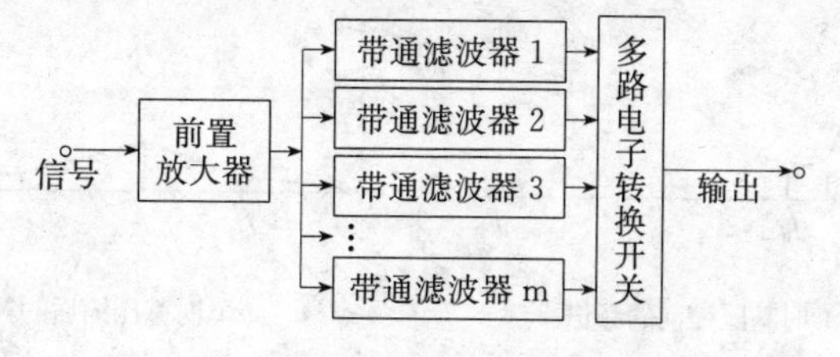

图 7-12　并联带通滤波器框图

7.3.2 时基压缩法

在扫描式串联带通滤波器中，其分析时间为带宽 B 的倒数，因此分析带宽 B 越宽，分析的时间就越短。在保持分析精度和分辨率都不变的前提下，如果能找到一种增加分析带宽的方法，就可以缩短分析时间。时基压缩法就能达到这一目的。所谓时基压缩就是将时间序列 $x(t)$ 沿时间轴压缩 k 倍，这样就得到一新的时间序列 $x(t_1)$，即

$$t_1=t/k \qquad 或 \qquad t=kt_1$$

则

$$x(t)=x(kt_1)=x_k(t_1)$$

经时基压缩后的信号沿时间轴变短，但幅值保持不变，如图 7-13(*b*)所示。压缩信号的频谱

$$\begin{aligned}x_{\mathrm{k}}=X_{\mathrm{k}}(f)&=\int_{-\infty}^{\infty}x_{\mathrm{k}}(t_1)\mathrm{e}^{-\mathrm{j}2\pi ft_1}\mathrm{d}t_1=\int_{-\infty}^{\infty}x(kt_1)\mathrm{e}^{-\mathrm{j}2\pi ft_1}\mathrm{d}t_1\\&=\int_{-\infty}^{\infty}x(kt_1)\mathrm{e}^{-\mathrm{j}2\pi\frac{f}{k}kt_1}\ \frac{1}{k}\mathrm{d}(kt_1)=\frac{1}{k}\int_{-\infty}^{\infty}x(t)\mathrm{e}^{-\mathrm{j}2\pi\frac{f}{k}t}\mathrm{d}t\\&=\frac{1}{k}X(\frac{f}{k})\end{aligned} \tag{7-11}$$

幅频曲线图如图 7-13(*d*)所示。此性质说明，信号沿时间轴压缩到原来的 $1/k$，相应地，其频谱沿频率轴 f 扩大了 k 倍，但频谱线缩短了 k 倍。从通过滤波器时的能量分析来看，有

$$\int_{\frac{f_0-\Delta f}{2}}^{\frac{f_0+\Delta f}{2}}X_k^2(f)\mathrm{d}f=\int_{\frac{(f_0-\Delta f)/2}{2}}^{\frac{(f_0+\Delta f)/2}{2}}X^2(\frac{f}{k})\mathrm{d}(\frac{f}{k}) \tag{7-12}$$

上式说明，用一组个数相同、中心频率相应移动 k 倍、带宽扩大 k 倍的滤波器，去对时基压缩 k 倍的信号进行频谱分析，可以获得原信号的频谱，且分辨率不变。由于分析带宽扩大了 k 倍，故分析时间就缩短到 $1/k$，这样，只要串联滤波器的个数不超过时基压缩的倍数 k，就能实现实时分析。由于串联滤波器分析所得的频谱不是在同一时间间隔的信号中得到的，而是对应着不同的时间间隔。为克服这一缺点，用时基压缩法进行实时分析时，采用循环使用时基压缩信号，即重叠使用被分析信号，这样就使得它具有并联滤波器的分析优点，使各频谱值基本上在同一信号中取得。

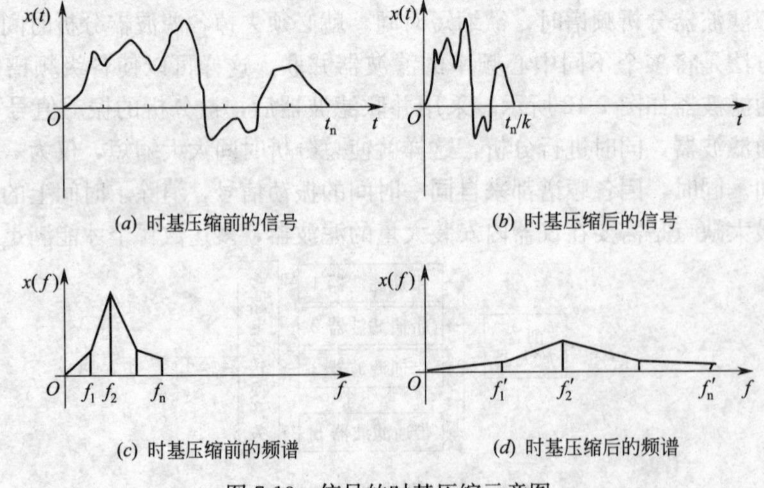

图 7-13　信号的时基压缩示意图

时基压缩技术有两种；一是利用磁带记录仪慢速记录，快速放出。二是采用数字压缩法。这两种方法都能重复使用被记录信号。第一种方法，由于受磁带记录速度档次的限制，一般约压缩 10 倍左右，如丹麦 7005 和 7007 型磁带记录仪的最慢记录速度为 38.1mm/s，最快记录速度为 381mm/s，相差 10 倍。但这一种方法容易实现，只要有磁带记录仪就可进行。第二种方法是一种现代分析法，采用数字、模拟混合的方法来实现实时分析。被分析信号首先通过一个二阶有源低通滤波器，滤掉不需要的高频分量，然后根据采样定理的要求采样，将模拟信号量化成数字信号，存贮在数字存贮器里，进行快速传送，再进行数模转换，将数字信号复原为模拟信号，在这一过程中实现了时基压缩，最后将经时基压缩的信号通过恒带宽滤波器进行频谱分析。但此方法已不常用，它被更先进的数字式频率分析仪所代替。

思考题

1. 波形分析有几种方法?

2. 分别说明可调式带通滤波器频率分析仪和外差式频率分析仪的工作原理，并比较它们的差别（逐级式、扫描式）。

第8章　振动测试仪器的校准

为了保证振动测量的可靠性和精度，必须对振动传感器和测量仪器进行校准。振动测试仪器校准的主要内容有以下几点：

(1) 灵敏度，即输出量与被测振动量之间的比值；

(2) 频率特性，即在所使用频率范围内灵敏度随频率的变化关系，包括幅频特性和相频特性；

(3) 幅值线性范围，即灵敏度随幅值的变化为线性关系的范围；

(4) 横向灵敏度和环境灵敏度等。

对于一般使用单位，通常只需对传感器的主要参数，如灵敏度和频率特性进行校准，并且只有在下述两种情况下才进行校准：

(1) 传感器或测试系统每年一次的定期校准；

(2) 传感器或测试系统出厂前或维修后进行的校准。

一般来说，校准部门分为两级，即国家级和地方级。国家级校准部门，一般采用绝对校准法对标准传感器及测试系统进行校准，校准的精确度很高，一般可达 0.5%～2.0%。地方级校准部门以标准传感器作为标准，用比较校准法对工作传感器进行校准，精确度一般可达 5%。

8.1　分部校准与系统校准

测振仪器的校准分两种形式：一种是分部校准法，另一种是系统校准。

8.1.1　测振仪器的分部校准

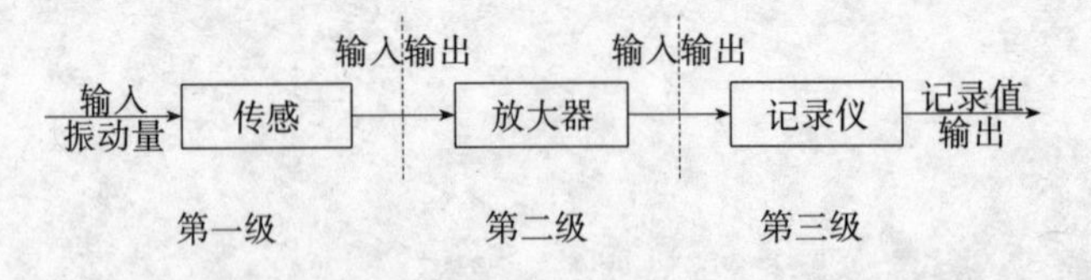

图 8-1　分部校准方框图

分部校准法是把测振传感器、放大器和记录设备放在全套仪器测量系统中，分别测定各段的灵敏度，然后把它们组合起来，求得测振仪最初输入量与最后输出量的关系—校准值。分部校准主要分三级：

第一级是传感器的校准；即校准外界输入振动量与传感器输出物理量的关系，如输入位移、速度、加速度和频率对测振传感器的输出量如电荷、电压、电感、应变及频率等之间的关系；第二级是放大器的校准，校准输入电荷、电压、电感、应变及频率等量与其输出电压、电流之间的关系；第三级是记录器校准，校准其输入电压、电流与转化成记录纸上的波形、示波器荧光屏上光点运动及磁带记录的磁带剩余磁场变化等之间的关系。分部校准原理如图 8-1 所示。

例如，测量系统由压电式加速度传感器、电荷放大器和阴极射线示波器所组成，若各仪器的灵敏度已分别测得为：

压电式加速度传感器的灵敏度　　$S_q = 10\text{pC/m/s}^{-2}$

电荷放大器的灵敏度（增益）　　$S_a = 1\text{mV/pC}$

阴极射线示波器的灵敏度　　$S_r = 10\text{mm/mV}$

则整个系统的灵敏度

$$S = S_q \cdot S_a \cdot S_r = 10 \times 1 \times 10 = 100\text{mm/(m} \cdot \text{s}^{-2})$$

这里要注意，各个输出、输入量要统一用峰值或有效值或峰—峰值表示，以避免混淆而带来错误。

分部校准的优点在于它比较灵活，例如，只要遵循匹配关系，就可以方便地用备用仪器去更换测量系统中失效的传感器或放大器，而不必重新进行校准工作。本方法的缺点是对每一环节的校准要求相对要高些。

8.1.2　测振仪器的系统校准

对整个测量系统进行校准，直接确定输出记录量与输入机械量之间的关系，其示意图如图 8-2 所示。

系统校准的校准步骤较简单，使用亦较方便，但因测量系统是配死的，所以如果要重新配套或者更换某一环节（如更换传感器或放大器）则必须重新校准。

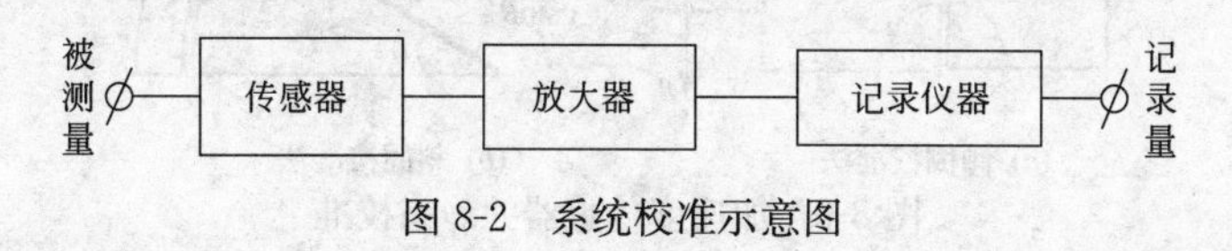

图 8-2　系统校准示意图

采用介于上述两者之间的校准方法，即把测量系统分成传感器与后续仪器两部分（图 8-3）分别加以校准。此外，放大器中配有一幅度恒定的校准电信号，称为“模拟传感器”，它可随时用来检验和校准放大器及记录仪器，在测试现场使用十分方便。

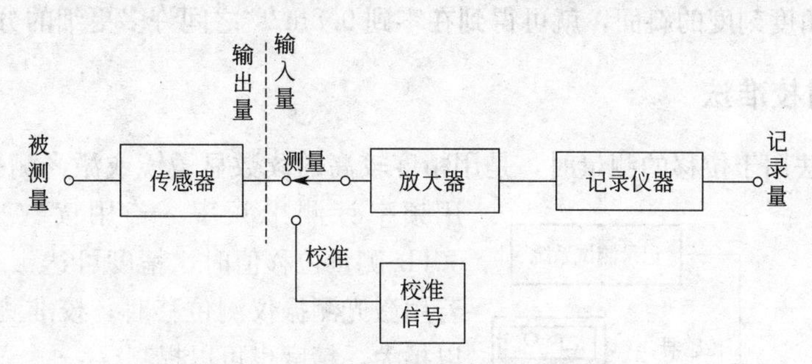

图 8-3　用模拟传感器校准测量系统

8.2　静态校准法

静态校准法仅能用于校准具有零频率响应的传感器及测量仪器，能校准的项目也有局限性，如只能校准静态灵敏度、线性度、测量范围等。但因所用设备简单，方法容易，所以应用也很普遍。

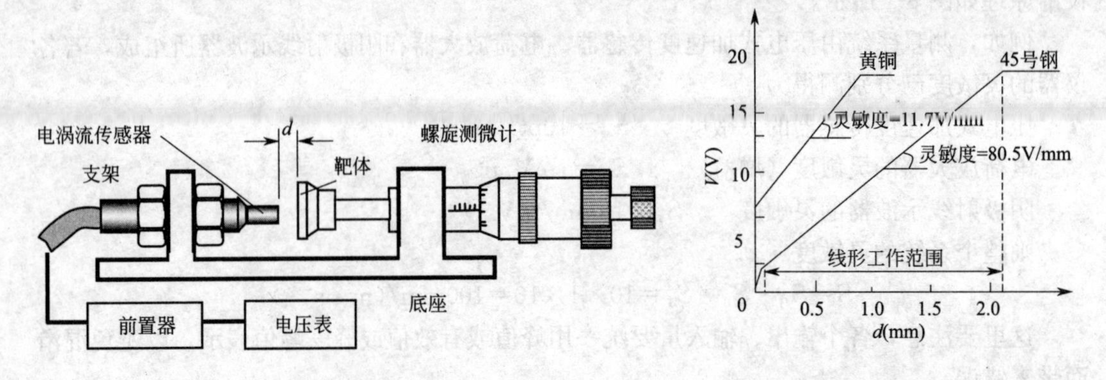

图 8-4 电涡流传感器的静态校准　　图 8-5 电涡流传感器的校准曲线

电涡流式、电感式及电容式等相对式位移传感器都具有零频率响应，可以用于对如图 8-4 所示的简单装置进行校准。用螺旋测微计改变传感器与靶体（用与被测对象相同的材料制成）之间的间隙值 d，对应每一间隙 d 值，读出传感器的输出电压值就可得到如图 8-5 中所示的许多读数点，由此就求出了灵敏度和线性工作范围。

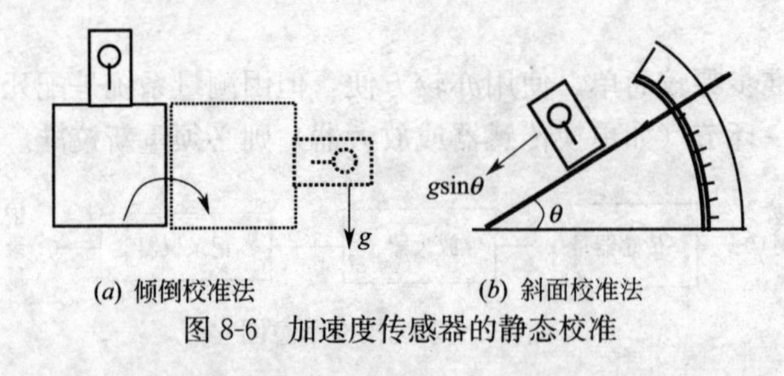

(*a*) 倾倒校准法　　(*b*) 斜面校准法

图 8-6 加速度传感器的静态校准

电阻式、压阻式及伺服式加速度传感器也具有零频率响应，因而也可采用静态校准法。如图 8-6(*a*)所示，将加速度传感器安装在一个立方体上，进行一次翻倒就相当对加速度传感器突加 9.8m/s^2 的加速度激励，测量相应输出的响应就能计算出灵敏度。采用图 8-6(*b*)中带有角度刻度的斜面，就可得到在零到 9.8m/s^2 之间许多更细的分点。

8.3 绝对校准法

绝对校准法用于位移的测量时，是用精度较高的读数显微镜或激光测振仪测出振幅，用频率计测出频率。若用读数显微镜在低于 50Hz 测量位移值时，精度可达±0.5%～±1%。若用激光测振仪测位移时，校准测试频率范围可以扩大，精度也可以提高。

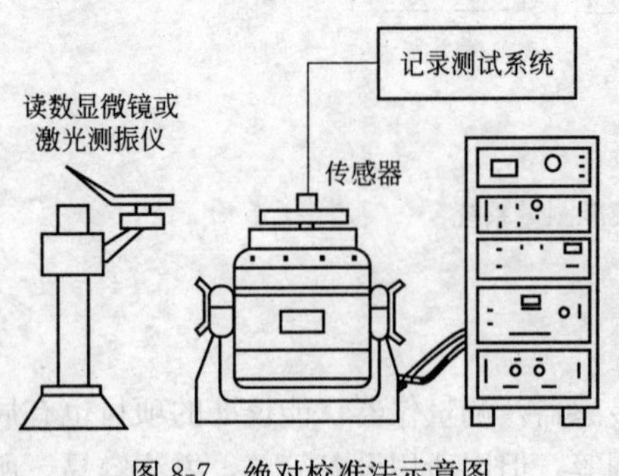

图 8-7 绝对校准法示意图

绝对校准法示意图如图 8-7 所示。

当校准位移型传感器灵敏度时，先把振动台调到某一个固定频率，再调节振幅于某一个固定数值，利用读数显微镜或激光测振仪读出振幅值，并测出被校准的传感器的输出量，由此就可算出灵敏度，即得到单位位移传感器的输出量。

当校准速度传感器和加速度传感器时，则调节振动台位移幅值 A，使得振动速度或加速度为某一固定值，如 $v=1\text{cm/s}$ 或 $a=9.8\ \text{m/s}^2$时，测得这时传感器的输出量，即可求得它们的真实灵敏度。

作频响曲线校准时，固定振动台各参量的幅值，改变频率，然后测出对应的各个输出数据，即可绘出它们的频响曲线。

当校准它们的线性度时，可使振动台频率不变，而改变振幅值，并测出对应的输出量，绘制成曲线，即可求出它们的线性度曲线。

■ 8.4 相对校准法

8.4.1 相对校准法的基本原理和方法

相对校准法是将两个传感器（或测振系统）进行比较而确定被校准传感器（或测试系统）性能的校准方法。两个传感器中，一个是被校准的传感器，称为工作传感器；另一个是作为参考基准的传感器，称为参考传感器或标准传感器，它是经过绝对校准法或高一级精度相对校准法校准的。

图 8-8(a)为用相对校准法确定传感器灵敏度的示意图。被校准的工作传感器与标准的传感器都安装在振动台上经受相同的简谐振动。设测得它们的输出电压分别为 u 和 u_0，如已知参考传感器的灵敏度为 S_0，则工作传感器的灵敏度 $S=S_0\dfrac{u}{u_0}$。改变振动台的频率并重复上述实验，即可求得传感器的高频特性。若测量两个传感器输出的相位差，再根据标准传感器的相频特性，就可求出被校准的工作传感器的相频特性。

以上改变频率的试验也可采用频率扫描的办法来进行。

相对校准法中关键的一点是两个传感器必须感受相同的振动。对于图 8-8(a)中两个传感器并排安装的形式，必须十分注意振动台振动的单向性和台面各点振动的均匀性，安装时还应注意使两个传感器的共同重心落在台面的中心线上。若将两个传感器的安装位置互换，如果它们的输出电压之比不变，就表明它们感受到的振动确实相同。一种所谓“背靠背’的安装方式（图 8-8(b)），能较好地保证两个传感器感受到相同的振动激励，校准时应优先加以采用。

8.4.2 便携式加速度传感器校准器

一种便携式加速度传感器校准器是基于相对校准的工作原理而设计的。由于它的结构紧凑，使用方便，所以得到很广泛的应用。它的结构框图如图 8-9 所示。

图中永磁系统用柔性弹簧支承，磁路两端各有一个环状气隙，在其中一个气隙中装有驱动线圈，另一个气隙中装有速度线圈，两个线圈用芯杆连在一起，并用弹簧片支承在磁路系统中，即构成沿轴向运动的可动系统。固定频率（79.6Hz，$\omega=500\text{l/s}$）振荡器产生的简谐信号输入驱动线圈，使可动系统沿轴向作 79.6Hz 的简谐振动。调节功率放大器中的驱动电流可改变可动系统的振动幅值。速度线圈和电表组成的测试系统用来测量可动系统的振动参数。此系统在出厂时已调整好，当表头指针指在一特定的刻线时，可动系统的振幅为 40μm（相应速度幅值为 20m/s，加速度幅值为 10mm/s^2）。被校准的加速度传感器安装在速度线圈附近的台面上，此时它就受到一个频率和幅值均已知的振动信号，因

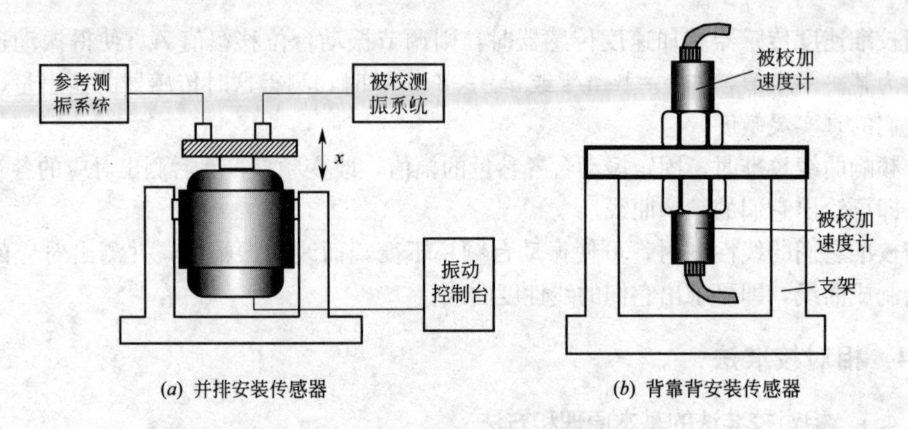

图 8-8 相对校准法的基本原理示意图

此，通过被校系统的测量数值与便携式加速度传感器校准器的标准数据相比较，就可对被校系统进行校准。

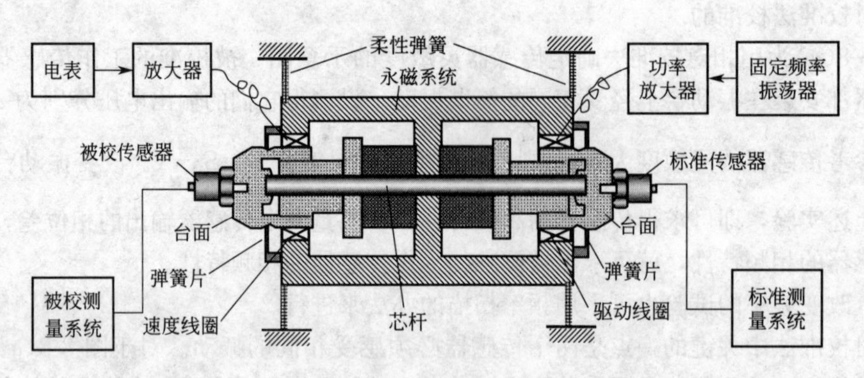

图 8-9 便携式加速度传感器校准器的原理

由于永磁系统是弹性支承的，所以当被校加速度传感器重量不同时，由于附加质量的影响，此系统本身的振动亦会不同，因而影响速度线圈产生的电动势和电表的读数值。为此，表头上的刻度应根据被校加速度传感器的重量作出相应修正，从而使台面给出的标准振动幅值误差大约控制在 2%。

如将高精度标准传感器装在驱动线圈附近的台面上，用作比较校准，此时便可不用速度线圈和电表测量幅值，校准精度还可能会更高一些。

如需在 79.6Hz 以外的频率作校准，则可用一外接可变频率的信号发生器进行工作即可。

8.4.3 加速度传感器横向灵敏度的测定

加速度传感器横向灵敏度通常亦用相对方法来测定。为此要用一个特殊夹具把被测定加速度传感器的灵敏度轴方向安装得与振动台振动方向严格垂直，如图 8-10 所示，通过与参考传感器的比较，就可测定被测传感器的横向灵敏度参数。由于横向灵敏度是有方向性的，所以在测量时必须用特制转台把被测加速度传感器绕其灵敏度轴转一系列角度值作重复测定，最后就得到各个方向的横向灵敏度。

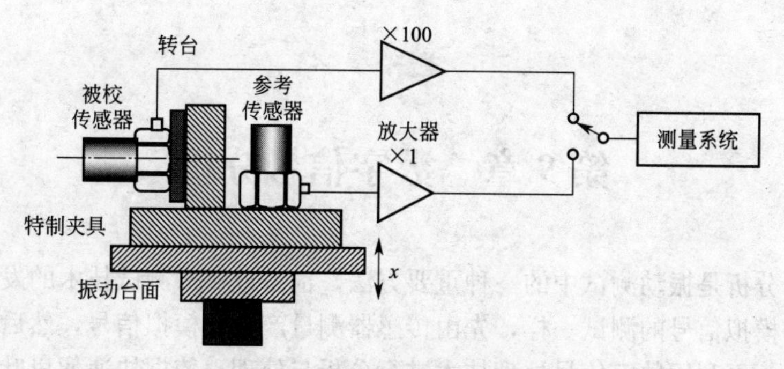

图 8-10　横向灵敏度的测定

测量横向灵敏度最大的困难在于必须把振动台台面的横向运动控制在轴向振动的百分之几以下，否则测量就会失去校准的意义。

思考题

什么是绝对校准法？什么是相对校准法？什么是静态校准法？各适用于哪些传感器？

第 9 章　数字信号分析

数字信号分析是振动测试中的一种重要方法，也是近年来测试技术的发展方向。数字信号的测试与模拟信号的测试一样，先由传感器测量产生出模拟信号，然后将模拟信号转化成数字信号，再利用数字信号处理技术进行分析与处理。依据快速傅里叶变换理论设计的数字式信号分析仪，彻底解决了非平稳信号的频率分析问题，并弥补了模拟式频率分析仪的不足。其特点是精度高、速度快、内容丰富，许多在模拟量分析中难于实现的实时分析，在数字分析中却十分容易实现。

9.1　基本知识

9.1.1　数字信号分析简介

数字式信号分析的基本过程是先对输入信号进行抗混滤波（防止频率混叠）、波形采样和模数转换（因计算机数据处理的需要）、加窗（防止由于对连续信号的截断和抽样所引起的泄漏），再进行快速傅里叶变换（由时域到频域的转换）和数据计算（根据需要计算频域的函数关系），最后显示分析结果。数字式频率分析仪的主要优点是：

(1) 处理速度快，因而具有实时分析的能力；

(2) 频率分辨率高，因而分析精度较高；

(3) 功能多，既可进行时域分析、频域分析和模态分析，又可进行各种显示；

(4) 使用方便，数字信号分析处理一般由专用的分析仪或计算机完成。显示、复制与存储等各种功能的使用都很方便。

由于计算机不可能对无限长连续的信号进行分析处理，在数字信号分析的过程中，只能将其截断变成有限长度的离散数据，那么无限长连续信号的傅里叶变换和经过采样截断离散信号的傅里叶变换之间是什么关系？它能否反映原信号的频谱关系？这是我们所关心的主要问题。

在数字分析过程中有一些问题需要特别注意，如果处理得不好会引起误差或错误，甚至得到完全错误的结果。诸如波形离散抽样所产生的混叠问题、波形截断所产生的泄漏问题和信号中的信噪比问题等。这是在数字频率分析中所要关心的主要问题。

本章常用的主要名词有：

连续信号：幅值随时间连续变化的信号；

离散信号：通常对连续信号“采样”而得到的只在离散时刻取值的信号；

模拟信号：未经数字化处理的连续电信号；

数字信号：数字化的离散信号；

A/D 变换：将模拟信号转换成数字化离散信号的过程。

9.1.2　采样定理

采样就是将连续模拟信号变换成离散数字信号的过程。离散后的信号能唯一地确定原连续信号，并要求离散信号通过D/A（数/模）转换后能恢复成原连续信号。由于离散信号是从连续信号上取出的一部分值，与连续信号的关系是整体和局部的关系，一般来说是不可能唯一确定连续信号的。只有在满足一定的条件下，离散信号才可按一定方式恢复出原来的连续信号。这个条件就是采样定理：采样频率 f_s 必须大于被分析信号成分中最高频率 f_m 值的两倍以上，即

$$f_s=\frac{1}{\Delta t}>2f_m \tag{9-1}$$

离散信号才能在一定程度上代表原信号。其中 Δt 是采样时间间隔。否则将产生如图 9-1 所示的高、低频混淆现象，即高频信号经采样后只出现低频信号，采样信号无法还原为原信号。

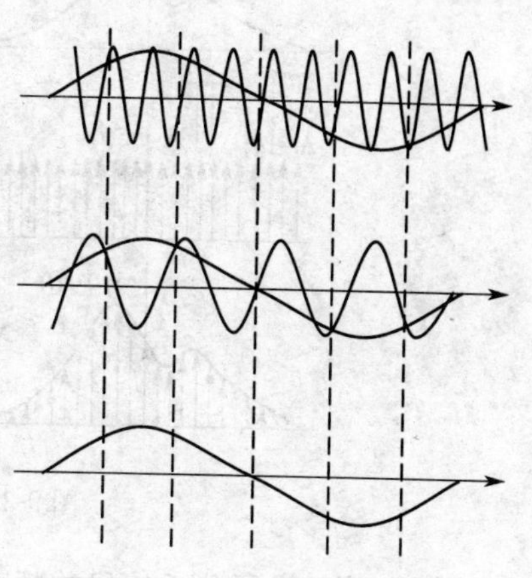

图 9-1　高、低频混淆现象

频率混淆现象可用图示法进行说明。由于时间历程 $x(t)$ 的采样序列的频率由连续信号 $x(t)$ 的频谱 $X(f)$ 与采样函数 $s(t)$ 的频谱 $S(f)$ 的卷积求得，该频谱在频率轴上也是周期函数，其周期长度等于采样频率 f_s。若信号 $x(t)$ 的上限频率与采样频率之间满足采样定理。则采样序列的频谱在 $0\sim f_s/2$ 范围内没有和下一周期频谱重叠，所以没有发生频率混淆，此频谱是时间序列 $x(t)$ 的真实频谱，如图 9-2 所示。

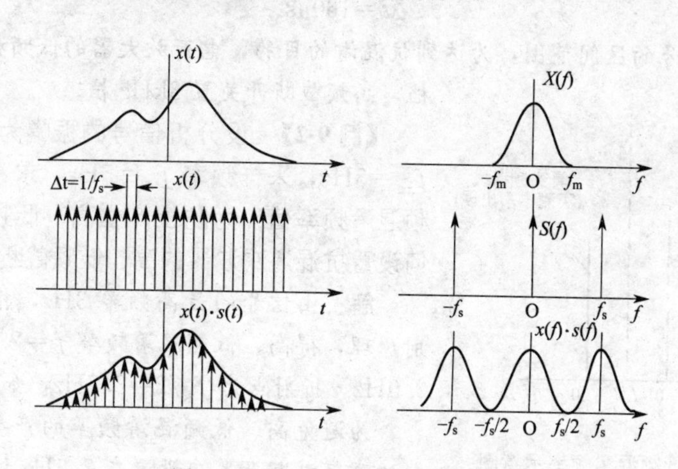

图 9-2　$f_s>2f_m$ 时，无频率混淆

若信号 $x(t)$ 的上限频率与采样频率不满足采样定理，则采样序列的频谱在两个频谱周期之间将发生混叠现象。由于频谱的对称性，其频谱线将以 $f_s/2$ 为镜面产生折射，即将下一个周期的频谱线折射到 $0\sim f_s/2$ 的频域上，如图 9-3 所示。这样混叠区域的频谱将不是原来信号的真实频谱，而产生虚假的频谱线，因此，在实测中应严加注意。

所以，在振动测试中，为避免高、低频混淆现象产生，必须首先确定采样时间间隔，再设置抗混淆滤波器的高、低频截断开关。抗混淆滤波的工作主要在专门的抗混淆滤波器上进行，也可在前置放大器的高、低通滤波器上进行。

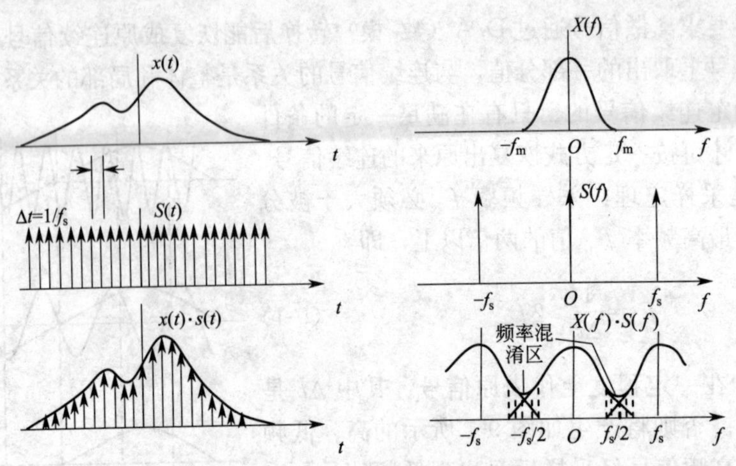

图 9-3 $f_s<2f_m$ 时，产生频率混淆

【例 9-1】 设所分析信号的频率范围为 1～3kHz，采用电荷放大器。试确定其采样时间间隔和设置高、低频截断开关。

解：

(1) 由信号的最高分析频率 3kHz，根据采样定理式(9-1)，得

$$\Delta t \leqslant \frac{1}{2\times 3000}=0.0001667s$$

取

$$\Delta t=160\mu s$$

(2) 根据信号的区间范围，为达到抗混淆的目的，电荷放大器的低频截断开关置 1Hz 档，高频截断开关置 3kHz 档。

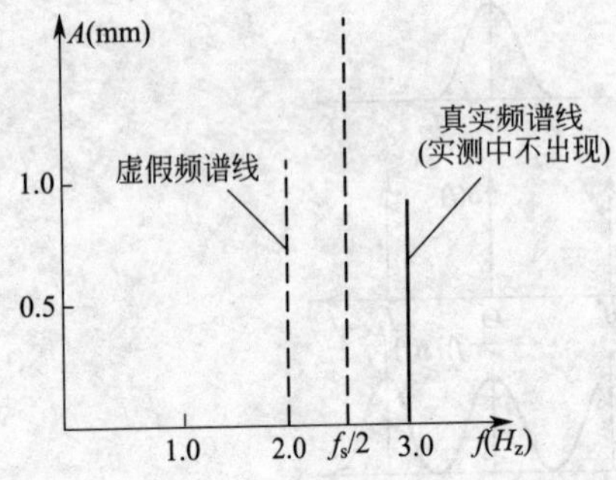

图 9-4 高、低频混淆频率示意图

【例 9-2】 设分析信号的振幅为 1.0mm，频率 $f_m=3Hz$，采样频率 $f_s=5Hz$。求：产生的高、低频混淆频率值；为防止产生高、低频混淆现象应如何设置抗混淆滤波器的高、低频截断开关?

解： 由信号的最高频率 3Hz，根据镜面频率折射原理，得高、低频混淆频率 $f=2.5-(3-2.5)=2.0Hz$ 折射点为 $f_s/2=2.5Hz$，如图 9-4 所示。

为避免高、低频混淆频率的产生，抗混淆滤波器的高频截断开关应设置在 2.5Hz 档。

9.2 离散傅里叶变换

复杂周期振动数据可按公式展开成傅里叶级数，如

$$x(t)=\frac{a_0}{2}+\sum_{n=1}^{\infty}(a_n\cos 2\pi n f_1 t+b_n\sin 2\pi n f_1 t) \tag{9-2}$$

其中，$x(t)$ 为一个时间域的周期函数；T 为该周期函数的一个时间周期；$f_1=\frac{1}{T}$，为基频；a_n 和 b_n 为傅里叶级数的系数：

$$a_n=\frac{1}{T}\int_0^T x(t)\cos 2\pi n f_1 t\,dt \qquad n=0,1,2,\cdots \tag{9-3}$$

$$b_n=\frac{1}{T}\int_0^T x(t)\sin 2\pi n f_1 t\,\mathrm{d}t \qquad n=0,1,2,\cdots \tag{9-4}$$

根据欧拉公式

$$\mathrm{e}^{\mathrm{j}2\pi n f_1 t}=\cos 2\pi n f_1 t+\mathrm{j}\sin 2\pi n f_1 t$$

$$\mathrm{e}^{-\mathrm{j}2\pi n f_1 t}=\cos 2\pi n f_1 t-\mathrm{j}\sin 2\pi n f_1 t$$

得

$$\cos 2\pi n f_1 t=\frac{\mathrm{e}^{\mathrm{j}2\pi n f_1 t}+\mathrm{e}^{-\mathrm{j}2\pi n f_1 t}}{2} \qquad \sin 2\pi n f_1 t=\frac{\mathrm{e}^{\mathrm{j}2\pi n f_1 t}-\mathrm{e}^{-\mathrm{j}2\pi n f_1 t}}{2}$$

式中 $\mathrm{j}=\sqrt{-1}$，代入式(9-2)～(9-4) 整理得

$$x(t)=\sum_{n=-\infty}^{\infty} X(n f_1)\mathrm{e}^{\mathrm{j}2\pi n f_1 t} \tag{9-5}$$

$$X(n f_1)=\frac{a_n-jb_n}{2}=\frac{1}{T}\int_0^T x(t)\mathrm{e}^{-\mathrm{j}2\pi n f_1 t}\mathrm{d}t \tag{9-6}$$

$X(nf_1)$ 称为 $x(t)$ 的傅里叶变换，是一个复数，因此它也可以表示为

$$X(n f_1)=|X(n f_1)|\mathrm{e}^{\mathrm{j}\varphi} \tag{9-7}$$

式中

$$|X(n f_1)|=\frac{1}{2}\sqrt{a_n^2+b_n^2} \qquad \varphi=\arctan\left(\frac{b_n}{a_n}\right)$$

由于对原始信号的采样又能在有限长度的样本记录上进行，因此设样本记录的信号的时间周期长度为 T，采样点数为 N，则采样时间间隔为 Δt，即 $T=N\Delta t$，它的采样频率 $f_s=\frac{1}{\Delta t}$，谱线的频率间隔 $\Delta f=\frac{1}{T}$，即在频域内其幅频曲线是有 N 条离散谱线独立组成的，其显示正值部分 $f_m=(N/2)\Delta f$。因此，这种周期信号的计算，只需取时域一个周期的 N 个抽样和频域一个周期的 N 个抽样。则周期函数的变换关系应为

$$x(k\Delta t)=x_k=\sum_{n-1}^{N-1} X(n\Delta f)\mathrm{e}^{\frac{\mathrm{j}2\pi nk}{N}} \tag{9-8}$$

$$X(n\Delta f)=x_n=\frac{1}{N}\sum_{k-0}^{N-1} x(k\Delta t)\mathrm{e}^{\frac{-\mathrm{j}2\pi nk}{N}} \tag{9-9}$$

对于非周期信号 $x(t)$ 的傅里叶变换关系式为

$$x(t)=\int_{-\infty}^{\infty} X(f)\mathrm{e}^{\mathrm{j}2\pi ft}\mathrm{d}f \tag{9-10}$$

$$X(f)=\int_{-\infty}^{\infty} x(t)\mathrm{e}^{-\mathrm{j}2\pi ft}\mathrm{d}t \tag{9-11}$$

由上式可知，其正变换和逆变换都是连续函数，但是，在计算处理时，不能把无限长时间历程内的整个信号都拿来处理，必须进行截断采样处理。这时傅里叶变换就转化为傅里叶级数，其周期为采样长度，这实际上就是对非周期信号的离散傅里叶分析。从实质上来讲是一种等效的傅里叶级数分析。其计算公式与式(9-8)、式(9-9) 的形式相同。当 $x(t)$ 是周期函数时，T 就是周期；当 $x(t)$ 不是周期函数时，T 就是截断的样本长度。

通过以上分析，离散傅里叶变换的真正意义在于：可以对任意连续的时域信号进行抽样和截断，然后进行傅里叶变换，得到一系列离散型频谱，该频谱的包络线，即是原来连

续信号真实频谱的估计值。当然，也可以对给定的连续频谱，在抽样截断后作傅里叶逆变换，以求得相应时间历程的函数。

从式(9-8)和式(9-9)中可以看出，若计算某一个频谱 X_n，则需进行 x_k 与 $e^{-j2\pi nk/N}$ 的 N 次复数乘式运算和 $N-1$ 次的复数加法运算。若将 N 个频谱全部计算完，则需进行复数乘法运算 N^2 次，复数加法运算 $N(N-1)$ 次。

【例 9-3】 在振动测试中，若信号的样本数据长度取为 $N=1024(2^{10})$，此时需要进行 2096128 次复数运算。在普通微机上进行 200 多万次复数运算，计算时间是相当长的，不仅达不到实时分析的要求，而且浪费机时。为了减少计算次数，节省计算时间，很多学者对此进行了研究，1965 年柯立杜开（Cooleg-Tukey）提出一个新的计算方法——快速傅里叶变换法（FFT）。

9.3 快速傅里叶变换（FFT）

快速傅里叶变换法的基本思想是巧妙地利用了复指数函数的周期性和对称性，充分利用中间运算结果，使计算工作量大大减少。

下面以式(9-9)为例介绍快速傅里叶变换的时域分解法。它是将一长时间序列 $\{x_k\}$ 分解成比较短的子时间序列，子时间序列还可再继续分解成更小的子时间序列，递推下去直到最后得到一个最简单的子时间序列，即一个数为止；然后利用傅氏变换计算公式对最后得到的最简单的子时间序列进行傅里叶变换，再将各子时间序列的傅里叶变换结果按一定规则进行组合，最后便得到原时间序列的傅里叶变换结果。为满足分解和组合的需要，时间序列的长度必须满足 $N=2^P$（P 为整数）的关系。

以 $N=8$ 为例，时间序列如图 9-5 所示。现将其分解为两个子序列，偶数排成一个序列，用 $\{y_k\}$ 表示，奇数排成一个序列，用 $\{z_k\}$ 表示，两个子序列长度均为 4，即

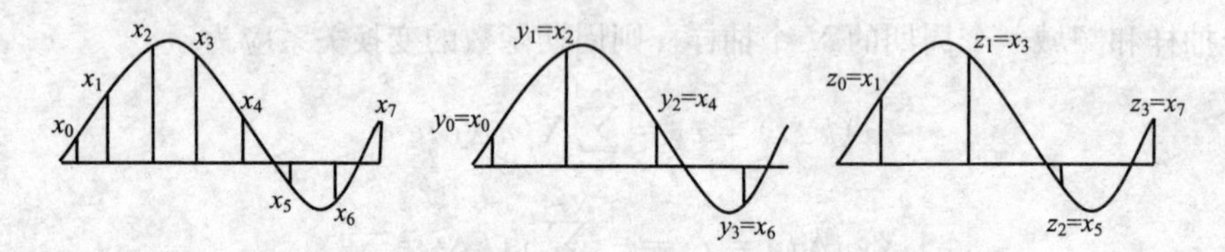

图 9-5 时间序列的分解示意图

$$\left.\begin{aligned} y_k &= x_{2k} \\ z_k &= x_{2k+1} \end{aligned} \quad k=0,1,2,\cdots,(N/2)-1 \right\} \tag{9-12}$$

利用式(9-9)，两个子时间序列 $\{y_k\}$ 和 $\{z_k\}$ 的傅里叶变换分别为

$$\left.\begin{aligned} Y_n &= \frac{1}{\frac{N}{2}} \sum_{k=0}^{\frac{N}{2}-1} y_k e^{\frac{-j2\pi nk}{\frac{N}{2}}} \\ Z_n &= \frac{1}{\frac{N}{2}} \sum_{k=0}^{\frac{N}{2}-1} z_k e^{\frac{-j2\pi nk}{\frac{N}{2}}} \end{aligned} \quad n=0,1,2,\cdots,(N/2)-1 \right\} \tag{9-13}$$

为建立两个子时间序列频谱与原时间序列频谱之间的关系，现将原时间序列的傅里叶变换计算公式的偶数项和奇数项分开写出，则有

$$
\begin{aligned}
X_n &= \frac{1}{N}\sum_{k=0}^{N-1} x_k \mathrm{e}^{-\frac{\mathrm{j}2\pi nk}{N}} \\
&= \frac{1}{N}\left[\sum_{k=0}^{\frac{N}{2}-1} x_{2k}\mathrm{e}^{-\frac{2\pi n 2k}{N}} + \sum_{k=0}^{\frac{N}{2}-1} x_{2k+1}\mathrm{e}^{-\frac{\mathrm{j}2\pi k(2k+1)}{N}}\right] \\
&= \frac{1}{N}\left[\sum_{k=0}^{\frac{N}{2}-1} y_k \mathrm{e}^{-\frac{\mathrm{j}2\pi nk}{N}} + \sum_{k=0}^{\frac{N}{2}-1} z_k \mathrm{e}^{-\frac{\mathrm{j}2\pi k(2k)}{N}}\mathrm{e}^{-\frac{\mathrm{j}2\pi n}{N}}\right] \\
&= \frac{1}{N}\left[\sum_{k=0}^{\frac{N}{2}-1} y_k \mathrm{e}^{-\frac{\mathrm{j}2\pi nk}{\frac{N}{2}}} + \mathrm{e}^{-\frac{\mathrm{j}2\pi n}{N}}\sum_{k=0}^{\frac{N}{2}-1} z_k \mathrm{e}^{-\frac{\mathrm{j}2\pi nk}{\frac{N}{2}}}\right]
\end{aligned} \tag{9-14}
$$

将式(9-13) 代入式(9-14) 得

$$X_n = \frac{1}{2}\{Y_n + \mathrm{e}^{-\frac{\mathrm{j}2\pi nk}{N}} Z_n\} \qquad n=0,1,2,\cdots,(N/2)-1 \tag{9-15}$$

如果仅用 $n=0,1,\cdots,(N/2)-1$ 来计算 X_n 的全部值，并注意到 $\mathrm{e}^{-\mathrm{j}\pi}=-1$，则有

$$X_{n+\frac{N}{2}} = \frac{1}{2}\{Y_n - \mathrm{e}^{-\frac{\mathrm{j}2\pi n}{N}} Z_n\} \qquad n=0,1,2,\cdots,(N/2)-1 \tag{9-16}$$

令

$$W = \mathrm{e}^{-\frac{\mathrm{j}2\pi}{N}}$$

复变量 W 称为“旋转因子”。将 W 代入式(9-15) 和式(9-16)，得

$$
\left.
\begin{aligned}
X_n &= \frac{1}{2}\{Y_n + W^n Z_n\} \\
X_{n+\frac{N}{2}} &= \frac{1}{2}\{Y_n - W^n Z_n\}
\end{aligned}
\quad n=0,1,2,\cdots,(N/2)-1 \right\} \tag{9-17}
$$

同样道理，子序列 Y_n 与 Z_n 的计算也可以重复前面的方法，将 $\{y_k\}$ 和 $\{z_k\}$ 再分成更短的子序列，即 1/4 子序列。依此类推，可得到 1/8 子序列，…，一直到 $1/2^{\mathrm{P}}$ 子序列。对于 $N=2^{\mathrm{P}}$ 的时间序列，则最后每个子序列只包含有一项，而单项的傅里叶变换就等于它自己，即

$$X_0 = \frac{1}{N}\sum_{k=0}^{N-1} x_k \mathrm{e}^{\frac{-\mathrm{j}2\pi kn}{N}} = \frac{1}{1}\sum_{k=0}^{1-1} x_0 = x_0 \qquad N=1, k=0, n=0 \tag{9-18}$$

将每一项最简子序列利用(9-18) 式进行傅里叶变换，然后再利用式(9-17) 进行组合，最后可得到原时间序列的傅里叶变换结果。因此，式(9-17)、式(9-18) 称为快速傅里叶变换的基本计算迭代公式，此计算方法称为 FFT 算法。

该法的复数计算次数只有

$$\frac{N}{2}\log_2 N(\text{乘法}) + N\log_2 N(\text{加法})$$

以 $N=1024$ 为例，原来运算要 2096128 次，现为 15360 次，即减少到 1%以下。

下面以 $N=2^2$ 的 $\{x_k\}$ 时序为例来说明快速傅里叶变换的计算过程，如图 9-6 所示。原时间序列经两次分解后得到 4 个单项子序列，然后利用式(9-18) 对单项子序列进行傅里叶变换，将其结果再利用式（9-17）进行两次组合，就得到了原时间序列的傅里叶变换结果。具体计算过程为

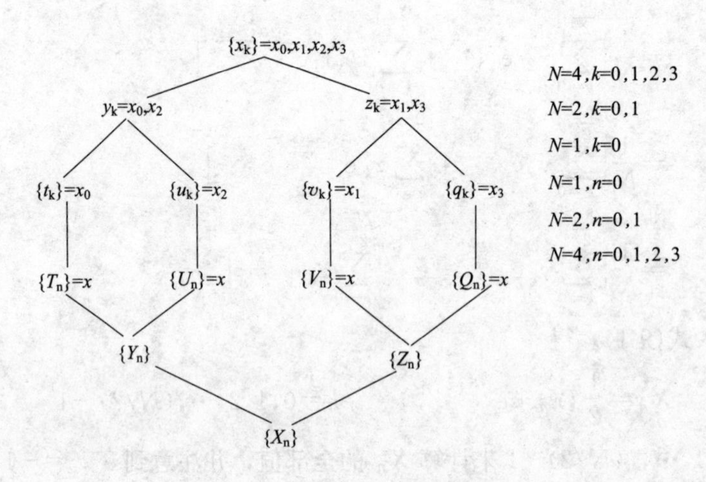

图 9-6　FFT 的计算过程

（1）根据式(9-18) 4 个单项 1/4 子序列的傅里叶变换为

$$T_0=x_0 \qquad U_0=x_2 \qquad V_0=x_1 \qquad Q_0=x_3$$

即单个数值的傅里叶变换就是它本身。

（2）两个 1/2 子序列的傅里叶变换

此时 $n=0$，1；$N=2$；$W=\mathrm{e}^{\frac{-\mathrm{j}2\pi}{2}}=-1$。根据式(9-17)，得

$$Y_0=\frac{1}{2}\{x_0+(-1)^0x_2\}=\frac{1}{2}\{x_0+x_2\} \qquad n=0$$

$$Y_1=\frac{1}{2}\{x_0+(-1)^1x_2\}=\frac{1}{2}\{x_0-x_2\} \qquad n=1$$

$$Z_0=\frac{1}{2}\{x_1+(-1)^0x_3\}=\frac{1}{2}\{x_1+x_3\} \qquad n=0$$

$$Z_1=\frac{1}{2}\{x_1+(-1)^1x_3\}=\frac{1}{2}\{x_1-x_3\} \qquad n=1$$

（3）原时序频谱计算：

此时 $N=4$，$W=\mathrm{e}^{-\mathrm{j}2\pi/N}=\mathrm{e}^{-\mathrm{j}\pi/2}=-\mathrm{j}$，$n=0,1,2,3$。则得

$$X_0=\frac{1}{2}\{Y_0+W^0Z_0\}=\frac{1}{4}\{x_0+x_2+x_1+x_3\} \qquad n=0$$

$$X_1=\frac{1}{2}\{Y_1+W^1Z_1\}=\frac{1}{4}\{x_0-x_2-\mathrm{j}(x_1-x_3)\} \qquad n=1$$

$$X_2=\frac{1}{2}\{Y_0-W^0Z_0\}=\frac{1}{4}\{x_0-x_2-(x_1+x_3)\} \qquad n=2$$

$$X_3=\frac{1}{2}\{Y_1-W^1Z_1\}=\frac{1}{4}\{x_0-x_2+\mathrm{j}(x_1-x_3)\} \qquad n=3$$

上述这种计算过程称为蝶形（Butterfly）计算法，可用蝶形交叉图来表示，如图 9-7 所示。每个蝶形有四个数据点，上面两个是参加计算的数据，下面两个是计算结果，箭头表示参加计算的数与结果之间的联系，蝶形的一边写上“旋转因子”数 W。不管 N 有多长，其蝶形计算流程图是一样的。图 9-7 中共有 2 排，4 个蝶形，其中下排蝶形是交叉的。

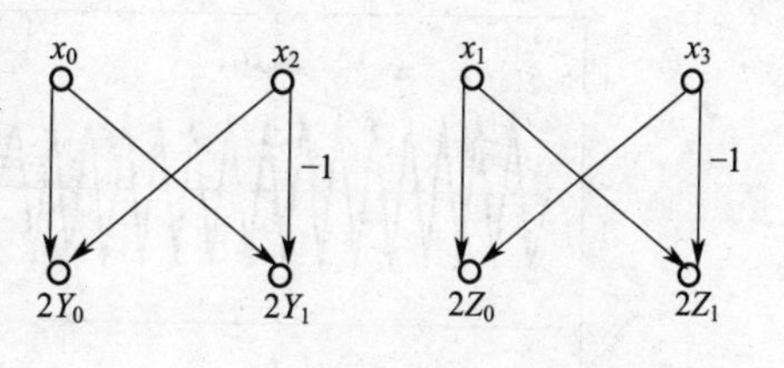

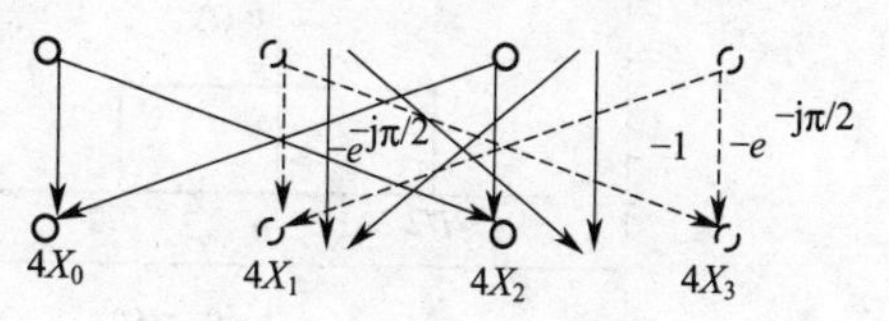

图 9-7　蝶型交叉图

在蝶形计算中，数据是按它的奇偶位置来排列的，每进行一次计算都要排列一次。以 $N=16$ 为例来说明排列情况，因为 $N=2^4$，故共有 4 排，数据前后共排列了 4 次，排列情况如表 9-1 所示。

$N=16$ 时数据排列情况　　　　表 9-1

0	1	2	3	4	5	6	7	8	9	10	11	12	13	14	15
0	2	4	6	8	10	12	14	1	3	5	7	9	11	13	15
0	4	8	12	2	6	10	14	1	5	9	13	3	7	11	15
0	8	4	12	2	10	6	14	1	9	5	13	3	11	7	15

以上是针对式(9-9) 所进行的时域离散化后的快速傅里叶变换，对于式(9-8) 所进行的傅里叶逆变换。同理可进行频域离散化的快速傅里叶逆变换，其基本思想相同，故不再赘述。

9.4　泄漏与窗函数

数字信号分析对有限时间长度 T 的离散时间序列进行离散傅里叶变换（DFT）运算，这意味着首先要对时域信号进行截断。这种截断将导致频率分析出现误差，其效果是使得本来集中于某一频率的功率（或能量），部分被分散到该频率邻近的频域，这种现象称为“泄漏”效应。

以余弦信号 $x(t)=A\cos 2\pi f_0 t$ 为例说明截断前后的频谱变化的泄漏效应。设有限时间长度 T 的离散时间序列信号被截断，相当于原来的余弦信号乘以一个矩形窗函数，如图 9-8 所示。无限长度的余弦信号具有一个单一的频率成分，其单边谱是在 f_0 处的单根分布的离散的谱线，而矩形窗函数的频谱是包含一个主瓣加许多旁瓣的连续谱。时域中余弦函数乘以矩形窗函数，在频域中的频率就等于原信号的频率与窗函数频谱的卷积，卷积的结果将导致截断的信号频谱由原来信号的离散谱变为在 f_0 处有一主瓣，两旁各有许多旁瓣的连续谱。这也就是说，原来集中在频率 f_0 处的功率，泄漏到了 f_0 邻近的很宽的频带上。

为了抑制“泄漏”，需采用特种窗函数来替代矩形窗函数。这一过程，称为窗处理，或者叫加窗。加窗的目的，是使在时域上截断信号两端的波形由突变变为平滑，在频域上尽量压低旁瓣的高度。

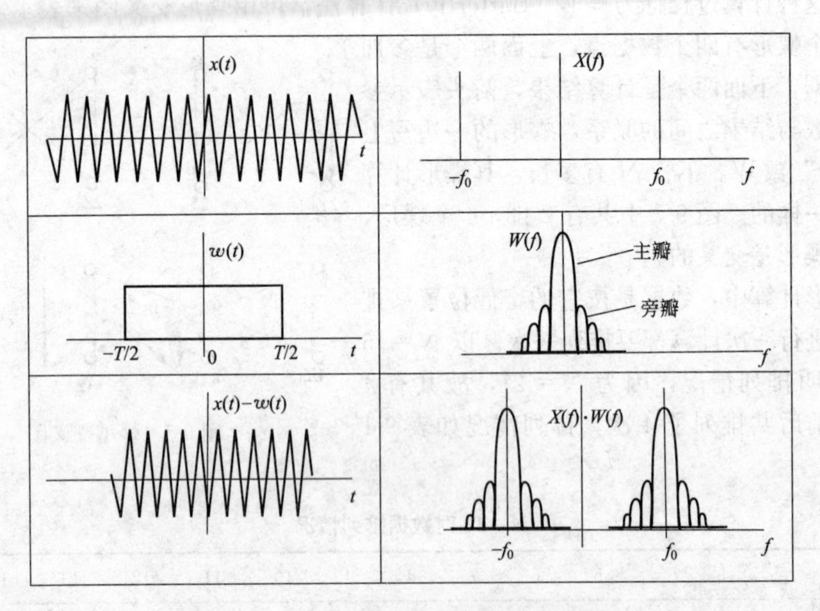

图 9-8　余弦信号被矩形窗截断形成的泄漏

在一般情况下，压低旁瓣通常伴随着主瓣的变宽，但是旁瓣的泄漏是主要考虑因素，然后才考虑主瓣变宽的泄漏问题。

在数字信号处理中常用的窗函数有四种。

(1) 矩形（Rectangular）窗

$$w(t)=1 \qquad 0\leqslant t\leqslant T \tag{9-19}$$

(2) 汉宁（Hanning）窗

$$w(t)=1-\cos\frac{2\pi}{T}t \qquad 0\leqslant t\leqslant T \tag{9-20}$$

(3) 凯塞—贝塞尔（kaiser-bessel）窗

$$w(t)=1-1.24\cos\frac{2\pi}{T}t+0.244\frac{4\pi}{T}t-0.00305\cos\frac{6\pi}{T}t \qquad 0\leqslant t\leqslant T \tag{9-21}$$

(4) 平顶（Rectangular）窗

$$w(t)=1-1.93\cos\frac{2\pi}{T}t+1.92\frac{4\pi}{T}t-0.388\cos\frac{6\pi}{T}t+0.0322\cos\frac{8\pi}{T}t \qquad 0\leqslant t\leqslant T \tag{9-22}$$

图 9-9 给出了上述四种窗函数的时域图像。为了保持加窗后的信号能量不变，要求窗函数曲线与时间坐标轴所包围的面积相等。对于矩形窗，该面积为 $T\times 1$，因此，对于任意窗函数 $w(t)$，必须满足积分关系式

$$\int_0^T w(t)\mathrm{d}t=T \tag{9-23}$$

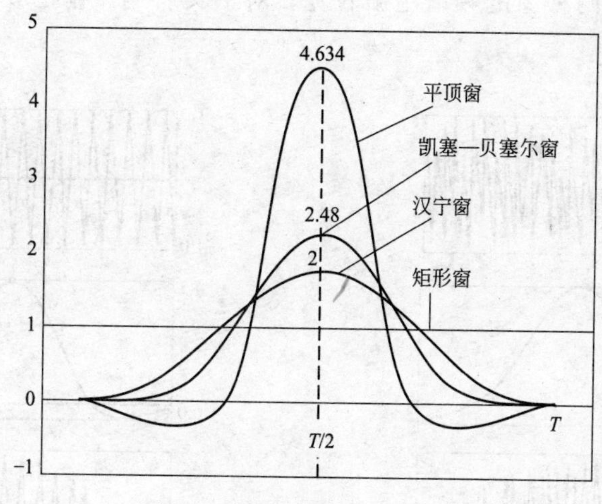

图 9-9　常用窗函数的时域图像

图 9-10 分别给出了上述四种窗函数的频谱。

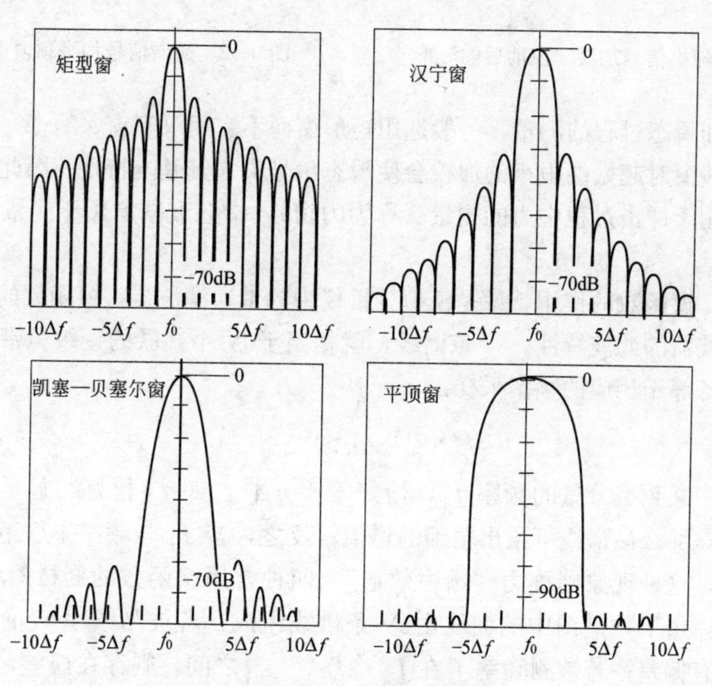

图 9-10　常用窗函数的频谱图

在数字信号频率分析中，求对不同类型的时间信号选用不同的窗函数。例如，对随机信号的处理，通常选用汉宁窗。因为它可以在不太加宽主瓣的情况下，较大地压低旁瓣的高度，从而有效地减少了功率泄漏。图 9-11 表示一宽带随机信号用汉宁窗加权后的波形。

对本来就具有较好的离散频谱的信号，例如周期信号或准周期信号，分析时最好选用旁瓣极低的凯塞—贝塞尔窗或平顶窗。图 9-12 表示一简谐信号被平顶窗加权后的波形。加窗以后的波形似乎发生了很大的变化，但其频谱却能较准确地给出原来信号的真实频谱值，因为这两种窗的频谱主瓣较宽，对下文所述“栅栏效应”导致的测量偏差较小。

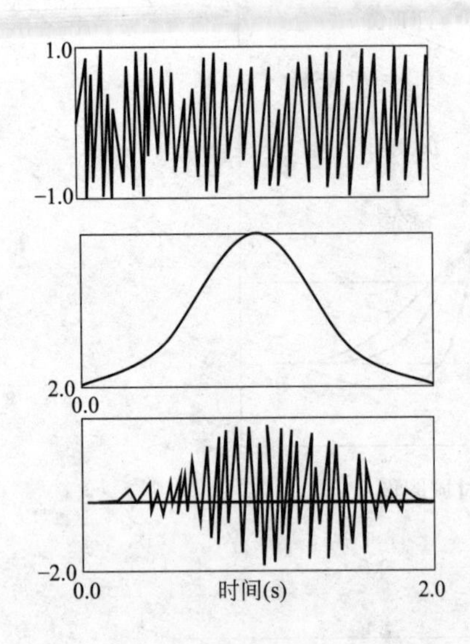

图 9-11　宽带随机信号加汉宁窗前后的波形

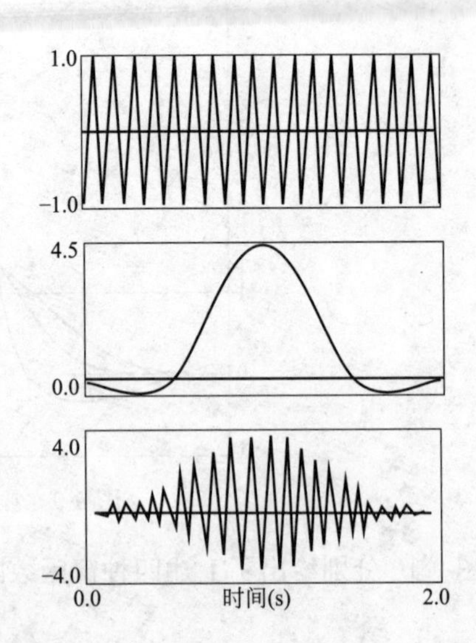

图 9-12　简谐信号加平顶窗前后的波形

冲击过程和瞬态过程的测量，一般选用矩形窗而不宜用汉宁窗、凯塞—贝塞尔窗或平顶窗，因为这些窗对起始端很小的加权会使瞬态信号失去其基本特性。因此，通常将截短了的矩形窗应用于冲击过程中力的测量（称为力窗），指数衰减窗用于测量衰减振动过程(称为指数窗)。

从频域看，窗函数的作用就像是模拟分析仪中的带通滤波器，窗函数的傅里叶频谱就相当于带通滤波器的滤波特性。N 条谱线，就相当于 N 个并联的逐级恒带宽滤波器，它们的中心频率各等于相应的频率采样：

$$n\Delta f(n=1,2,3,\cdots,N-1)$$

如果信号中某频率分量的频率 f_i，恰好等于 $n\Delta f$，即 f_i 恰好与显示或输出的频率采样完全重合。那么该谱线可给出精确的谱值；反之，若 f_i 与频率采样不重合，就会得到偏小的谱值。这种现象则称力“栅栏效应”。四种常用窗函数的栅栏效应如图 9-13 所示。由此可知，由于频谱图中的曲线由 N 条谱线组成，若被测频率 f 正好是在 f_n 点，则测试数据没有偏差；若被测频率 f 在 $f_n<f<f_{n+1}$之间，则存在误差，最大误差处为 $f=\dfrac{f_n+f_{n+1}}{2}$点。四种常用窗函数由于栅栏效应可能产生的最大偏度误差值为

矩形窗：−3.92dB 或−36.3%；

汉宁窗：−1.42dB 或−15.1%；

凯塞—贝塞尔窗：−1.02dB 或−11.1%；

平顶窗：−0.01dB 或−0.1%。

由图 9-13 可见，平顶窗的偏度误差最小，但它的主瓣带宽很宽，等于 $3.77\Delta f$。所以，选用平顶窗时要求被测信号之间的间隔不小于 $5\Delta f$，否则难于分辨。

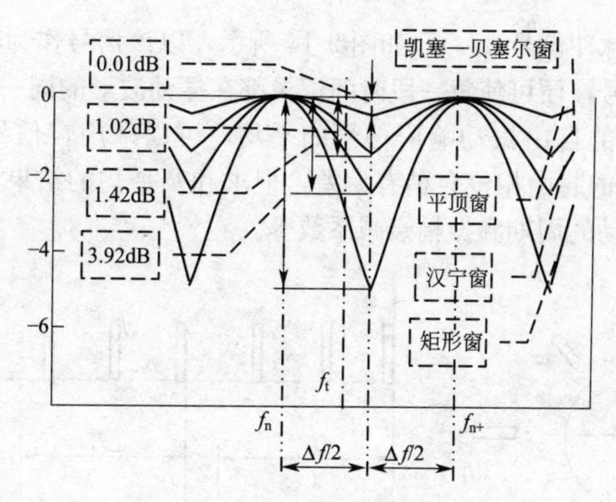

图 9-13 常用窗函数的栅栏效应

■ 9.5 噪声与平均技术

在数字信号的采集和处理过程中，都有不同程度的被噪声（如电噪声、机械噪声）等污染的问题。这种噪声可能来自试验结构本身，也可能来自测试仪器的电源及周围环境。

通常采用平均技术来减小噪声的影响。一般的信号分析仪都具有多种平均处理功能，它们各自有不同的用途，可以根据研究的目的和被分析信号的特点，选择适当的平均类型和平均次数。

9.5.1 谱的线性平均

这是一种最基本的平均类型。采用这一平均类型时，对每个给定长度的记录逐一作 FFT 和其他运算，然后对每一频率点的谱值分别进行等权线性平均，即

$$\overline{A}(n\Delta f)=\frac{1}{n_{\mathrm{d}}}\sum_{i=1}^{n_{\mathrm{d}}}A_{z}(n\Delta f) \qquad n=0,1,\cdots,N-1 \tag{9-24}$$

式中，$A(f)$ 可代表自谱、互谱、有效值谱、频响函数、相干函数等频域函数；i 为该分析记录的序号；n_{d} 为平均次数。

对于平稳随机过程的测量分析，增加平均次数可减小相对标准偏差。

对于平稳的确定性过程，例如周期过程和准周期过程，其理论上的相对标准差应该总是零，平均次数没有意义。不过实际的确定性信号总是或多或少地混杂有随机的干扰噪声，采用线性谱平均技术能减少干扰噪声谱分量的偏差，但并不降低该谱分量的均值，因此实质上并不增强确定性过程谱分析的信噪比。

9.5.2 时间记录的线性平均

增强确定性过程的谱分析信噪比的有效途径是采用时间记录的线性平均，或称时域平均。时域平均首先设定平均次数 n_{d}，对于 n_{d} 个时间记录的数据，把相同的序号样点进行线性平均，即

$$\overline{x}(k\Delta t)=\frac{1}{n_{\mathrm{d}}}\sum_{i=1}^{n_{\mathrm{d}}}x_{i}(k\Delta t) \qquad k=0,1,\cdots,N-1 \tag{9-25}$$

然后对平均后的时间序列再做 FFT 和其他处理。

为了避免起始时刻的相位随机性，使确定性过程的平均趋于零，时域平均应有一个同步触发信号。例如在分析转轴或轴承座的振动时，可用光电传感器或电涡流传感器获得一

个与转速同频的键相脉冲信号 $u(t)$。如图 9-14 所示，以该信号作为转轴（或轴承的振动信号）的触发采样信号，便可使每一段时间记录都在振动波形的同一相位开始采样。对于冲击激励时某一测点的自由振动响应信号的平均，可以采用自信号同步触发采样（图 9-15），虽然各段记录的起始相位会稍有偏差，但求和及平均的结果不丧失确定性过程的基本特征，如衰减振动的周期和振幅衰减系数等。

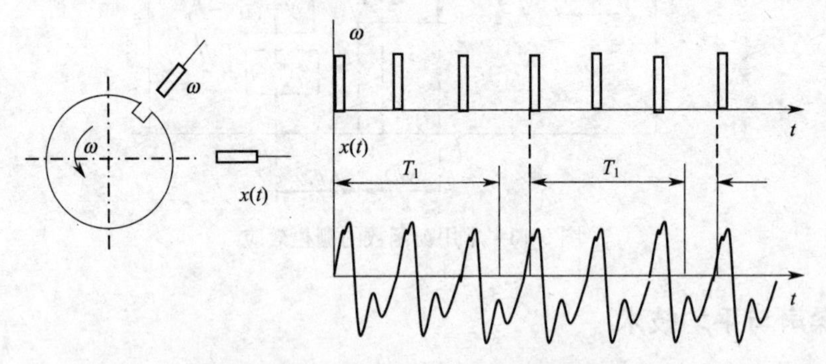

图 9-14 转轴振动信号的同步触发时域平均

$u(t)$—键相同步触发信号；$x(t)$—转轴（或轴承）振动信号；T—平均周期

时间记录平均可以在时域上抑制随机噪声，提高确定性过程谱分析的信噪比。由于在数字信号分析中，占有机时较多的是 FFT 运算，采用时域平均只需最后做一次 FFT，与多次 FFT 的谱平均相比，可以节省机时，提高分析速度。然而，随机过程的测量，一般不能采用时域平均。

9.5.3 指数平均

上述功率谱平均和时间记录平均都是线性平均，其参与平均的所有 n_d 个频域子集或时域子集赋予相等的权，即 $1/n_d$。

指数平均与线性平均不同，它对新的子集赋予较大的加权，越是旧的子集赋予越小的加权。例如 HP3582A 谱分析仪的指数平均就是对最新的子集赋予 1/4 加权，而对此前经过指数平均的谱再赋予 3/4 的加权，二者相加后作为新的显示或输出的谱。也就是说，在显示或输出的谱中，最新的一个谱子集（序号 m）的权是 1/4，从它往回序号为 $m-n$ 的子集的权是 $\frac{1}{4}\left(\frac{3}{4}\right)^2$，如图 9-16 所示。

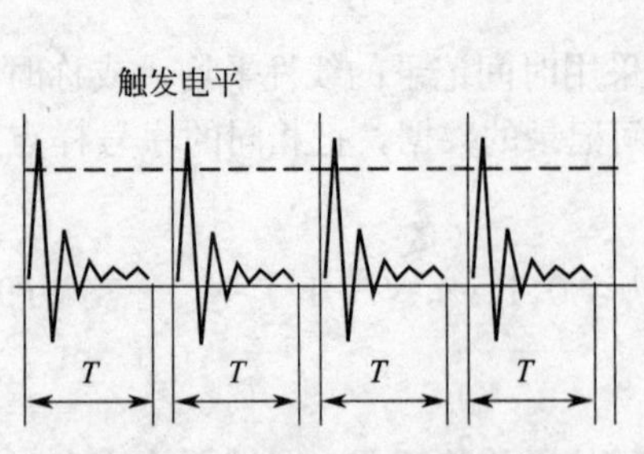

图 9-15 冲击瞬态过程的自信号同步触发时域平均

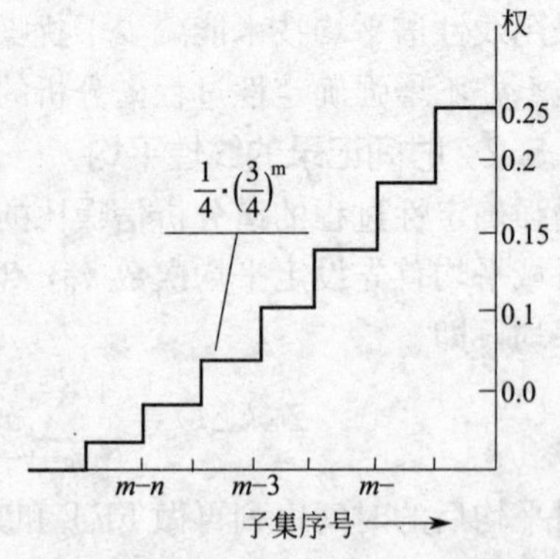

图 9-16 指数平均中各个子集的权

一般连续进行的线性平均可用公式表示为

$$A_m=A_{m-1}+\frac{Z_m-A_{m-1}}{m}$$
$$=\frac{(m-1)A_{m-1}-Z_m}{m} \tag{9-26}$$

式中，Z_m 为第 m 个子样的值，A_m 为前 m 个子样的线性平均值。

而指数平均则可表示为

$$A_m=A_{m-1}+\frac{Z_m-A_{m-1}}{K}$$
$$=\frac{(K-1)A_{m-1}-Z_m}{K} \tag{9-27}$$

式中，Z_m 为第 m 个子样的值；A_m 为前 m 个子样的指数平均值；K 为衰减系数，由仪器操作者进行设定。

指数平均常用于非平稳过程的分析。因为采用这种平均方式，既可考察“最新”测量信号的基本特征，又可通过与“旧有”测量值的平均（频域或时域）来减小测量的偏差或提高信噪比。

有关的平均技术还有许多种，如峰值保持平均技术、无重叠平均技术、重叠平均技术等，它们各有其特点和用途。如何选择平均技术是振动测量中的一个重要手段。在实际测量中要依据所选用的数字信号分析仪的功能，选用相适应的平均技术，以提高振动测量的结果。

■ 9.6 数字信号分析仪的工作原理及简介

9.6.1 数字信号分析仪的一般原理和功能

在整个过程中是通过数字运算来完成频率分析的专用设备称为数字信号分析仪。数字信号分析仪工作的基本过程如图 9-17 所示。输入信号经过模拟抗混滤波、波形采样及模数转换、数字抗混滤波、加窗和 FFT，最后将分析结果——信号的频谱显示在屏幕上。

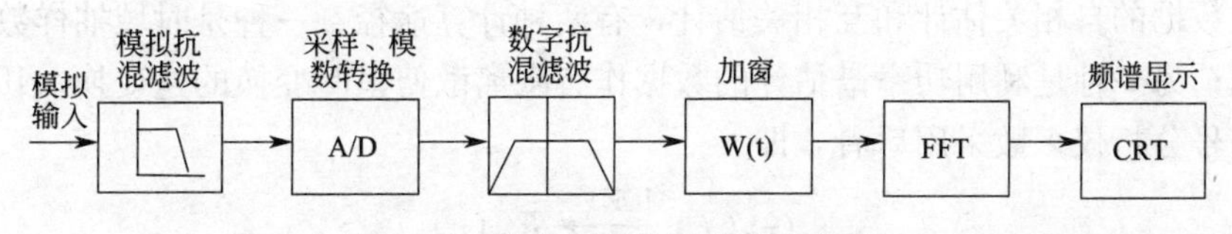

图 9-17 数字频率分析的基本流程

一般在 FFT 分析的基础上，扩充其他运算和处理功能，便可构成一台多功能的数字信号分析仪。这种仪器也被称为信号处理机或 FFT 分析仪。图 9-18 表示一种双通道数字信号分析仪的数据处理流程图。信号 $x(t)$ 和 $y(t)$ 分别从两个通道（CHA 和 CHB）输入，经过上面讨论过的时域处理（抗混滤波、A/D 和加窗等）和 FFT 计算分析后，通过平均技术处理，求得两个信号的自谱和互谱，再通过其他运算处理，求得信号的自相关函数、互相关函数、频响函数、相干函数、冲激响应函数和倒频谱等。现将其一般原理分述如下：

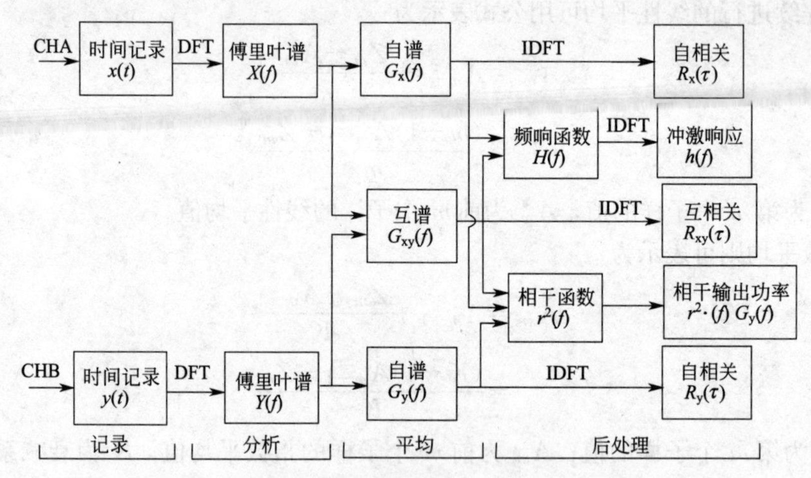

图 9-18　典型双通道信号分析仪的信号流程图

1. 功率谱估计

在 FFT 分析的基础上，可按下面的关系式求得自功率谱估计 $\widetilde{G}_x(f)$、$\widetilde{G}_y(f)$ 和互功率谱估计 $\widetilde{G}_{xy}(f)$：

$$\widetilde{G}_x(f)=\frac{k_c}{n_d}\sum_{i=1}^{n_d}X_i^n(f)\cdot X_i(f) \tag{9-28}$$

$$\widetilde{G}_x(f)=\frac{k_c}{n_d}\sum_{i=1}^{n_d}Y_i^n(f)\cdot Y_i(f) \tag{9-29}$$

$$\widetilde{G}_{xy}(f)=\frac{k_c}{n_d}\sum_{i=1}^{n_d}X_i^n(f)\cdot Y_i(f) \tag{9-30}$$

式中 $X_i(f)$ 和 $Y_i(f)$ 是信号 $x(t)$ 和 $y(t)$ 第 i 个时间记录经 FFT 计算的傅里叶变换，$X_i^n(f)$ 和 $Y_i^n(f)$ 是它们的共轭复数，k_c 为标尺系数，n_d 为平均次数。平均次数越多，谱估计的相对标准偏差越小。

2. 相关函数估计

离散数据的自相关估计和互相关估计，有两种计算途径：一种是时域抽样数据的直接卷积运算；另一种是利用功率谱估计的数据作有限离散傅里叶变换的逆变换（IDFT）。一般数字信号分析仪多数采用后者，即

$$\widetilde{G}_x(f)\xrightarrow{\text{IDET}}\widetilde{R}_x(r) \tag{9-31}$$

$$\widetilde{G}_y(f)\xrightarrow{\text{IDET}}\widetilde{R}_y(r) \tag{9-32}$$

$$\widetilde{G}_{xy}(f)\xrightarrow{\text{IDET}}\widetilde{R}_{xy}(r) \tag{9-33}$$

自相关函数常用于检测信号中的周期分量，互相关函数常用于探寻信号来源及信号源的传播途径。

3. 频响函数、相干函数和冲击响应函数估计

当信号 $x(t)$ 和 $y(t)$ 分别为某系统的输入（激励）信号和输出（响应）信号时，数字信号分析仪通常按下面关系式求得系统的频响函数估计 $\widetilde{H}(f)$ 和相干函数估计 $\overline{r}^2(f)$：

$$\widetilde{H}(f)=\frac{\widetilde{G}_{xy}}{\widetilde{G}_x(f)} \tag{9-34}$$

$$\overline{r}^2(f)=\frac{|\widetilde{G}_{xy}(f)|^2}{\widetilde{G}_x(f)\cdot\widetilde{G}_y(f)} \tag{9-35}$$

相干函数的值总是在0～1之间。当它接近于1时，说明$x(t)$与$y(t)$有良好的线性因果关系；当它明显小于1时，说明信号受到干扰噪声为“污染”，或者系统具有非线性特性。

通过频响函数估计数据的傅里叶逆变换，得到系统的冲激响应函数估计$\widetilde{h}(t)$，即

$$\widetilde{H}(f)\xrightarrow{\text{IDFT}}\widetilde{h}(t) \tag{9-36}$$

冲激响应函数表示系统的一种固有属性。结构模态试验中利用冲激响应函数数据求最小二乘拟合曲线，然后再进行模态参数识别的方法称为复指数拟合法。

9.6.2 数字式信号分析仪的特点及类型

数字分析系统的主要部分是一个数字计算机，能用软件程序实现各种计算功能。所以，数字式分析仪被广泛地应用，并且具备以下几个显著的特点。

(1) 运算功能多。数字式分析仪一般都具有十几种或者几十种乃至几百种功能。常用的运算功能有：正傅里叶变换、逆傅里叶变换、自相关函数、互相关函数、自谱密度函数、互谱密度函数、概率密度与概率分布函数分析、多种加权窗函数、多种平均方式以及频率响应函数、相干函数和数字滤波等。此外还可以作冲击谱、模态分析、功率谱场、振幅频次统计、细化FFT分析。同时它还有许多其他的运算功能，如时域函数的加减，频域函数加减或相乘，时域与频域的微分和积分运算，各种曲线拟合等。另外，数字式分析仪能表示的坐标参数也是极其丰富的，可以在时域（t）、时差域（r）、频域（f）、幅值域（x）用不同的坐标尺度表示如线性（L）、百分比（%）、对数（log）、开方（$\sqrt{\ }$）、阶次（order）等尺度，并且可以选用频率（f）、转速频率（r/min）、倍频程（octave）、分贝（dB）等各种工程单位。图像显示有平面和立体的各种表示方法，除了各种常规的图像外，还有乃氏图、临界转速图、各阶模态运动图，以及各种阻抗导纳图等。

(2) 运算速度快，实时分析能力强。现代数字式分析仪大多配有高速硬件乘法器和高速FFT处理器，所以分析速度一般都很高。例如以小型机为中心的数字式分析仪，对1024点进行FFT分析需要1秒左右的时间（软件实现），而微机加专用处理硬件的数字式分析仪在同样分析条件下只需几百毫秒至几十毫秒（如SD347为135ms，HP5451C为15ms）。所以这样高的分析速度适用于各种高速运转物体的在线检测、监视和控制。

(3) 分辨能力高。由于采用数字滤波，滤波器的带宽可以设计得很窄，特别是细化FFT的出现，能在不扩大计算机容量的情况下大大提高所感兴趣段内的频率分辨率，目前最高的频率分辨率可达到几十微赫兹，这对于振动模态分析中密集频率的分离，故障诊断中密集边频的分析都是十分重要的。

(4) 小信号、高分析频率范围。现代的数字式分析仪的电压灵敏度多在毫伏级，有些甚至到微伏级，而能够分析的最大频率已突破声频，接近100kHz。

(5) 分析精度高，数字精度可达十进制5位。

(6) 操作简便，显示直观，复制与存储、扩展与处理等均很方便。每一种功能的运算只要一次或几次按键接触就可以完成，运算要求和程序调配可实现人机对话。

(7) 小型化和仪器化。现代的数字式分析仪一般都较小，重不过20~30kg，大部分用简单的按键输入各种参数和选择所需的功能，即使不熟悉计算机，用户也能很快掌握其使用方法。由于功能多、参数范围广，为了减少面板上的按键数，常采用组合键控制树状控制结构。

(8) 结构模块化、产品系统化。为了满足不同用户的要求，现代的数字分析仪在其产品设计中，都采用积木模块化结构，选用不同的功能模块，可以得到不同档次的设备。

目前，数字式分析仪大致可分为以下几种类型。

(1) 以通用数字计算机为中心的综合分析系统。它是以微型机或小型机为中心，配以模数变换器和其他相应的外围设备，FFT 由软件实现，对常用的振动分析项目备有专门的标准程序。其优点是可根据需要自编程序，改变处理内容，使用比较灵活，缺点是分析速度慢，对使用人员要求的技术水平较高。这类仪器有美国通用无线电公司的 T/D1923，日本小野测器公司的 CF700 等。

(2) 以 FFT 硬件为中心的分析仪。它的主要特点是其 FFT 运算由硬件实现，这样就大大地提高了分析速度，扩大了实时分析的频率范围。同时，许多分析功能实现键盘化，操作简单，使用方便，体积小、重量轻。缺点是只能进行有限的固定处理方式，使用不够灵活。这类仪器有美国的 HP5432A、SD375，日本小野测器的 CF920 等。

(3) 比较先进的数字式分析仪是把软件与硬件结合起来。这种分析仪的处理功能全面，分析速度很快，能进行各种谱分析、特征分析和模态分析等，而且还能用于振动的实时控制，既有专用程序，又能进行自编程序处理分析数据，使用方便。但这种仪器的操作较复杂，价格昂贵，如美国的 HP5451C 就属于这种形式的分析仪。

思考题

1. 数字式频谱分析仪依据的基本原理是什么？
2. 从连续函数出发推导离散傅里叶变换公式。
3. 简述 FFT 计算方法，取 $N=4$ 说明。
4. 应用窗函数和采样定理的作用是什么？
5. 简述常用窗函数的栅栏效应。

第 10 章　实验模态分析简介

模态分析及参数识别是研究复杂机械和工程结构振动的重要方法。它通过对激发力和响应的时域或频率分析，求得系统的频响函数（或传递函数），然后根据频响函数的特征，采用参数识别法求出结构的振动模态和结构参数。

10.1　基本概念

10.1.1　机械阻抗和机械导纳

机械阻抗的概念来自于机械振动的电模拟。振动系统（图 10-1）的微分方程为

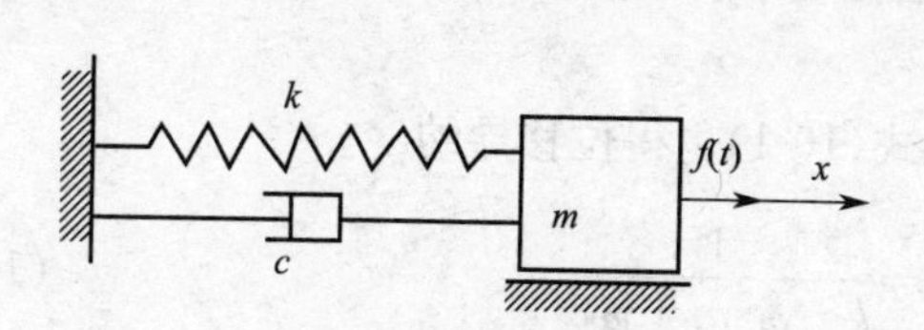

图 10-1　振动系统

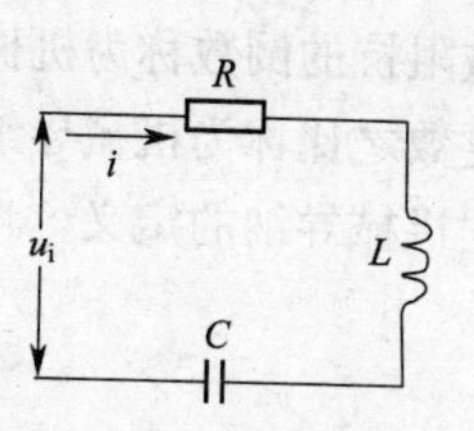

图 10-2　电路系统

$$m\frac{\mathrm{d}^2x}{\mathrm{d}t^2}+c\frac{\mathrm{d}x}{\mathrm{d}t}+kx=f(t) \tag{10-1}$$

电路系统的微分方程为

$$L\frac{\mathrm{d}^2q}{\mathrm{d}t^2}+R\frac{\mathrm{d}q}{\mathrm{d}t}+\frac{1}{C}q=u(t) \tag{10-2}$$

两个方程具有相同的结构形式。二者之间参数的对应关系为

质量 m－电感 L　　　　激发力 $f(t)$－电压 $u(t)$

刚度 k－电容的倒数 $1/C$　　　　速度 $v=\frac{\mathrm{d}x}{\mathrm{d}t}$－电流 $i=\frac{\mathrm{d}q}{\mathrm{d}t}$

阻尼系数 c－电阻 R

在式(10-2) 中的电压和电流若用复数表示

$$u(t)=\overline{U}\mathrm{e}^{\mathrm{j}\omega t}\qquad i(t)=\frac{\mathrm{d}q(t)}{\mathrm{d}t}=\overline{I}\,\mathrm{e}^{\mathrm{j}\omega t} \tag{10-3}$$

则电路中的电阻抗可表示为 $\overline{Z}=\frac{\overline{U}}{\overline{I}}$，其中，复数符号表示电路中电压和电流的有效值和初相位。机械振动系统中也可相应地引入机械阻抗的概念；简谐振动系统某一点的激励与同一点或不同点的响应的速度输出量的复数之比称为机械阻抗。设

$$f(t)=\overline{F}\mathrm{e}^{\mathrm{j}\omega t}\qquad x(t)=\overline{X}\mathrm{e}^{\mathrm{j}\omega t}\qquad \dot{x}(t)=\mathrm{j}\omega\overline{X}\mathrm{e}^{\mathrm{j}\omega t}=\overline{V}\mathrm{e}^{\mathrm{j}\omega t}$$

$$\ddot{x}(t)=-\omega^2\overline{X}\mathrm{e}^{\mathrm{j}\omega t}=\overline{A}\mathrm{e}^{\mathrm{j}\omega t} \tag{10-4}$$

则机械阻抗

$$Z_v=\frac{激发力}{响应速度}=\frac{\overline{F}e^{j\omega t}}{\overline{V}e^{j\omega t}}=\frac{\overline{F}}{\overline{V}} \tag{10-5}$$

机械阻抗反映了系统振动发生的难易程度。由于振动系统的响应是用位移、速度和加速度来表示的，故机械阻抗又分为位移阻抗、速度阻抗和加速度阻抗。式(10-5) 称为速度阻抗，位移阻抗和加速度阻抗分别表示如下：

位移阻抗

$$Z_x=\frac{f(t)}{x(t)}=\frac{\overline{F}e^{j\omega t}}{\overline{X}e^{j\omega t}}=\frac{\overline{F}}{\overline{X}} \tag{10-6}$$

加速度阻抗

$$Z_a=\frac{f(t)}{\ddot{x}(t)}=\frac{\overline{F}e^{j\omega t}}{\overline{A}e^{j\omega t}}=\frac{\overline{F}}{\overline{A}} \tag{10-7}$$

机械阻抗的倒数称为机械导纳，即：简谐振动系统某点的速度与同一点或不同点的激振力的复数之比称为机械导纳。

根据机械导纳的定义，将式(10-4) 代入式(10-1)，得位移导纳

$$Y_x=\frac{x(t)}{f(t)}=\frac{\overline{X}}{\overline{F}}=\frac{1}{k-\omega^2 m+j\omega c} \tag{10-8}$$

速度导纳

$$Y_v=\frac{\dot{x}(t)}{f(t)}=\frac{\overline{V}}{\overline{F}}=j\omega Y_x \tag{10-9}$$

加速度导纳

$$Y_a=\frac{\ddot{x}(t)}{f(t)}=\frac{\overline{A}}{\overline{F}}=-\omega^2 Y_z \tag{10-10}$$

如果响应点和激振点为同一点，所测得阻抗或导纳称为原点阻抗或原点导纳（或驱动点阻抗、驱动点导纳）。如果响应点和激振点为不同点，所测得阻抗或导纳称为跨点阻抗或跨点导纳。

由振动理论可知，单自由度系统的频响函数

$$H(\omega)=\frac{\overline{X}}{\overline{F}}=\frac{1}{k-\omega^2 m+j\omega c} \tag{10-11}$$

由此可知，对于简谐振动系统，因其输入和输出频率均为 ω 的简谐函数，此时机械系统的位移导纳函数 Y_x 与频响函数 $H(\omega)$ 相等。

10.1.2 传递函数和频响函数

在电路系统中，将输出量的拉普拉斯变换与输入量的拉普拉斯变换之比定义为传递函数。因此，机械系统的传递函数的定义为：振动系统振动测试点 e 的位移响应 $x_e(t)$ 的拉氏变换与机械系统激振点 f 的激振力 $f_f(t)$ 的拉氏变换之比称为机械系统的传递函数。即

$$H_{ef}(s)=\frac{\varphi[x_{q}(t)]}{\varphi[f_{f}(t)]}=\frac{X_{e}(s)}{F_{f}(s)} \tag{10-12}$$

其中

$$X_{e}(s)\int_{0}^{\infty}x_{e}(t)\mathrm{e}^{-st}\mathrm{d}t \qquad F_{f}(s)=\int_{0}^{\infty}f_{f}(t)\mathrm{e}^{-st}\mathrm{d}t \tag{10-13}$$

式中，$x_{e}(t)$、$f_{f}(t)$ 为实测函数。

如果响应点和激振点为同一点，即 $e=f$ 时，所测传递函数称为原点传递函数。如果响应点和激振点为不同点，即 $e\neq f$ 时，所测传递函数称为跨点传递函数。

对于单自由度系统；对强迫振动方程式(10-1) 进行拉氏变换

$$m[s^{2}X(s)-sx(0)-\dot{x}(0)]+c[sX(s)-x(0)]+kX(s)=F(s) \tag{10-14}$$

若初始条件为 $x(0)=\dot{x}(0)=0$，则

$$[ms^{2}+cs+k]X(s)=F(s) \tag{10-15}$$

由传递函数的定义得

$$H(s)=\frac{X(s)}{F(s)}=\frac{1}{ms^{2}+cs+k} \tag{10-16}$$

这是单自由度振动系统传递函数的一种表示形式。它还可表示为留数形式，即

$$H(s)=\frac{1}{ms^{2}+cs+k}=\frac{1}{m(s-p)(s-p^{*})}=\frac{r}{2\mathrm{j}(s-p)}-\frac{r^{*}}{2\mathrm{j}(s-p^{*})} \tag{10-17}$$

其中 $p=-n+\mathrm{j}p_{\mathrm{d}}$、$p^{*}=-n-\mathrm{j}p_{\mathrm{d}}$ 是方程 $ms^{2}+cs+k=0$ 的复根，且 $p_{\mathrm{d}}=\sqrt{p_{\mathrm{n}}-n^{2}}$、$n=\frac{c}{2m}$，则 $r=\frac{1}{mp_{\mathrm{d}}}$称为留数，$p$、$p^{*}$称为极点。

在式(10-16) 中，因为 $s=-a+\mathrm{j}\omega$，取 $a=0$，则 $s=\mathrm{j}\omega$

$$H(\omega)=\frac{X(\omega)}{F(\omega)}=\frac{1}{k-\omega^{2}m+\mathrm{j}\omega c} \tag{10-18}$$

其中

$$X(\omega)\int_{0}^{\infty}x(t)\mathrm{e}^{-\mathrm{j}\omega t}\mathrm{d}t \qquad F(\omega)=\int_{0}^{\omega}f(t)\mathrm{e}^{-\mathrm{j}\omega t}\mathrm{d}t \tag{10-19}$$

由此可知；当 $n\to 0$，$s\to \mathrm{j}\omega$ 时，比较式(10-8)、式(10-11) 和式(10-18) 可知，此时传递函数与频响函数、机械导纳的表达式相同。但传递函数强调的是系统的输出与输入之间的数学关系，反映系统的动态特性，意义更为广泛。

设

$$p_{\mathrm{n}}^{2}=\frac{k}{m} \qquad \lambda=\frac{\omega}{p_{\mathrm{n}}} \qquad \zeta=\frac{c}{2\sqrt{mk}} \tag{10-20}$$

则式(10-18) 可表示为

$$H(\omega)=\frac{1}{k}\cdot\frac{1}{1-\lambda^{2}+\mathrm{j}2\zeta\lambda}=|H(\omega)|\mathrm{e}^{\mathrm{j}\varphi(\omega)} \tag{10-21}$$

其中

$$H(\omega)=\frac{1}{k\sqrt{(1-\lambda^{2})^{2}+4\lambda^{2}\zeta^{2}}} \tag{10-22}$$

$$\varphi(\omega)=\arctan\frac{-2\lambda\zeta}{1-\lambda^{2}} \tag{10-23}$$

它们分别是振动系统中的幅频特性曲线和相频特性曲线表达式。若将式(10-21)写成幅频实部曲线和幅频虚部曲线表达形式

$$H^{\mathrm{R}}(\omega)=\frac{1}{k}\cdot\frac{1-\lambda^2}{(1-\lambda^2)^2+4\lambda^2\zeta^2} \tag{10-24}$$

$$H^{\mathrm{I}}(\omega)=\mathrm{j}\,\frac{1}{k}\cdot\frac{2\lambda\zeta}{(1-\lambda^2)^2+4\lambda^2\zeta^2} \tag{10-25}$$

由此可知，幅频实部曲线和幅频虚部曲线表达式与相频特性曲线和相频特性曲线表达式的关系为

$$|H(\omega)|=\sqrt{[H^{\mathrm{R}}(\omega)]^2+[H^{\mathrm{I}}(\omega)]^2} \tag{10-26}$$

幅频特性曲线和相频特性曲线如图 10-3(a)、(b) 所示。幅频曲线和相频曲线一般采用对数坐标以提高幅值分辨率。幅频实部、虚部曲线如图 10-3(c)、(d) 所示，分别称为实频图和虚频图。这些特性曲线在参数识别中是很有用的。

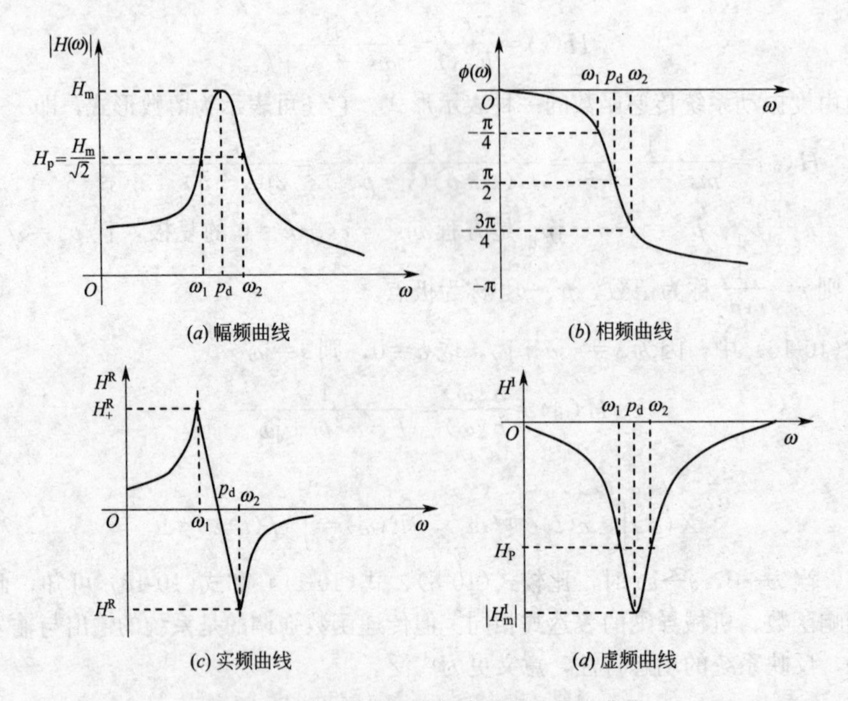

图 10-3　单自由度系统的实测频响特性曲线

10.1.3 单自由度系统的参数识别

通过理论分析，给出了单自由度振动系统的实测幅频曲线、相频曲线、实频曲线和虚频曲线。根据模态参数与传递函数之间的关系，通过测量系统的传递函数来求解模态参数的过程称为模态参数识别。常用的识别方法有频率域识别法、时域识别法、图解法和曲线拟合法等。本节仅介绍利用实测曲线图进行参数识别的图解法。其他识别方法可参考有关实验模态分析的书籍。

图 10-3 所示的单自由度系统的实测频响曲线，一般是由动态分析仪和 FFT 动态数字分析仪对测试数据进行数字分析处理后而绘制出的频响曲线。下面根据已知频响曲线图对参数识别的步骤简述如下。

1. 幅频曲线图识别

图 10-3(a) 所示为单自由度系统的实测幅频曲线，识别步骤如下。

(1) 由共振峰极值 H_{m} 求得半功率点幅值 $H_{\mathrm{p}}=0.707H_{\mathrm{m}}$，再由半功率点 H_{p} 的带宽求得衰减系数近似值 $n\approx\frac{(\omega_2-\omega_1)}{2}$。

(2) 由峰值位置得共振频率 p_{d}，固有频率 $p_{\mathrm{n}}=\sqrt{p_{\mathrm{d}}+n^2}$，则 $\zeta=\frac{n}{p_{\mathrm{n}}}$。

(3) 由共振峰值 H_{m} 和阻尼比 ζ 求得刚度 $k=\frac{1}{2\zeta H_{\mathrm{m}}\sqrt{1-\zeta^2}}$。

(4) 由固有频率和刚度求得质量 $m=\frac{k}{p_{\mathrm{n}}^2}$。

2. 相频曲线图识别

图 10-3(b) 所示为单自由度系统的实测相频曲线。由该曲线识别步骤如下。

(1) 由 $\varphi(\omega)$ 等于 $-\pi/2$ 点确定系统的共振频率 p_{d}，其位置与阻尼无关，由此 $p_{\mathrm{n}}=p_{\mathrm{d}}$。

(2) 由 $\varphi(\omega)$ 等于 $-\pi/4$ 和 $-3\pi/4$ 确定半功率点带宽：$\Delta\omega=\omega_2-\omega_1$，由 p_{n} 和 $\Delta\omega$ 可求衰减系数 $n\approx\Delta\omega/2$，阻尼比 $\zeta=\frac{n}{p_{\mathrm{n}}}$。

3. 实频曲线图识别

图 10-3(c) 为单自由度系统的实测实频曲线图。由该曲线识别参数步骤如下。

(1) 由 $H^{\mathrm{R}}(\omega)=0$ (共振点) 确定 p_{d}，此位置与阻尼无关，所以 $p_{\mathrm{n}}=p_{\mathrm{d}}$。

(2) 由正、负峰值确定半功率点带宽 $\Delta\omega=\omega_2-\omega_1$，由此可得衰减系数 $n\approx\Delta\omega/2$，阻尼比 $\zeta=\frac{n}{p_{\mathrm{n}}}$。

(3) 由正、负峰值 H_{+}^{R}、H_{-}^{R} 求出刚度 $k=\frac{1}{2(H_{+}^{\mathrm{R}}-H_{-}^{\mathrm{R}})\zeta(1-\zeta^2)}$ 和质量 $m=\frac{k}{p_{\mathrm{n}}}$。

4. 虚频曲线图识别

图 10-3(d) 为单自由度系统的实测虚频曲线图。由该曲线识别参数步骤如下。

(1) 由负峰值确定半功率点幅值 $H_{\mathrm{p}}=0.5H_{\mathrm{m}}^{\mathrm{I}}$；由半功率点幅值求得半功率点带宽 $\Delta\omega=\omega_2-\omega_1$，由此可得衰减系数 $n\approx\Delta\omega/2$，阻尼比 $\zeta=\frac{n}{p_{\mathrm{n}}}$。

(2) 由负峰值点确定共振频率 p_{d}，则 $p_{\mathrm{n}}=\sqrt{p_{\mathrm{d}}+n^2}$。

(3) 由负峰值和阻尼比可求出刚度和质量，即 $k=\frac{\sqrt{1-\zeta^2}}{2H_{\mathrm{m}}^{\mathrm{I}}\zeta\sqrt{1-\frac{3}{4}\zeta^2}}$，$m=\frac{k}{p_{\mathrm{n}}}$。

以上只是针对利用位移的频响函数曲线的参数识别介绍了几种方法，除此之外，还有圆拟合法（矢端图形法）等。对于利用速度、加速度的频响函数曲线的参数识别方法与以上介绍的方法相似。具体内容可参考有关书籍。

10.2 多自由度系统的传递函数矩阵和频响函数矩阵

在振动力学中，在强迫激励下的多自由度系统的运动方程为

$$[m]\{\ddot{x}\}+[c]\{\dot{x}\}+[k]\{x\}=\{f(t)\} \tag{10-27}$$

对此作拉氏变换

$$(s[m]+s[c]+[k])\{X(s)\}=\{F(s)\} \tag{10-28}$$

根据传递函数的定义

$$[H(s)]=\frac{\{X(s)\}}{\{F(s)\}}=\frac{1}{s^2[m]+s[c]+[k]} \tag{10-29}$$

它是 $N\times N$ 阶的方阵，称为多自由度系统的传递函数矩阵。而当 $s=\mathrm{j}\omega$ 时，即

$$[H(s)]|_{s=\mathrm{j}\omega}=[H(\omega)]=\frac{\{X(\omega)\}}{\{F(\omega)\}}=\frac{1}{-\omega^2[m]+\mathrm{j}\omega[c]+[k]} \tag{10-30}$$

它也是 $N\times N$ 阶的方阵，称为多自由度系统的频响函数矩阵。

传递函数矩阵式(10-29)，还可表示成留数形式

$$[H(s)]=\sum_{r=1}^{N}\left(\frac{[A]_r}{s-p_r}+\frac{[A^n]_r}{s-p_r^n}\right) \tag{10-31}$$

其中，$p_r=-n_r+\mathrm{j}p_{\mathrm{dr}}$，$p_r^n=-n_r-\mathrm{j}p_{\mathrm{dr}}$ 是方程 $s^2[m]+s[c]+[k]=0$ 的第 r 阶复根。系统的第 r 阶主频率或第 r 阶模态频率 $p_{\mathrm{dr}}=\sqrt{p_{\mathrm{nr}}-n_r^2}$，式中 $p_{\mathrm{dr}}^2=\frac{K_r}{M_r}$，$n_r=\frac{C_r}{2M_r}$，而 M_r、K_r、C_r 分别是该系统的第 r 阶模态质量、模态刚度和模态阻尼。则 $[A]_r$、$[A^*]_r$ 分别是极点 p、p^* 的留数矩阵。即

$$[A]_r=\lim_{s\to p_r}(s-p_r)[H(s)],\ [A^*]_r=\lim_{s\to p_r^n}(s-p_r^*)[H(s)] \tag{10-32}$$

它的第 e 行第 f 列的传递函数

$$H_{ef}(s)=\sum_{r=1}^{N}\left(\frac{A_{efr}}{s-p_r}+\frac{A_{efr}^*}{s-p_r^*}\right) \tag{10-33}$$

取 $s=\mathrm{j}\omega$，可得用留数表示的频响函数矩阵

$$[H(\omega)]=\sum_{r=1}^{N}\left(\frac{[A]_r}{\mathrm{j}\omega-p_r}+\frac{[A^*]_r}{\mathrm{j}\omega-p_r^n}\right) \tag{10-34}$$

它的第 e 行第 f 列的频响函数

$$H_{ef}(\omega)=\sum_{r=1}^{N}\frac{A_{efr}}{\mathrm{j}\omega-p_r}+\frac{A_{efr}^*}{\mathrm{j}\omega-p_r^*} \tag{10-35}$$

可以证明其中留数矩阵可用模态参数的形式表示

$$[A]_r=\frac{1}{a_r}\{\varphi\}_r\{\varphi\}_r^T,\ [A^*]_r=\frac{1}{a_r^n}\{\varphi^*\}_r\{\varphi\}_r^T \tag{10-36}$$

在实模态情况下

$$\{\varphi\}_r=\{\varphi^*\}_r,\ a_r=2\mathrm{j}M_rp_{\mathrm{dr}},\ a_r^*=-2\mathrm{j}M_rp_{\mathrm{dr}} \tag{10-37}$$

留数形式的传递函数矩阵将在多自由度系统的参数识别的曲线拟合法中得到广泛的应用。

■ 10.3 传递函数的物理意义

根据传递函数的定义，式(10-29) 给出了输入激励的拉氏变换、输出响应的拉氏变换与传递函数三者之间的函数关系

$$[H(s)]=\frac{\{X(s)\}}{\{F(s)\}}$$

由此可得

$$\{X(s)\}=[H(s)]\{F(s)\} \tag{10-38}$$

将此式写成展式

$$\begin{Bmatrix} X_1(s) \\ X_2(s) \\ \cdots \\ X_N(s) \end{Bmatrix}=\begin{bmatrix} H_{11}(s) & H_{12}(s) & \cdots & H_{1N}(s) \\ H_{21}(s) & H_{22}(s) & \cdots & H_{2N}(s) \\ \cdots & \cdots & \cdots & \cdots \\ H_{N1}(s) & H_{N2}(s) & \cdots & H_{NN}(s) \end{bmatrix}\begin{Bmatrix} F_1(s) \\ F_2(s) \\ \cdots \\ F_N(s) \end{Bmatrix}=\begin{Bmatrix} \sum_{k=1}^{N} H_{1k}(s)F_k(s) \\ \sum_{k=1}^{N} H_{2k}(s)F_k(s) \\ \cdots \\ \sum_{k=1}^{N} H_{Nk}(s)F_k(s) \end{Bmatrix} \tag{10-39}$$

则对于任一物理坐标位移响应 $x_e(t)$ 的拉氏变换可表示为

$$X_e(s)=\sum_{k=1}^{N} H_{ek}(s)F_k(s) \tag{10-40}$$

它表明，该系统第 e 个物理坐标位移响应的拉氏变换，等于各作用力的拉氏变换与其对应的传递函数乘积的代数和。

10.3.1 原点传递函数的物理意义

若 $k=e$ 时，$F_e(s)\neq 0$。当 $k\neq e$ 时，$F_k(s)=0$，则上式变为

$$X_e(s)=H_{ee}(s)F_e(s) \tag{10-41}$$

即

$$H_{ee}(s)=\frac{X_e(s)}{F_e(s)} \tag{10-42}$$

$H_{ee}(s)$ 表示在第 e 个物理坐标上施加单位激励，引起该坐标的位移响应，称为原点传递函数（原点导纳）。

10.3.2 跨点传递函数的物理意义

设在第 f 个物理坐标施加激励，即 $k=f$ 时，$F_f(s)\neq 0$，当 $k\neq f$ 时，$F_k(s)=0$，则得

$$X_e(s)=H_{ef}(s)F_f(s) \tag{10-43}$$

即

$$H_{ef}(s)=\frac{X_e(s)}{F_f(s)} \tag{10-44}$$

$H_{ef}(s)$ 表示在第 f 个物理坐标上施加单位激励，引起第 e 个坐标的位移响应，因此它称为跨点传递函数（跨点导纳）。

利用以上两种方法，采取单点激振或单点拾振，即可求出传递函数矩阵 $[H(s)]$ 的每个元素 $H_{ij}(s)$。

10.3.3 传递函数在模态分析中的物理意义

由于传递函数矩阵为

$$[H(s)]=\frac{\{X(s)\}}{\{F(s)\}}=\frac{1}{s^2[m]+s[c]+[k]}$$

利用正则振型的正交性，在比例阻尼的情况下

$$[\varphi]^{\mathrm{T}}[m][\varphi]=\mathrm{diag}(M_r)$$
$$[\varphi]^{\mathrm{T}}[k][\varphi]=\mathrm{diag}(K_r) \tag{10-45}$$
$$[\varphi]^{\mathrm{T}}[c][\varphi]=\mathrm{diag}(C_r)$$

解得

$$[m]=[\varphi]^{-\mathrm{T}}\mathrm{diag}(M_r)[\varphi]^{-1}$$
$$[k]=[\varphi]^{-\mathrm{T}}\mathrm{diag}(K_r)[\varphi]^{-1} \tag{10-46}$$
$$[c]=[\varphi]^{-\mathrm{T}}\mathrm{diag}(C_r)[\varphi]^{-1}$$

代入式(10-29) 得

$$\begin{aligned}[H(s)]&=\frac{1}{[\varphi]^{-\mathrm{T}}\mathrm{diag}(M_r s^2+C_r s+K_r)[\varphi]^{-1}}\\&=[\varphi]\mathrm{diag}(M_r s^2+C_r s+K_r)^{-1}[\varphi]^{\mathrm{T}}\end{aligned} \tag{10-47}$$

所以

$$[H(s)]=\sum_{r=1}^{N}\frac{\{\varphi\}_r\{\varphi\}_r^T}{M_r s^2+C_r s+K_r} \tag{10-48}$$

写成展式为

$$\begin{bmatrix} H_{11}(s) & H_{12}(s) & \cdots & H_{1f}(s) & H_{1N}(s)\\ H_{21}(s) & H_{22}(s) & \cdots & H_{2f}(s) & H_{2N}(s)\\ & & \cdots & & \\ H_{e1}(s) & H_{e2}(s) & \cdots & H_{ef}(s) & H_{eN}(s)\\ & & \cdots & & \\ H_{N1}(s) & H_{N2}(s) & \cdots & H_{Nf}(s) & H_{NN}(s)\end{bmatrix}$$

$$=\sum_{r=1}^{N}\frac{1}{M_r s^2+C_r s+K_r}\begin{bmatrix} \varphi_{1r}\varphi_{1r} & \varphi_{1r}\varphi_{2r} & \cdots & \varphi_{1r}\varphi_{fr} & \varphi_{1r}\varphi_{Nr}\\ \varphi_{2r}\varphi_{1r} & \varphi_{2r}\varphi_{2r} & \cdots & \varphi_{2r}\varphi_{fr} & \varphi_{2r}\varphi_{Nr}\\ & & \cdots & & \\ \varphi_{er}\varphi_{1r} & \varphi_{er}\varphi_{2r} & \cdots & \varphi_{er}\varphi_{fr} & \varphi_{er}\varphi_{Nr}\\ & & \cdots & & \\ \varphi_{Nr}\varphi_{1r} & \varphi_{Nr}\varphi_{2r} & \cdots & \varphi_{Nr}\varphi_{fr} & \varphi_{Nr}\varphi_{Nr}\end{bmatrix} \tag{10-49}$$

传递函数矩阵的任一列、任一行，都包含了 M_r、C_r、K_r 和一组$\{\varphi\}_r$，$r=1,2,\cdots,N$，所差的只是一个常量因子。例如：第 e 行 $\varphi_{er}\{\varphi\}_r^T$ 中常量因子为 φ_{er}。第 f 行 $\varphi_{fr}\{\varphi\}$ 中常量因子为 φ_{fr}。因此为了求出模态矢量 $\{\varphi\}_r$，只要测出传递函数的一列或一行元素就可以了。

10.4 多自由度系统的模态参数识别

通过模态实验和数字信号处理，获得了实验结构频响函数矩阵中的一行（或一列）的频响函数。如果各阶模态比较离散，可以用单自由度模型估计模态参数。如果各阶模态比较密集，可用多自由度模型的曲线拟合法估计有关的模态参数。一般通用的参数识别方法有两种：图解法和曲线拟合法。

10.4.1 图解法

利用频响函数曲线（如幅频曲线、相频曲线、实频曲线和虚频曲线等）直接进行模态参数识别的方法，称为图解识别法。图解法用于模态耦合较离散的系统，具有简单、直观等特点，但精度较低，常用于一些简单结构的实验模态分析中。

例如，当系统阻尼很小时，各阶固有频率相距较远，从图 10-4 可以看出各阶模态相互影响很小。因此，在识别某一阶模态参数时可以忽略相邻各阶模态的影响。其识别方法与有关公式如下。

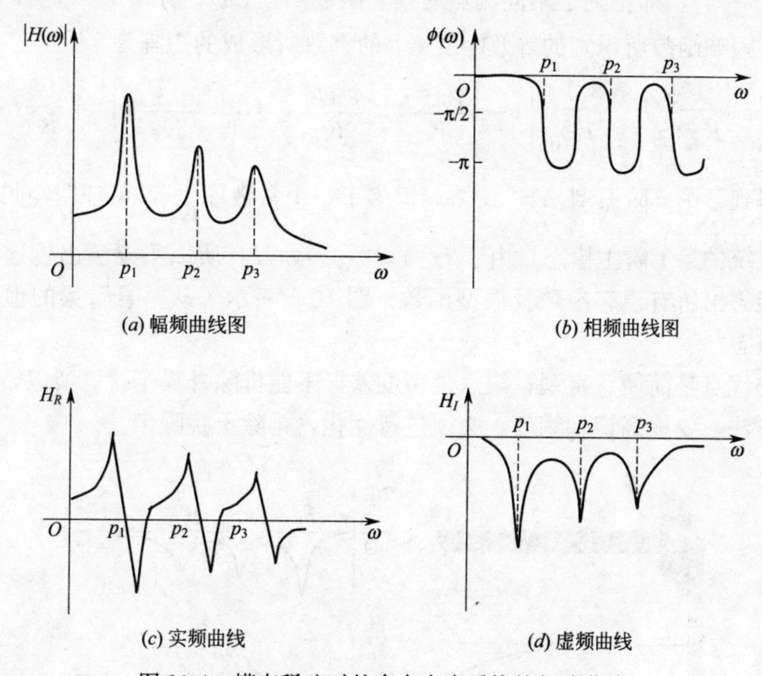

(a) 幅频曲线图　(b) 相频曲线图

(c) 实频曲线　(d) 虚频曲线

图 10-4　模态稀疏时的多自由度系统的频响曲线

由模态参数描述的传递函数矩阵式(10-48) 可知，它的第 e 行第 f 列的传递函数

$$H_{ef}(s)=\sum_{r=1}^{N}\frac{\varphi_{er}\varphi_{fr}}{M_r s^2+C_r s+K_r} \tag{10-50}$$

令 $s=j\omega$，可得相应的频响函数矩阵

$$H_{ef}(\varepsilon)=\sum_{r=1}^{N}\frac{\varphi_{ef}\varphi_{fr}}{K_r-\omega^2 M_r+j\omega C_r} \tag{10-51}$$

若各阶模态比较离散，相互之间没有影响，则第 e 行第 f 列在第 i 阶模态的表达式为

$$H_{efi}(\omega)=\frac{\varphi_{ei}\varphi_{fi}}{K_i-\omega^2 M_i+j\omega C_i} \tag{10-52}$$

取

$$p_{ni}^2=\frac{K_i}{M_i},\zeta=\frac{C_i}{2\sqrt{M_i K_i}} \tag{10-53}$$

$$H_{efi}(\omega)=\frac{\varphi_{ei}\varphi_{fi}}{K_i(1-\lambda^2+j2\lambda\zeta)} \tag{10-54}$$

令等效刚度 $K_i^e=\dfrac{K_i}{\varphi_{ei}\varphi_{fi}}$，则

$$H_{efi}(\omega)=\frac{1}{K_i^e(1-\lambda^2+j2\lambda\zeta)} \tag{10-55}$$

此式与单自由度系统的频响函数式(10-21) 相比较，在形式上两者相同。因此，可以按前述单自由度系统的图解法来识别，这时得到的模态参数为主模态参数。但必须注意到此时等效刚度 K_i^e 代替了单自由度系统的刚度 k，由于在测试中得到了传递函数$[H(\omega)]$中的一行（或一列），即得到了不同测点的频响函数 $H_{efi}(\omega)$，其中 $i=1,2,\cdots,N$。则可求出由各点频响函数所识别的等效刚度 K_i^e 的倒数所形成的矩阵为

$$\left[\frac{1}{K_{1i}^e}\quad\frac{1}{K_{2i}^e}\quad\cdots\quad\frac{1}{K_{Ni}^e}\right]^T=\left[\frac{\varphi_{1i}\varphi_{fi}}{K_i}\quad\frac{\varphi_{2i}\varphi_{fi}}{K_i}\quad\cdots\quad\frac{\varphi_{Ni}\varphi_{fi}}{K_i}\right]^T=\frac{\varphi_{fi}}{K}\{\varphi\}_i \tag{10-56}$$

由此就得到了第 i 阶振型函数 $\{\varphi\}_i$，但多了一个常数项$\dfrac{\varphi_{fi}}{K_i}$，可证明经归一化后就可进一步得到系统的第 i 阶主模态。由于 $i=1,2,\cdots,N$，所以只要测出传递函数的一行或一列。就能得出所有模态参数及振型函数。图 10-5 表示了从一悬臂梁的虚频图中得到的前三阶主模态。

图解法的优点是简便、直观；缺点是精度差，不能排除外噪干扰。所以，图解法不是完整的识别方法，要提高识别精度，必须进行优化，排除干扰噪声。

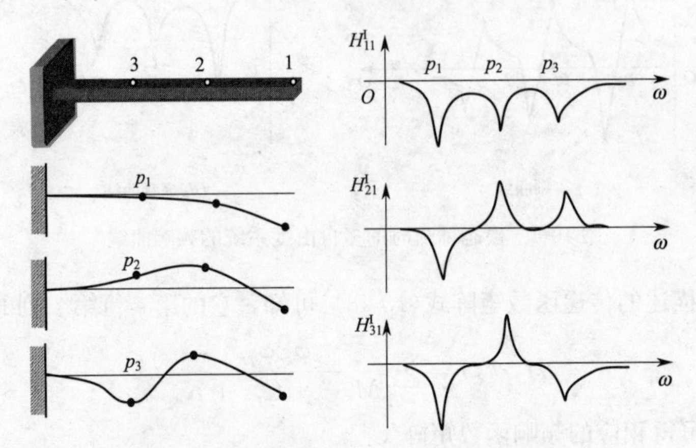

图 10-5　悬臂梁的前三阶主模态和虚频图

10.4.2　曲线拟合法

曲线拟合法是用一条连续曲线去拟合一组离散的测试数据，然后利用拟合曲线识别有关参数的方法。它是建立在各种优化计算的基础上，由计算机进行识别，采用优化算法，可以在一定程度上排除有关误差，使结果尽可能准确地反映实际系统。曲线拟合法，一般是利用图解法所识别的参数作为初始值进行迭代优化计算，并利用有关的优化准则判断计算模态参数的精度，直到满足要求为止，从而可利用传递矩阵函数识别出振动系统的有关参数，如固有频率 p_{dr}、衰减阻尼系数 n_r 和留数 $[A]_r$ 等，在此基础上可进一步计算求出 M_r，K_r，C_r，$\{\varphi\}$ 等。在这里着重讨论有了留数以后，如何估算模态矢量、模态质量、模态刚度和模态阻尼。

1. 模态矢量 $\{\varphi\}$ 的识别

在实模态系统中，由式(10-36) 和式(10-37) 可得留数与模态矢量的关系

$$[A]_r = \frac{1}{2jM_r p_{dr}} \{\varphi\}_r \{\varphi\}_r^T \tag{10-57}$$

或

$$[r]_r = 2j[A]_r = \frac{1}{M_r p_{dr}} \{\varphi\}_r \{\varphi\}_r^T \tag{10-58}$$

这是在模态参数识别中广为应用的留数矩阵的形式。令

$$u_r = 1/M_r p_{dr} \tag{10-59}$$

称为模态比例因子，式(10-58) 可改写为

$$[r]_r = u_r \{\varphi\}_r \{\varphi\}_r^T \tag{10-60}$$

它的第 f 列的留数列阵、第 e 行第 f 列的留数分别为

$$\{r_{1fr} \quad r_{2fr} \quad \cdots \quad r_{Nfr}\}^T = u_r \varphi_{fr} \{\varphi_{1r} \quad \varphi_{2r} \quad \cdots \quad \varphi_{Nr}\}^T \tag{10-61}$$

$$r_{efr} = u_r \varphi_{er} \varphi_{fr} \qquad e = 1, 2, \cdots, N \tag{10-62}$$

由此可知，在估算出留数矩阵的一列（或一行）以后，可以用下述方法估算模态矢量：

(1) 用原点的第 r 阶留数估算第 r 阶模态矢量在原点自由度的分量，由式(10-62) 得

$$\varphi_{fr} = \sqrt{r_{ffr}/u_r} \tag{10-63}$$

(2) 用跨点的第 r 阶留数估算第 r 阶模态矢量中其余自由度的分量，由式(10-62) 得

$$\varphi_{er} = r_{efr} / \sqrt{u_r r_{ffr}} \qquad e = 1, 2, \cdots, N \tag{10-64}$$

(3) 第 r 阶模态矢量

$$\{\varphi\}_r = \left\{ \frac{r_{1fr}}{\sqrt{u_r r_{ffr}}} \quad \frac{r_{2fr}}{\sqrt{u_r r_{ffr}}} \quad \cdots \quad \sqrt{\frac{r_{ffr}}{u_r}} \quad \frac{r_{Nfr}}{\sqrt{u_r r_{ffr}}} \right\}^T \tag{10-65}$$

2. 模态矢量的归一化

如前所述，实验结构的留数是唯一的，它从实测的频响函数中直接被估算出来。模态矢量则不同，它的各个分量之间的比值是唯一的，各分量的大小并非唯一，随模态比例因子的不同而变化。模态比例因子的选取方法，亦称模态矢量的归一化方法。常用的归一化方法有以下 5 种。

(1) 模态比例因子 $u_r = 1$，在式(10-65) 中 $u_r = 1$ 即为此时的模态矢量，不另写出。

(2) 在各阶模态矢量中，令其幅值最大的元素为 1。例如，在式(10-65) 中，假设第 2 个元素最大，则此时的第 r 阶模态矢量

$$\{\varphi\}_r = \left\{ \frac{r_{1fr}}{r_{2fr}} \quad \cdots \quad \frac{r_{ffr}}{r_{2fr}} \quad \frac{r_{Nfr}}{r_{2fr}} \right\}^T \tag{10-66}$$

(3) 令各阶模态矢量的模为 1，即

$$\sqrt{\varphi_{1r}^2 + \varphi_{2r}^2 + \cdots + \varphi_{fr}^2 + \varphi_{Nr}^2} = 1 \tag{10-67}$$

设

$$Q = \sqrt{r_{1fr}^2 + r_{2fr}^2 + \cdots + r_{ffr}^2 + r_{Nfr}^2} \tag{10-68}$$

则

$$\{\varphi\}_r=\left\{\frac{r_{1fr}}{Q_r}\quad\frac{r_{2fr}}{Q_r}\quad\cdots\quad\frac{r_{ffr}}{Q_r}\quad\frac{r_{Nfr}}{Q_r}\right\}^T \tag{10-69}$$

(4) 在各模态矢量中，令任意某个元素为 1，与上述第 2 种情形类似，不重述。

(5) 令各阶模态质量 $M_r=1$，即在式(10-68) 中

$$M_r=\frac{1}{u_r p_{dr}}=1,\text{所以}\quad u_r=\frac{1}{p_{dr}} \tag{10-70}$$

此时的模态矢量具有式(10-69) 的形式，但式中的

$$Q=\sqrt{\frac{r_{ffr}}{p_{dr}}} \tag{10-71}$$

3. 模态质量、模态刚度和模态阻尼

由式(10-59) 得，模态质量

$$M_r=\frac{1}{u_r p_{dr}} \tag{10-72}$$

模态刚度

$$K_r=p_r^2 M_r=\frac{(p_{dr}^2+\sigma^2)}{u_r p_{dr}} \tag{10-73}$$

模态阻尼

$$C_r=2\sigma_r M_r=\frac{2\sigma_r}{u_r p_{dr}} \tag{10-74}$$

4. 动画显示

获得了模态矢量式(10-69) 后，实验结构各自由度的主振动就知道了。例如，在单一的第 r 阶模态振动中，各自由度的响应为

$$\{x\}=\{\varphi\}_r A_r e^{-n_r t}\sin(p_{dr}t+\theta_r)\qquad r=1,2,\cdots,N \tag{10-75}$$

如果将一个振动周期等分成若干个时间间隔（一般为 40 等分），在每一个时间间隔，各自由度的相互位置构成一幅画面，即主振型在此瞬时的形态，在屏幕上连续显示这些画面，可观察到一个连续运动的动画图形，这就是实验结构第 r 阶主振型的动画图形。

10.5 模态分析中的几种激振方法

由于线性简谐振动系统的频响函数与传递函数是等同的，它反映了振动系统的固有动态特性，与激振和响应的大小无关，无论激振力和响应是简谐的、复杂周期性的、瞬态的或者是随机的，所求得的传递函数都应该是一样的。因此，传递函数通过实验方法获得所采用的测量方法很多，按照不同的激振方法可分为稳态正弦激振法、瞬态激振法和随机激振法等。

10.5.1 稳态正弦激振法

稳态正弦激振法是一种传统的测试方法。测试时，给机械振动系统或结构施以一定的稳态正弦激振力，激振力的频率精确可调，在激振力的作用下，系统产生振动。然后精确地测量不同频率下的激振力的大小和相位及各测点响应的大小和相位。测试方法及系统框图如图 10-6 所示，测量信号用磁带记录仪记录下来，然后用分析仪器进行分析。稳态正弦激振可分为单点激振和多点激振两种方法。单点激振所用的设备少，测试方便，但难于

得到好的响应曲线；多点激振所用的设备多，测试时要调节各点的激振力，使其按一定的规律变化，因而测试工作比较困难，但得到的响应曲线好。稳态正弦激振法的特点是：激振力频率和幅值可以精确调节，测试精度高，但测试费时间，需要从低频到高频逐步进行扫描测试，所需的设备多。

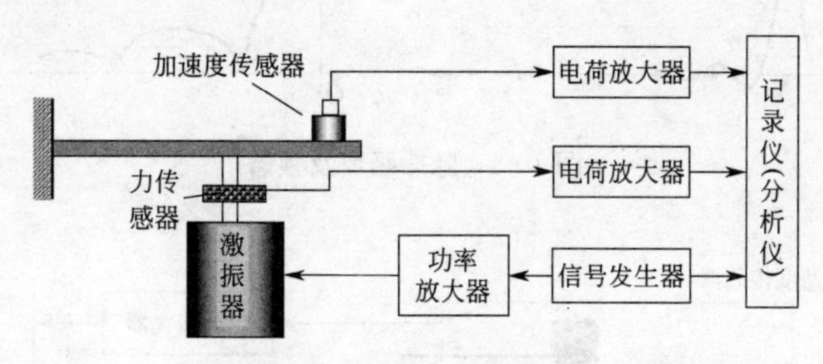

图 10-6　稳态正弦激振法

10.5.2　瞬态激振法

瞬态激振法是一种比较方便的激振方法，常用的激振法有两种：快速正弦扫描激振法和脉冲锤击激振法。

1. 快速正弦扫描激振法

快速正弦扫描激振法的测试仪器与稳态正弦激振法基本相同，不同之处是，快速正弦扫描激振法要求信号发生器能在整个测试频率区间内作快速扫描，扫描时间约为几秒或十几秒，目的是希望得到一个近似的平直谱，如图 10-7 所示。平直谱的激发力在整个扫描频率范围内基本相等，扫描函数为

$$f(t)=F\sin(at^2+bt)\qquad 0<t<T \tag{10-76}$$

式中　T——扫描周期；

F——激振力振幅；

a，b——频率系数，$a=\dfrac{\omega_{\max}-\omega_{\min}}{2T}$，$b=\omega_{\min}$。

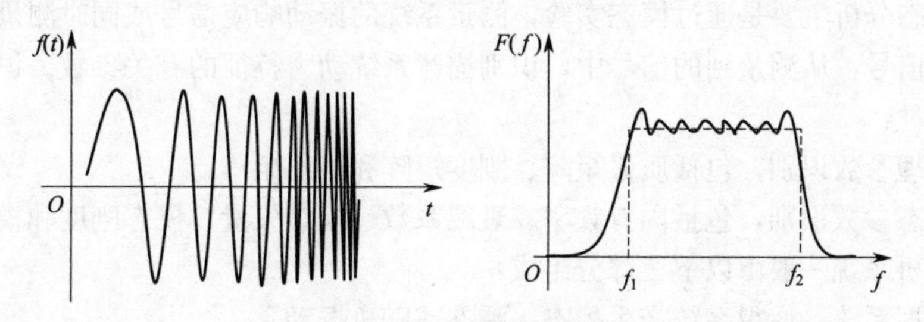

图 10-7　快速正弦扫描的力与力谱

2. 脉冲锤击激振法

用脉冲锤（力锤）对试件进行敲击，产生一宽频带的激励，它能在很宽频率范围内激励出各种模态。脉冲力函数及频谱如图 10-8 所示，测试方法及框图如图 10-9 所示。采用脉冲锤击法时，为了消除噪声干扰，必须采用多次平均。

10.5.3　随机激振法

随机激振法目前常用的有三种：纯随机激振法、伪随机激振法和周期随机激振法。

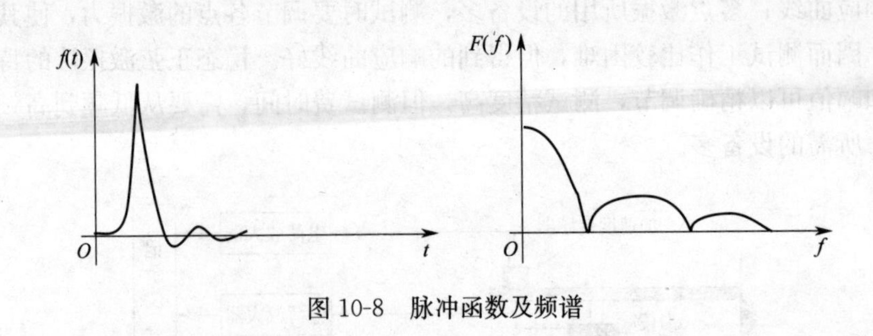

图 10-8　脉冲函数及频谱

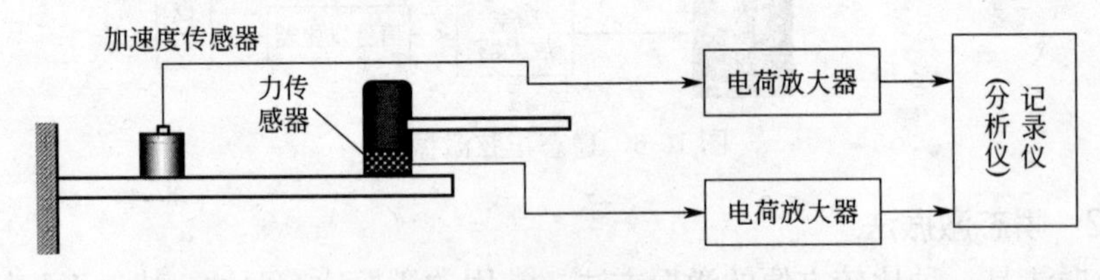

图 10-9　脉冲锤击法

(1) 纯随机激振法。在整个时间历程内所有激振信号都是随机的，如白噪声，其特点是功率谱是平直谱，没有周期性。通常是将白噪声发生器产生的信号记录在磁带上，通过功率放大器输出给激振器进行激振。

(2) 伪随机激振法。在一个周期内激振信号是随机的，但各个周期的激振信号是一样的。

(3) 周期随机激振法。它主要由变化的伪随机激振信号组成，当激振进行到某几个周期后，又出现一个新的伪随机激振信号，它综合了纯随机信号和伪随机信号的优点，做到了既是周期信号，统计特性又是随时间变化的。

10.6　模态分析的实验过程

实验模态分析主要是通过模态实验，测量系统的振动响应信号或同时测量系统的激励信号、响应信号，从测量到的信号中，识别描述系统动力特征的有关参数。识别的主要内容有以下两种：

(1) 物理参数识别，包括质量矩阵、刚度矩阵和阻尼矩阵；

(2) 模态参数识别，包括固有频率、衰减系数、模态矢量、模态刚度和模态阻尼。

模态分析系统一般由以下三部分组成：

(1) 激振系统：使得系统产生稳态、瞬态或随机振动。

(2) 测量系统：用传感器测量实验对象的各主要部位上的位移、速度或加速度振动信号，然后将这些信号与激振信号一起记录到磁带记录仪或硬盘上。

(3) 分析系统：将记录在磁带或硬盘上的激励信号和响应信号经过模数转换，采样输入数字式分析仪或计算机中，用硬件或软件系统识别振动系统的模态参数。

由于在做模态实验时，只需要测得传递函数的一行或一列就可以获得全部模态信息，因此，若固定在一点测量振动响应信号，而不断改变激励信号的作用点，这样就测量出了传递函数的一行；若固定在一点进行激励，而在不同点进行振动响应信号测量，即不断改变振动响应信号的测试点，这样就测量出了传递函数的一列。

测量的基本步骤如下（图 10-10）：

（1）确定实验模型，将实验结构支撑起来（边界条件的确定）。

（2）模态实验，利用第 10.5 节介绍的方法激励实验结构（一般用锤击法），并记录原点及各测点的激励、响应时间历程。

（3）对各测点的时间历程的记录数据进行数字处理，利用第 10.2 节、第 10.3 节的方法及 FFT 求出各测点的传递函数，并组成传递函数矩阵。

（4）利用第 10.4 节介绍的方法进行参数识别。

（5）进行动画显示。

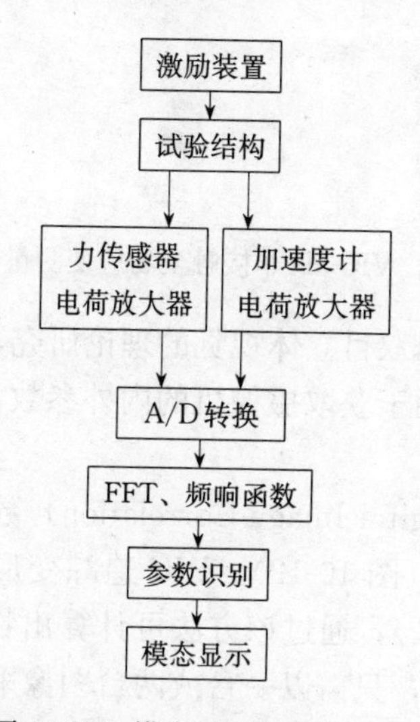

图 10-10　模态试验流程图

■ 10.7　利用 3D 高速摄影进行模态分析

本节介绍的 3D 高速摄影进行模态分析系统就是 VIC-3D 非接触全场应变测量系统，是美国 CSI 公司（Correlated Solutions，Inc.）经过 20 多年的科学研究的精髓所在，CSI 是 DIC（Digital Image Correlation）的原创者和领导者，其技术源自美国南卡罗莱纳大学（USC），其拥有独一无二的 3D 显微应变测量专利。该系统采用优化的 3D 数字图像相关性运算法则，为试验提供三维空间内全视野的形状、位移及应变数据测量。其 VIC-3D™ Vibration Analysis System 是 CSI 公司 VIC-3D 系列产品方案中为解决振动测量问题而全新开发的功能模块。VIC-3D 振动模块可以用于全场观测、测量以及瞬态事件分析（图 10-11）。该功能模块易于实现特定频域内全场 ODS（Operational Deflection Shape 工作变形）的纳米级精确测量。

双目立体视觉系统的测量原理：双目立体视觉测量利用三角法原理获取三维信息。两个摄像机的图像平面同被测物体之间构成一个三角形。已知两摄像机之间的位置关系，便可以获取两摄像机公共视场内物体的三维尺寸及空间物体特征点的三维坐标。双目立体视觉系统一般由两个摄像机或者由一个运动的摄像机构成。

双目立体视觉测距利用视差原理，处理不同视角下获取的对同一场景的两幅图像，从而恢复出物体的三维几何信息，并测得空间距离。在双目立体视觉中，摄像机标定和立体

图 10-11　VIC-3D 非接触全场应变测量系统硬件组成

匹配是最关键技术，所以当今双目立体视觉的理论研究，集中在摄像机标定方法和立体匹配算法的研究。摄像机标定用于获取摄像机的内外参数，立体匹配是寻找对应图像中的共轭像点。

VIC-3D 所用的 DIC（Digital Image Correlation）数字图像相关，是一种测量物体表面变形的简易光学测量方法（图 10-12）。DIC 追踪变形过程中具有灰度值图案的较小邻域，我们称之为 subset（子区），通过该方法可计算出物体表面位移及应变分布（图形中用红色标出）。整个测量过程，只需以一台或两台图像采集器，拍摄变形前后待测物图像，经运算后 3D 全场应变数据分布即可一目了然。不像应变片需花费大量时间做表面的磨平及粘贴，同时也只能测量到一个点某个方向的应变数据。也不像条纹干涉法对环境要求严格。DIC 方法获得的数据为全场范围内的 3D 数据。

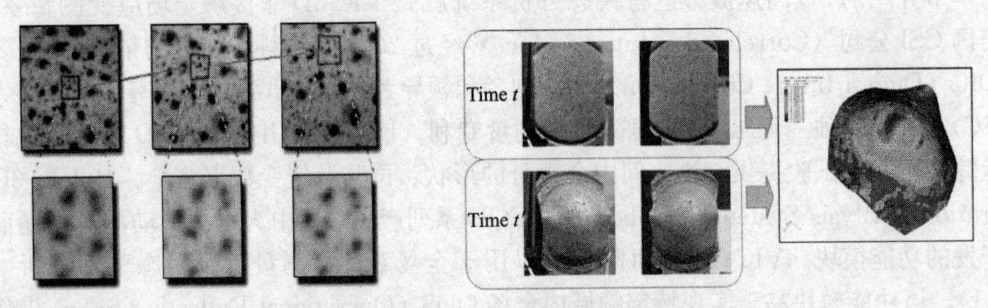

图 10-12　VIC-3D 数字图像原理

DIC（Digital Image Correlation）技术在室内室外普通环境均可使用，应变测量范围从 0.005%（50 个微应变）到 2000%，测量对象尺寸可以从 0.8mm 到几十米，原则上只要能取得图像，即可进行应变测量。

图 10-13 左示为进行瞬态振动分析的固定的喷气式飞机模型，图右所示 VIC-3D 处理的三维振动数据匹配在二维轮廓区域上，这样用户可以清晰通过云图显示，观察变形产生的位置和变形量的大小，用户还可以通过云图清晰地观察每个频率下发生的工作变形

ODS 形态（图 10-14）。

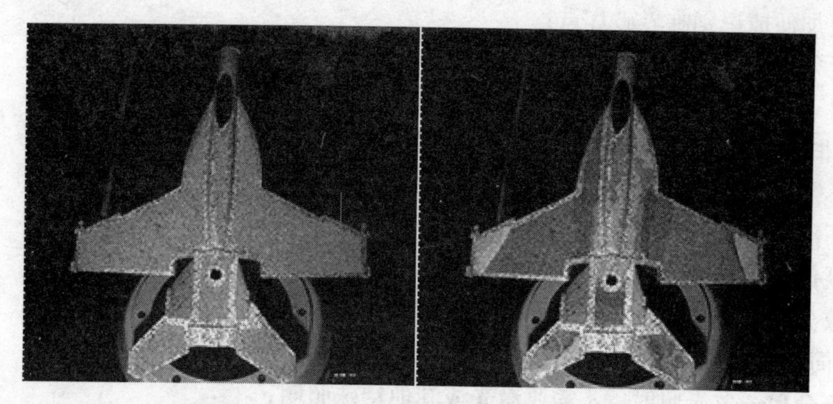

图 10-13　喷气式飞机模型与三维振动数据云图

图 10-14 清晰显示了 VIC-3D 振动模块测得的喷气机模型在 441Hz 下的 ODS 形态，其振幅只有 12μm。软件精确测得了三维位移、应变、速度和加速度数据。这些数据不仅仅可以以云图显示，也可以用户自定义输出为多种常用的格式（如 ASCII，MatLab，CSV 等），用于有限元的分析和验证。

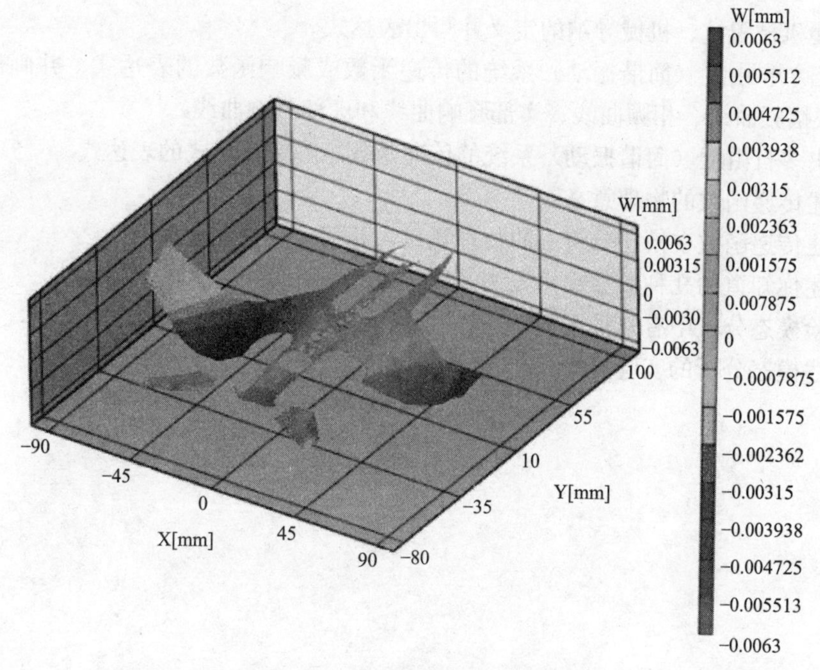

图 10-14　飞机模型的 ODS 形态

现在 VIC-3D 模态分析模块通过无缝集成的频率分析和可视化工具把振动分析系统延伸到新的领域，无须扫描物体表面，极短时间内即可完成，采集的图像通过后处理运算即可轻松获得振幅和频率的关系图。

VIC-3D 非接触全场应变测量系统特点：

（1）全场测量：

1）测量不局限于单个点，可全范围观测变形；

2）更加便捷识别临界破坏点；

3）无须再次试验，即可从之前获取的图像提取关注热点；

4）对于大尺寸或圆周物体可采用多系统阵列。

（2）非接触测量：

1）不需要应变片，刷漆或使用栅格；

2）不需要为获得有效结果而进行精确定位；

3）试件振动也可以测量；

4）数分钟即可准备并测量试件。

（3）简单易用：

1）安全单一白光照射，不需要激光或其他特殊照明；

2）无须光学隔离即可得到准确测量；

3）试验中间可随时校准系统；

4）自动数据处理节约时间。

思考题

1. 简述机械阻抗、机械导纳的定义并写出表达式。

2. 写出单自由度（简谐振动）系统的传递函数或频响函数的表达式，并画出其频响特性曲线（幅频曲线、相频曲线、实部频响曲线和虚部频响曲线）。

3. 写出多自由度（简谐振动）系统的传递函数矩阵留数形式的表达式。

4. 简述传递函数的物理意义？

5. 简述传递函数在模态分析中的物理意义，并写出公式及矩阵。

6. 简述你知道的几种参数识别方法及简单过程。

7. 实验模态分析中有几种激振方法？

8. 简述模态分析的实验过程。

第11章 旋转机械状态监测与故障诊断

本章将介绍旋转机械系统运行振动状态及其故障诊断的基本方法，包括：状态监测的基本知识；状态监测常用图谱；旋转机械的故障诊断常用方法。

■ 11.1 状态监测的常用术语

除了前几章介绍的机械振动名词与术语外，如幅值、周期（频率）和相位外，本章再介绍旋转机械系统运行振动状态所用的术语。

11.1.1 通频振动、选频振动、工频振动

通频振动表示振动原始波形的振动幅值。

选频振动表示所选定的某一频率正弦振动的幅值。

工频振动表示与所测机器转子的旋转频率相同的正弦振动的幅值。对于工作转速为6000r/min的机器，工频振动频率是100Hz。工频振动又叫基频振动。

11.1.2 径向振动、水平振动、垂直振动、轴向振动

径向振动是指垂直于机器转轴中心线方向的振动。径向振动有时也称为横向振动。

水平振动是指与水平方向一致的径向振动。

垂直振动是指与垂直方向一致的径向振动。

轴向振动是指与转轴中心线同一方向的振动。

11.1.3 同步振动、异步振动

同步振动是指与转速频率成正比变化的振动频率成分。一般情况（但不是全部情况）下，同步成分是旋转频率的整数倍或者整分数倍，不管转速如何，它们总保持这一关系，如一倍频（1X），二倍频（2X），三倍频（3X）……半频（1/2X），三分之一倍频（1/3X）……

异步振动是指与转速频率无关的振动频率成分，也可称为非同步运动。

11.1.4 谐波、次谐波、亚异步、超异步

一个复杂振动信号所含频率等于旋转频率整数倍的信号分量，也称谐波、超谐波或同步。

一个复杂振动信号中所含频率等于旋转频率分数倍的信号分量，也称为次谐波或分数谐波。

亚异步振动是指频率低于旋转频率的非同步振动分量。

超异步振动是指频率高于旋转频率的非同步振动分量。

11.1.5 相对轴振动、绝对轴振动、轴承座振动

转子的相对轴振动是指转子轴颈相对于轴承座的振动，它一般是用非接触式电涡流传感器来测量。

转子的绝对轴振动是指转子轴相对于大地的振动，它可用接触式传感器或用一个非接

触式电涡流传感器和一个惯性传感器组成的复合传感器来测量。两个传感器所测量的值进行矢量相加就可得到转子轴相对于大地的振动。

轴承座振动是指轴承座相对于大地的振动，它可用速度传感器或加速度传感器来测量。

11.1.6 自由振动、受迫振动、自激振动、随机振动

自由振动一般是指力学体系在经历某一初始扰动（位置或速度的变化）后，不再受外界力的激励和干扰的情形下所发生的振动。根据扰动的类型，力学体系以自身的一种或多种固有频率发生自由振动。

受迫振动是指在外来力函数的激励下而产生的振动。通常，受迫振动按照激励力的频率振动。

自激振动是指由振动体自身所激励的振动。维持振动的交变力是由运动本身产生或控制的。自激振动通常有下述特点：

振动频率为亚异步或超异步，与转子转速不同步。

自激振动的频率以转子的固有频率为主。

多数为径向振动。

振幅可能发生急剧上升，直到受非线性作用以极限圆为界。

振幅的变化与转速或负荷关系密切。

失稳状态下的振动能量来源于系统本身。

随机振动是指当描述系统振动的状态变量不能用确切的时间函数来表述，无法确定状态变量在某瞬时的确切数值，其物理过程具有不可重复性和不可预知性时，也就是在任何时刻，其振动的大小不能正确预知的振动。

11.1.7 高点和重点

高点是指当转轴和振动传感器之间的距离最近时，转轴上振动传感器所对应的那一点任一时刻的角位置。也意味着当振动传感器产生正的峰值振动信号时，转轴表面振动传感器对应点的位置。高点可能随转子的动力特性的变化（如转速变化）而移动。

重点是指在转轴上某一特定横向位置处，不平衡矢量的角位置。重点一般不随转速变化。

在一定的转速下，重点和高点之间的夹角称为机械滞后角。

11.1.8 刚度、阻尼和临界阻尼

刚度是一种机械或液压元件在负载作用下的弹性变化量。一般机械结构的刚度包括静刚度和动刚度两个部分，静刚度决定于结构的材料和几何尺寸，而动刚度既与静刚度有关，也与连接刚度和共振状态有关。

阻尼是指振动系统中的能量转换（从机械能转换成另一种能量形式，一般是热能），这种能量转换抑制了每次振荡的振幅值。当转轴运动时，阻尼来自轴承中的油、密封等。

临界阻尼是指能够保证系统回到平衡位置而不发生振荡所要求的最小阻尼。

11.1.9 共振、临界转速、固有频率

共振是振幅和相位的变化响应状态，由对某一特殊频率的作用力敏感的相应系统所引起。一个共振通常通过振幅的显著增加和相应的相位移动来识别。在共振发生时，当激振

频率稍有变化（频率上升或下降）时，其振动响应就会明显地减小。每一个转子，连同支持它的轴承组成的系统，都有若干阶横向振动的固有频率，每一阶固有频率又有它所对应的振型。

在一定的转速下，某一阶固有频率可以被转子上的不平衡力激起，这个与固有频率一致的转速就被称为临界转速。

当系统作自由振动时，其振动的频率只与系统本身的质量（或转动惯量）、刚度和阻尼有关。这个由系统的固有性质所决定的振动频率，称为系统的固有频率。

11.1.10 分数谐波共振、高次谐波共振和参数激振

当以频率 f 激振，因频率 f/n（n 等于 2 及其以上的正整数）接近于系统的固有频率而引起的共振称为分数谐波共振。

当以频率 f 激振，因频率 nf（n 等于 2 及其以上的正整数）接近于系统的固有频率而引起的共振称为高次谐波共振。

参数激振是指由质量、弹性等因素随时间周期变化的激振。由极不对称的截面或由此引起的不同的抗弯强度可能产生参数振动。

11.1.11 涡动、正进动和反进动

转轴的涡动（或称为进动）常定义为转轴的中心围绕轴承的中心所作的转动。

正进动是指与转轴转动方向相同的涡动。

反进动是指与转轴转动方向相反的涡动。

11.1.12 同相振动和反相振动

在一对称转子中，若两端支持轴承在同一方向（垂直或水平）的振动相位角相同时，则称这两轴承的振动为同相振动。若两端支持轴承在同一方向（垂直或水平）的振动相位角相差 180°时，则称这两轴承的振动为反相振动。

根据振动的同相分量和反相分量可初步判断转子的振型。

11.1.13 轴振型和节点

轴振型是在某一特定转速下，作用力所引起的转子合成偏离形状，是转子沿轴向的偏离的三维表示。

节点是在所给定的振型中，轴上的最小偏离点。由于残留不平衡状态的改变，或其他力函数的改变，或者约束条件的改变（如轴承间隙的变化），节点都可能很容易地沿轴向改变它的位置。节点也常指轴上最小绝对位移点。节点两边的运动相角差 180°。如图11-1所示。

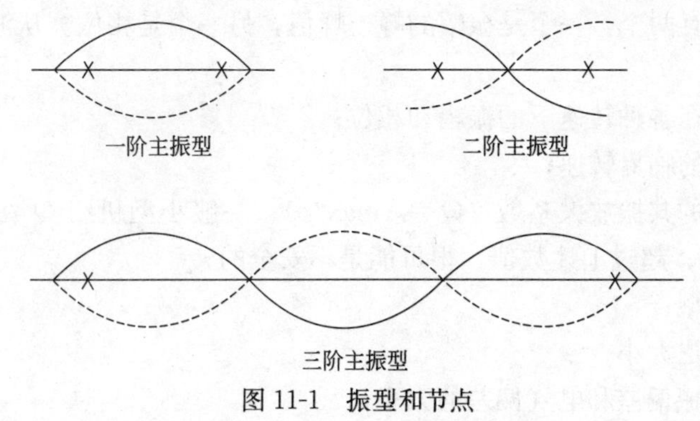

图 11-1 振型和节点

11.1.14 转子挠曲

转子挠曲是指转子弹性弯曲值，现场习惯称为挠度。转子挠曲分为静挠曲和动挠曲，静挠曲是静止状态的转子在自重或预载荷作用下产生的弹性弯曲值，沿转子轴线上不同的点，静挠曲值不同；动挠曲是旋转状态的转子在不平衡力矩和其他交变力作用下产生的弹性弯曲值，转子动挠曲又分同步挠曲和异步挠曲两种，这两种挠曲将直接叠加到转轴振动上。

11.1.15 电气偏差、机械偏差、晃度

电气偏差系非接触式电涡流传感器系统输出信号误差的来源之一，转轴每转一圈，该偏差就重复一次。传感器输出信号的变化并不是来自探头所测间隙的改变（动态运动或位置的变化），而通常是来自于转轴表面材料电导率的变化或转轴表面上某些位置局部磁场的存在（转子磁化后，其频谱特征为 2X、4X、6X 等比较高，且差不多高）。

机械偏差也是电涡流传感器系统输出信号误差的来源之一。传感器所测间隙的变化，并不是由转轴中心线位置变化或转轴动态运动所引起的，通常来源于转轴的椭圆度、损坏、键标记、凹陷、划痕、锈斑或由转轴上的其他结构所引起的。

转轴的晃度，或称为轴的径向偏差，是电气偏差和机械偏差的总和。在轴的振动标准中规定，其数值不能超过相当于许用振动位移的 25%或 6μm 这两者中的较大值。通常涡流传感器在低转速（约工作转速的 10%左右）下测得的轴的振值基本就相当于转轴的晃度值。大部分情况下，晃度与振动为同一方向，相反的情况很少。

11.1.16 偏心和轴心位置

在转子平衡领域，偏心是指转子质量中心偏离转轴回转中心的数值，此偏心是引起转轴振动最主要的激振力；而在机组运行监测中偏心是指轴颈中心偏离轴瓦中心的距离，也称为偏心位置或轴心位置，通过对偏心的监测可以发现转子承受的外加载荷和轴瓦工作状态。

11.1.17 间隙电压、油膜压力

间隙电压是指电涡流传感器测量的直流电压，其值反映了轴颈和探头间的间隙，由此可给出转子扬度、支承载荷、轴心位置等有关信息。

油膜压力反映了轴承支承油膜的厚度及稳定性，该压力能帮助诊断轴瓦稳定性等方面的问题。

11.2 状态监测常用图谱

11.2.1 波德图

波德图是反映机器振动幅值、相位随转速变化的关系曲线，见图 11-2。图形的横坐标是转速，纵坐标有两个，一个是振幅的峰－峰值，另一个是相位。从波德图上我们可以得到以下信息：

（1）转子系统在各种转速下的振幅和相位；

（2）转子系统的临界转速；

（3）转子系统的共振放大系数（$Q=A\max/\varepsilon$）；一般小型机组 Q 在 3～5 甚至更小，而大型机组在 5～7；超过上述数值，很可能是不安全的；

（4）转子的振型；

（5）系统的阻尼大小；

（6）转子上机械偏差和电气偏差的大小；

(7) 转子是否发生了热弯曲；

(8) 由这些数据可以获得有关转子的动平衡状况和振动体的刚度、阻尼特性等动态数据。

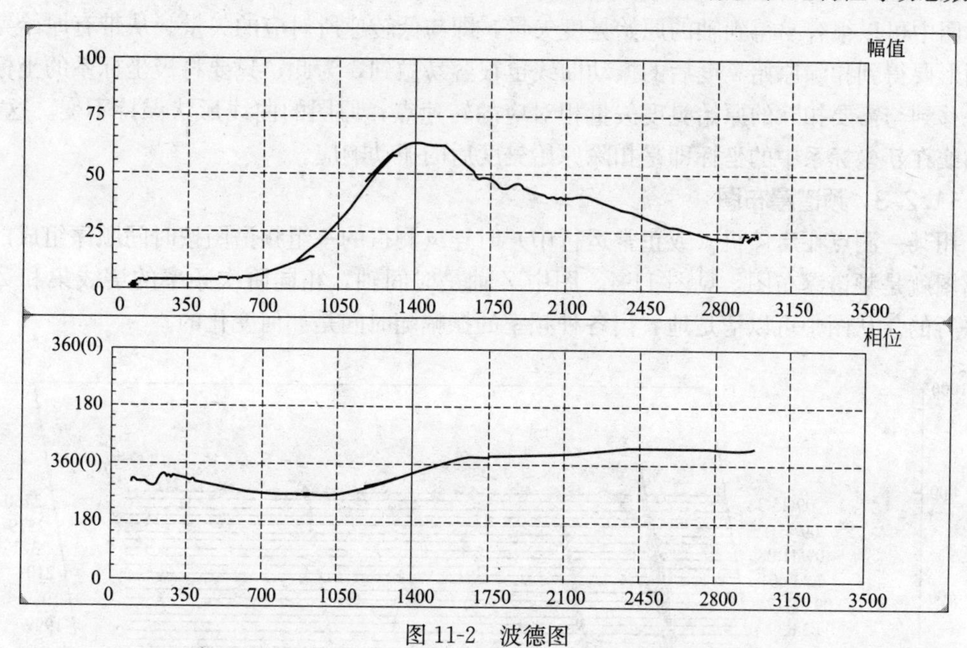

图 11-2　波德图

11.2.2　极坐标图

极坐标图是把振幅和相位随转速变化的关系用极坐标的形式表示出来，见图 11-3。图中用一旋转矢量的点代表转子的轴心，该点在各个转速下所处位置的极半径就代表了轴的径向振幅，该点在极坐标上的角度就是此时振动的相位角。这种极坐标表示方法在作用上与波德图相同，但它比波德图更为直观。

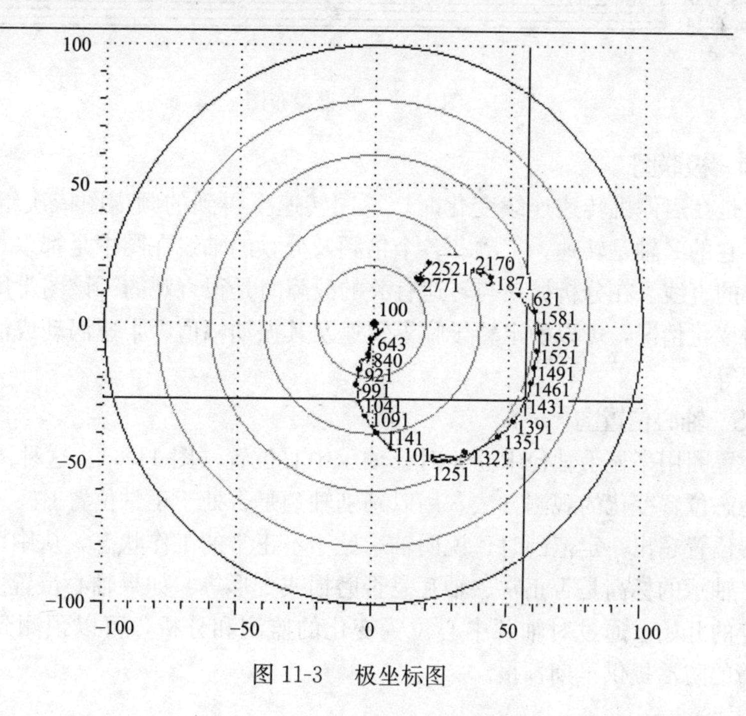

图 11-3　极坐标图

振幅一转速曲线在极坐标图中是呈环状出现的，临界转速处在环状振幅最大处，且此时从弧段上标记的转速应该显示出变化率为最大。用电涡流传感器测试轴的振动时，在极坐标图中可以很容易得到轴的原始晃度矢量，即与低转速所对应的矢量。从带有原始晃度的图形要得到扣除原始晃度后的振动曲线也很容易做到，为此，只要将极坐标系的坐标原点平移到与需要扣除的原始晃度矢量相对应的转速点，原图的曲线形状保持不变。这样，原曲线在新坐标系中的坐标即是扣除原始晃度后的振动响应。

11.2.3 频谱瀑布图

用某一测点在启停机（或正常运行中）时连续测得的一组频谱图按时间顺序组成的三维谱图就是频谱瀑布图，见图 11-4。图中 Z 轴是时间轴，相同阶次频率的谱线集和 Z 轴是平行的。从图中可以清楚地看出各种频率的振幅随时间是如何变化的。

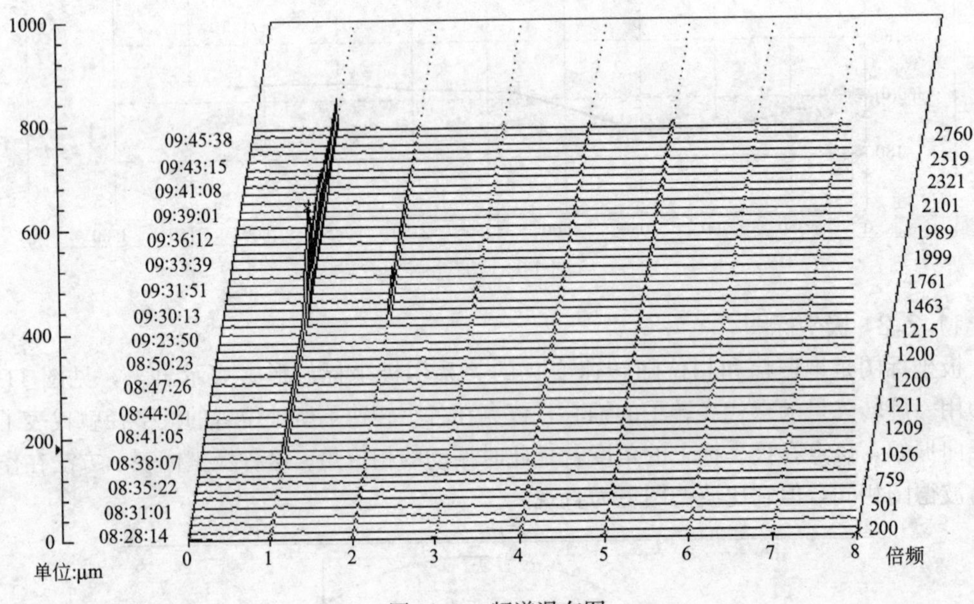

图 11-4 频谱瀑布图

11.2.4 极联图

极联图是在启停机转速连续变化时，不同转速下得到的频谱图依次组成的三维谱图（图 11-5）。它的 Z 轴是转速，工频和各个倍频及分频的轴线在图中是都以 0 点为原点向外发射的倾斜的直线。在分析振动与转速有关的故障时是很直观的。该图常用来了解各转速下振动频谱变化情况，可以确定转子临界转速及其振动幅值、半速涡动或油膜振荡的发生和发展过程等。

11.2.5 轴心位置图

轴心位置图用来显示轴径中心相对于轴承中心位置（图 11-6）。这种图形提供了转子在轴承中稳态位置变化的观测方法，用以判别轴颈是否处于正常位置。

当轴心位置超出一定范围时，说明轴承处于不正常的工作状态，从中可以判断转子的对中好坏、轴承的标高是否正常、轴瓦是否磨损或变形等。如果轴心位置上移，则预示着转子不稳定的开始。通过对轴颈中心位置变化的监测和分析，可以预测到某些故障的来临，为故障的防治提供早期预报。

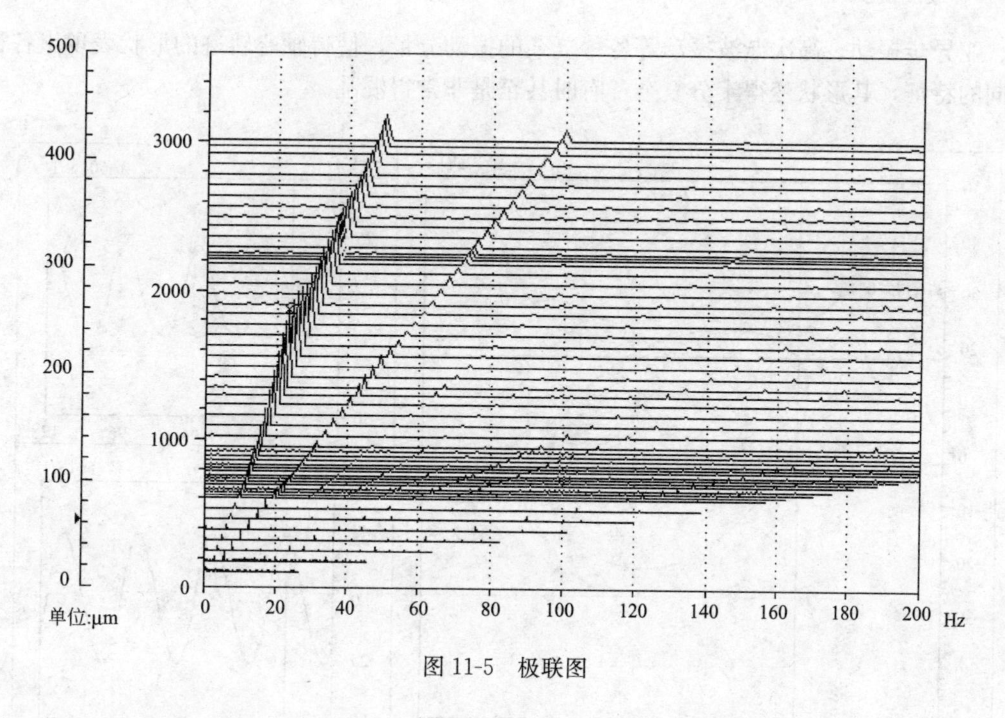

图 11-5　极联图

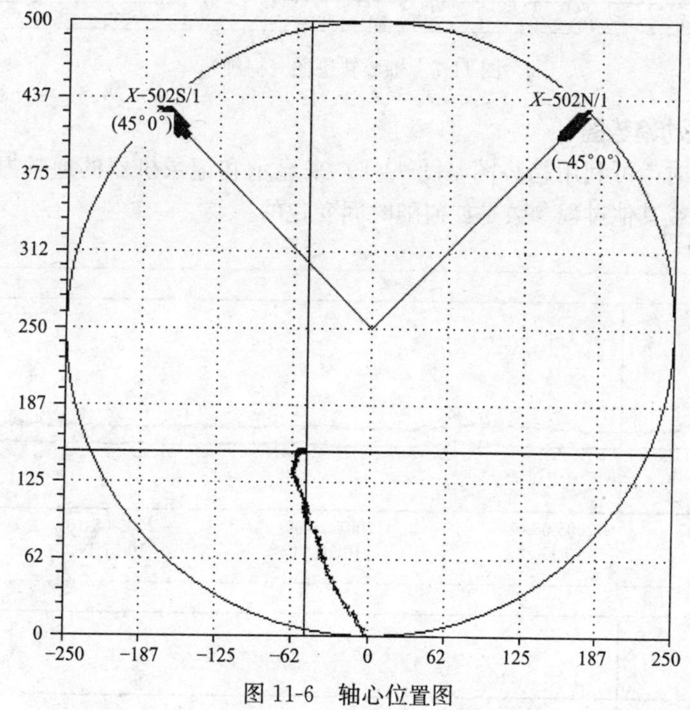

图 11-6　轴心位置图

一般来说轴心位置的偏位角应该在 20°～50°之间。

11.2.6　轴心轨迹图

轴心轨迹一般是指转子上的轴心一点相对于轴承座在其与轴线垂直的平面内的运动轨迹（图 11-7）。通常，转子振动信号中除了包含由不平衡引起的基频振动分量之外，还存在由于油膜涡动、油膜振荡、气体激振、摩擦、不对中、啮合等原因引起的分数谐波振动、亚异步振动、高次谐波振动等各种复杂的振动分量，使得轴心轨迹的形状表现出各种不同的特征，其形状变得十分复杂，有时甚至是非常得混乱。

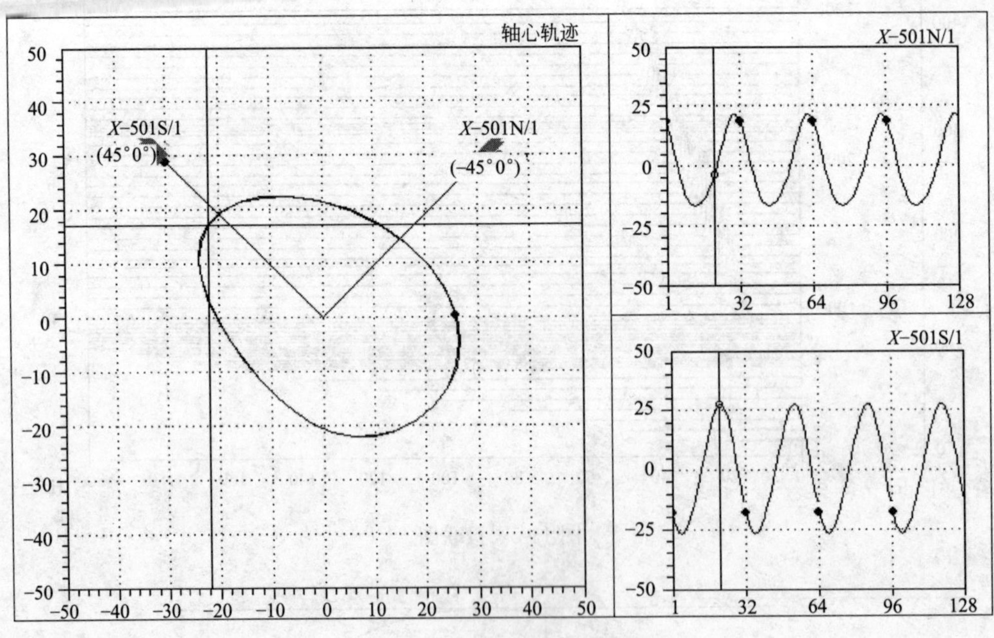

图 11-7　轴心轨迹图（提纯）

11.2.7　振动趋势图

在机组运行时，可利用趋势图（图 11-8）来显示和记录机器的通频振动、各频率分量的振动、相位或其他过程参数是如何随时间变化的。

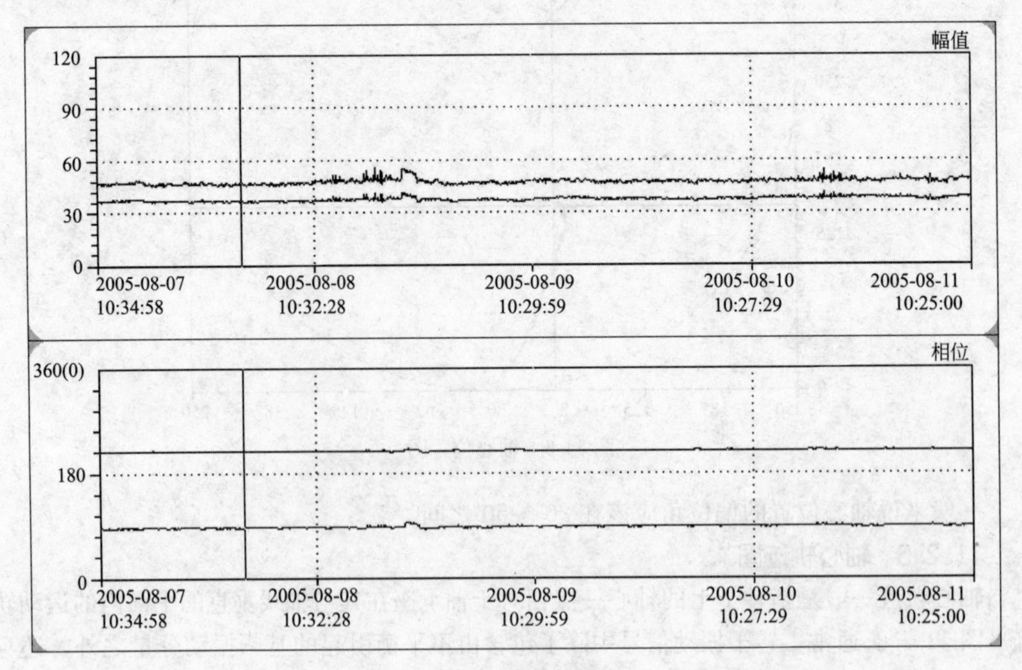

图 11-8　振动趋势图

这种图形以不同长度的时间为横坐标，以振幅、相位或其他参数为纵坐标。在分析机组振动随时间、负荷、轴位移或其他工艺参数的变化时，这种图给出的曲线十分直观，对于运行管理人员来说，用它来监视机组的运行状况是非常有用的。

11.2.8 波形频谱图

在对振动信号进行分析时，在时域波形图上可以得到一些相关的信息，如振幅、周期（即频率）、相位和波形的形状及其变化。这些数据有助于对振动起因的分析及振动机理的研究。但由于从波形图上不能直接得到我们所需要的精确数据，现在已经很少有人用它来确定振动参数，但它可以在实时监测中作为示波器用来观察振动的形态和变化。

我们知道，对于一个复杂的非谐和的周期性的振动信号，可以用傅立叶级数展开的方法得到一系列的频率成分。对振动波形进行 FFT 处理则得到振动的频谱分布，即频谱图，该图反映了振动的频率结构，如图 11-9、图 11-10 所示。

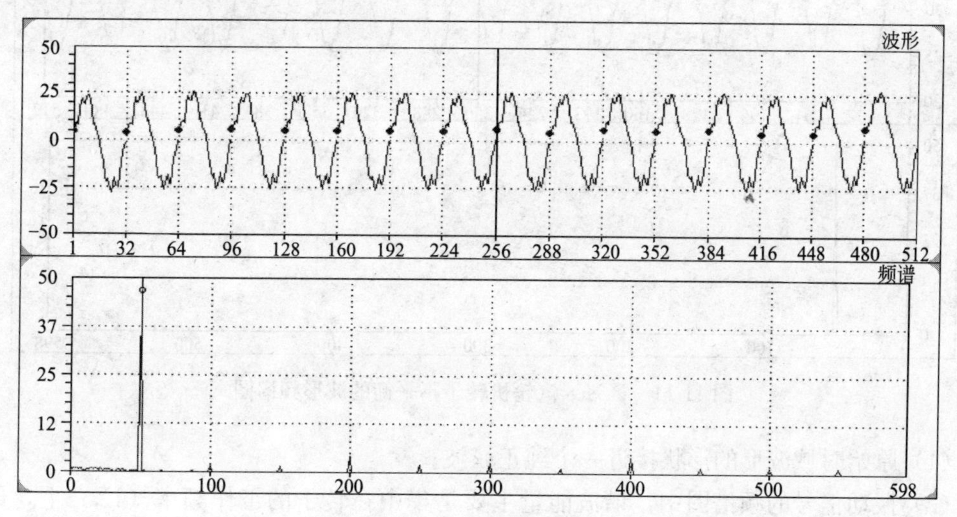

图 11-9　波形频谱图

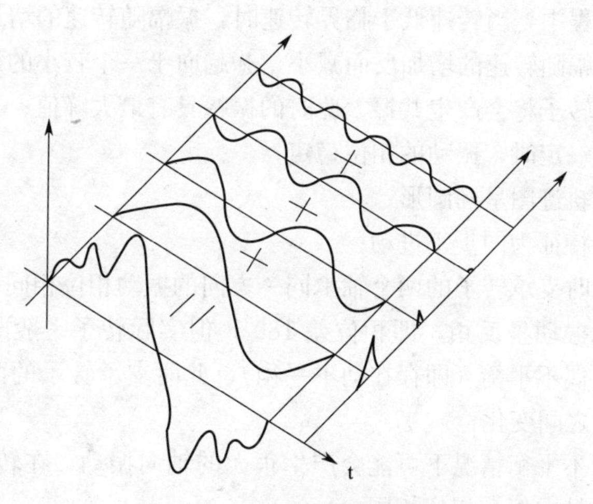

图 11-10　频谱分析的示意图

11.3 旋转机械的故障诊断

11.3.1 不平衡

不平衡是各种旋转机械中最普遍存在的故障。引起转子不平衡的原因是多方面的，如转子的结构设计不合理、机械加工质量偏差、装配误差、材质不均匀、动平衡精度差；运行中联轴器相对位置的改变；转子部件缺损，如：运行中由于腐蚀、磨损、介质不均匀结垢、脱落；转子受疲劳应力作用造成转子的零部件（如叶轮、叶片、围带、拉筋等）局部损坏、脱落，产生碎块飞出等。

不平衡转子的振动信号，其时间波形和频谱图一般具有如下典型特征（图 11-11）：

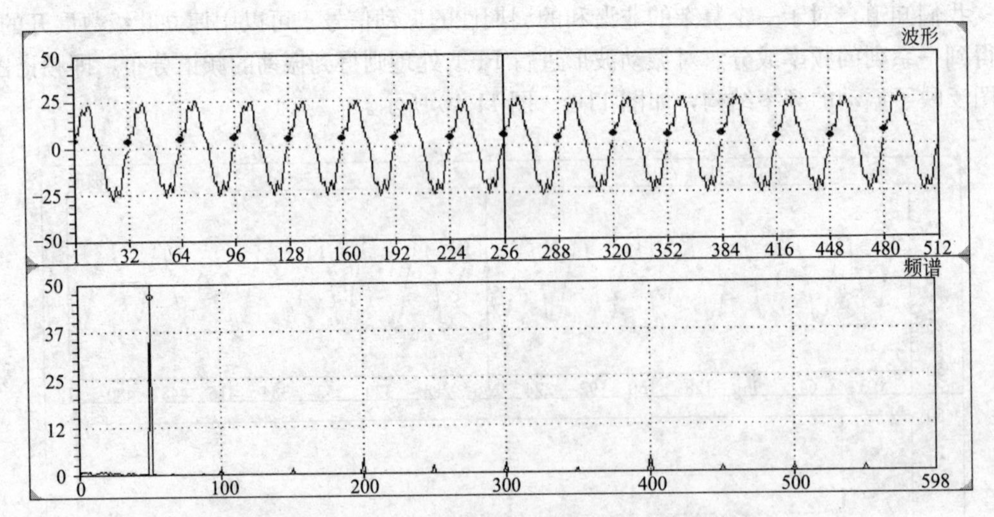

图 11-11　×××汽轮机转子不平衡的波形频谱图

（1）原始时域波形的形状接近一个纯正弦波；

（2）振动信号的频谱图中，谐波能量主要是集中在转子的工作频率（1X）上，即基频振动成分所占的比例很大，而其他倍频成分所占的比例相对较小；

（3）在升降速过程中，当转速低于临界转速时，振幅随转速的增加而上升，当转速越过临界转速之后，振幅随转速的增加反而减小，并趋向于一个较小的稳定值，当转速等于或接近临界转速时，转子将会产生共振，此时的振幅具有最大峰值；

（4）当工作转速一定时，振动的相位稳定；

（5）转子的轴心轨迹图呈椭圆形；

（6）转子的涡动特征为同步正进动；

（7）纯静不平衡时支承转子的两个轴承同一方向的振动相位相同，而纯力偶不平衡时支承转子的两个轴承振动呈反相，即相位差 180°，但实际转子一般既存在一定的静不平衡，又存在一定的力偶不平衡（即存在动不平衡），此时支承转子的两个轴承同一方向振动相位差在 0°～180°之间变化；

（8）在外伸转子不平衡情况下可能会产生很大的轴向振动，在转子外伸端不平衡时，支承转子的两轴承的轴向振动相位相同；

（9）因介质不均匀结垢时，工频幅值和相位是缓慢变化的。

11.3.2 不对中

转子不对中通常是指相邻两转子的轴心线与轴承中心线的倾斜或偏移程度。转子不对中可分为联轴器不对中和轴承不对中。联轴器不对中又可分为平行不对中、偏角不对中和平行偏角不对中三种情况。平行不对中时振动频率为转子工频的两倍。偏角不对中使联轴器附加一个弯矩，以力图减小两个轴中心线的偏角。轴每旋转一周，弯矩作用方向就交变一次，因此，偏角不对中增加了转子的轴向力，使转子在轴向产生工频振动。平行偏角不对中是以上两种情况的综合，使转子发生径向和轴向振动。轴承不对中实际上反映的是轴承坐标高和轴中心位置的偏差。轴承不对中使轴系的载荷重新分配。负荷较大的轴承可能会出现高次谐波振动，负荷较轻的轴承容易失稳，同时还使轴系的临界转速发生改变。因此，不对中故障的特征是（图 11-12～图 11-14）：

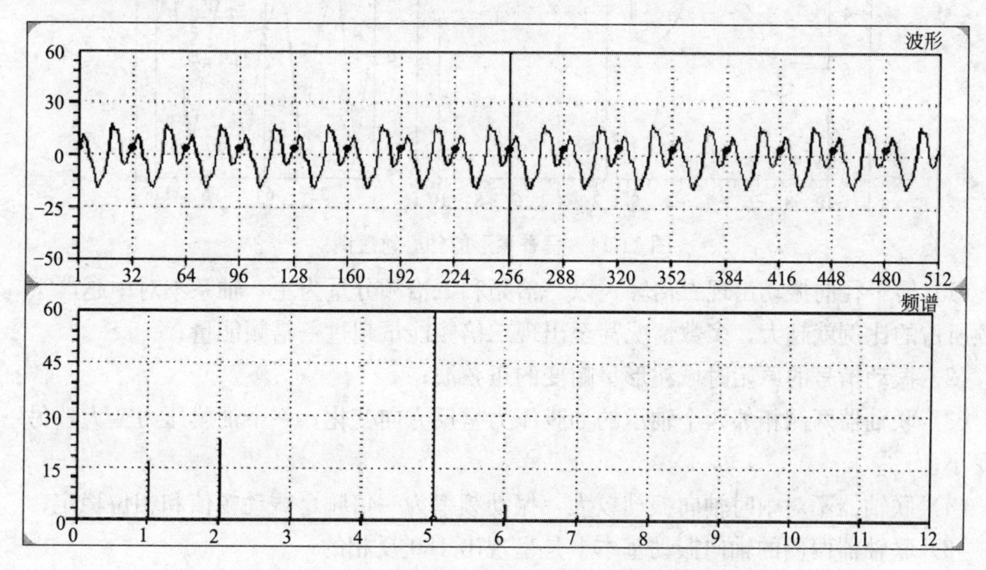

图 11-12　×××汽轮机转子对中不良的波形频谱图

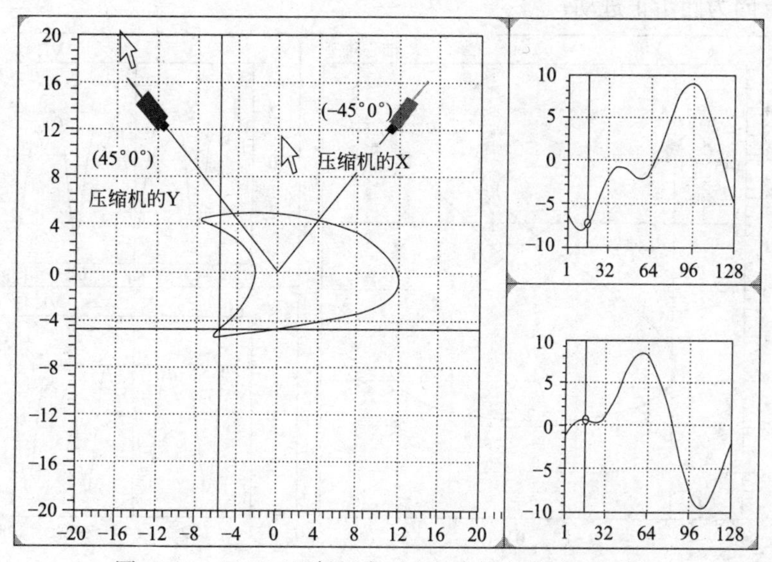

图 11-13　×××压气机有对中不良倾向的轴心轨迹图

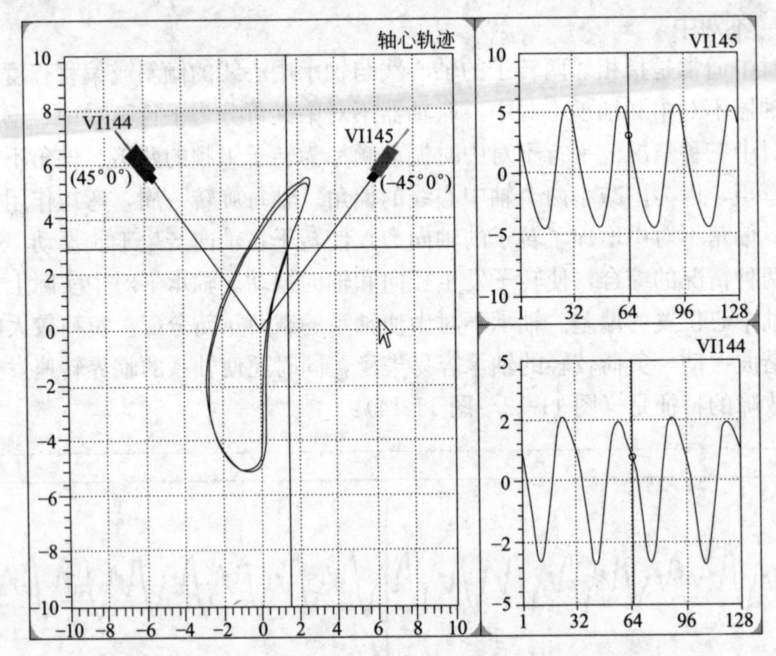

图 11-14　呈香蕉形的轴心轨迹图

(1) 转子径向振动出现二倍频，以一倍频和二倍频分量为主，轴系不对中越严重，二倍频所占的比例就越大，多数情况甚至出现二倍频能量超过一倍频能量；

(2) 振动信号的原始时域波形呈畸变的正弦波；

(3) 联轴器两侧相邻两个轴承的油膜压力呈反方向变化，一个油膜压力变大，另一个则变小；

(4) 联轴器不对中时轴向振动较大，振动频率为一倍频，振动幅值和相位稳定；

(5) 联轴器两侧的轴向振动基本上是呈现出 180°反相的；

(6) 典型的轴心轨迹为月牙形、香蕉形，严重对中不良时的轴心轨迹可能出现“8”字形，涡动方向为同步正进动；

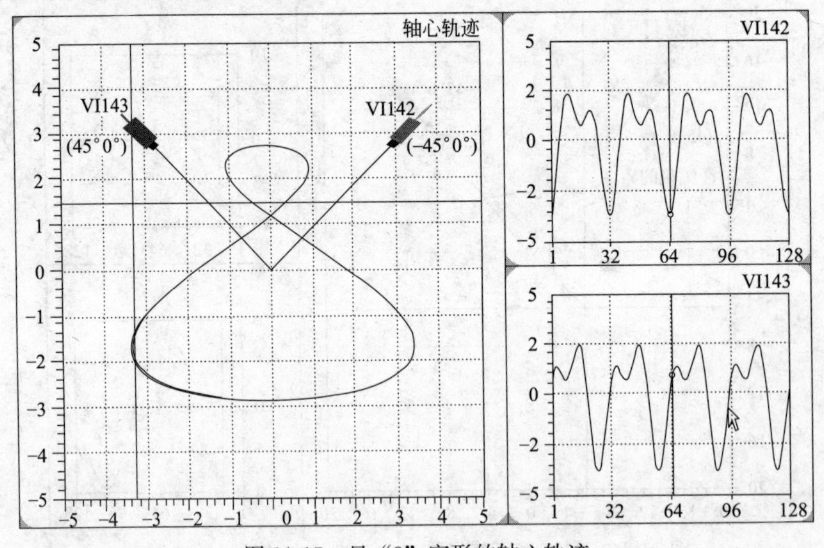

图 11-15　呈“8”字形的轴心轨迹

（7）振动对负荷变化敏感，当负荷改变时，由联轴器传递的扭矩立即发生改变，如果联轴器不对中，则转子的振动状态也立即发生变化，一般振动幅值随着负荷的增加而升高；

（8）轴承不对中包括偏角不对中和标高变化两种情况，轴承不对中时径向振动较大，有可能出现高次谐波，振动不稳定，由于轴承座的热膨胀不均匀而引起轴承的不对中，使转子的振动也要发生变化，但由于热传导的惯性，振动的变化在时间上要比负荷的改变滞后一段时间。

11.3.3 轴弯曲和热弯曲

轴弯曲是指转子的中心线处于不直状态。转子弯曲分为永久性弯曲和临时性弯曲两种类型。转子永久性弯曲是指转子的轴呈永久性的弓形，它是由于转子结构不合理、制造误差大、材质不均匀、转子长期存放不当而发生永久性的弯曲变形，或是热态停车时未及时盘车或盘车不当、转子的热稳定性差、长期运行后轴的自然弯曲加大等原因所造成的。转子临时性弯曲是指转子上有较大预负荷、开机运行时的暖机操作不当、升速过快、转轴热变形不均匀等原因造成。转子永久性弯曲与临时性弯曲是两种不同的故障，但其故障的机理是相同的。转子不论发生永久性弯曲还是临时性弯曲，都会产生与质量偏心情况相类似的旋转矢量激振力。

轴弯曲时通常都会产生很大的径向振动和轴向振动，如果弯曲位于转轴中央附近，支承转子的两个轴承上的轴向振动主要呈 1X 分量，如果弯曲位于联轴器附近或悬臂式支撑转子的外伸端产生弯曲时，则可能产生较大的 2X 振动分量，此外，轴弯曲时一般会在一阶临界转速下产生较大的径向振动。

热弯曲是指转子受热后（如启机中或加负荷时）使转子产生了附加的不平衡力（即热不平衡），从而导致了转子发生弯曲的现象。热不平衡的机理是转子横截面存在某种不对称因素（材质不对称、温度不对称、内摩擦力不对称等），或温度场不均匀，可能在转子上产生弯矩，造成转子弯曲。

转子热弯曲引起的振动主要以基频分量为主，一般其具有如下特点（图 11-16、图 11-17）：

振动与转子的热状态有关，当机组冷态运行时（空载）振动较小，但随着负荷的增加，振动明显增大；

一旦振动增大后快速降负荷或停机振动并不立即减小，而是有一定的时间滞后；

机组快速停机惰走通过一阶临界转速时的振动较启动过程中的相应值增大很多；

转子发生热弯曲后停机惰走时在低转速下转子的工频振动幅值比在开车时相同转速下的振动值要大很多，而且在相同转速下，其工频振动的相位也可能不重合。

11.3.4 油膜涡动和油膜振荡

油膜涡动和油膜振荡是滑动轴承中由于油膜的动力学特性而引起的一种自激振动。

油膜涡动一般是由于过大的轴承磨损或间隙、不合适的轴承设计、润滑油参数的改变等因素引起的。根据振动频谱很容易识别油膜涡动，其出现时的振动频率接近转速频率的一半，随着转速的提高，油膜涡动的故障特征频率与转速频率之比也保持在一个定值上始终不变，常称为半速涡动，如图 11-18～图 11-20 所示。

油膜涡动和油膜振荡是两个不同的概念，它们之间既有区别，又有着密切的联系。

当机器出现油膜涡动，而且油膜涡动频率等于系统的固有频率时就会发生油膜振荡。油膜振荡只有在机器运行转速大于二倍转子临界转速的情况下才可能发生。当转速升至二倍临界转速时，涡动频率非常接近转子临界转速，因此产生共振而引起很大的振动。通常一旦发生油膜振荡，无论转速继续升至多少，涡动频率将总保持为转子一阶临界转速频率。

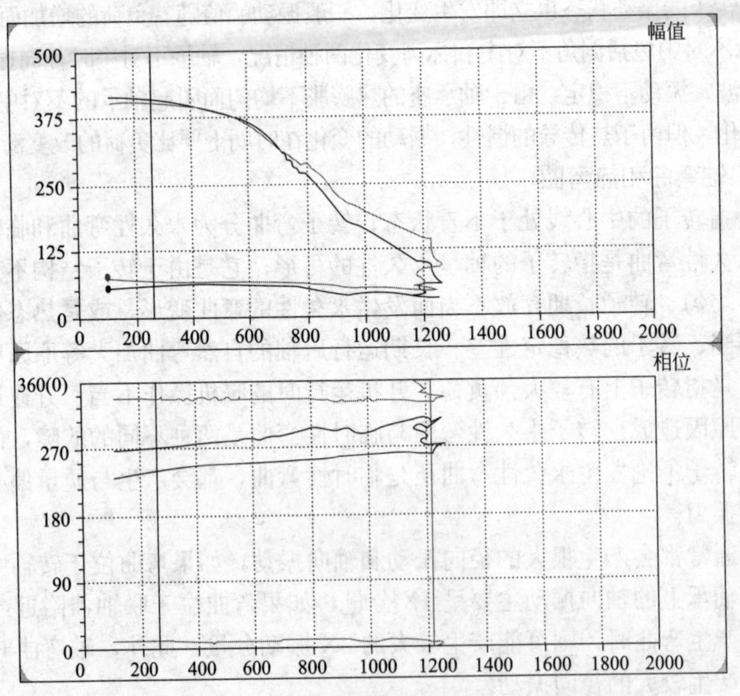

图 11-16 ×××汽轮机高压缸转子热弯曲的波德图

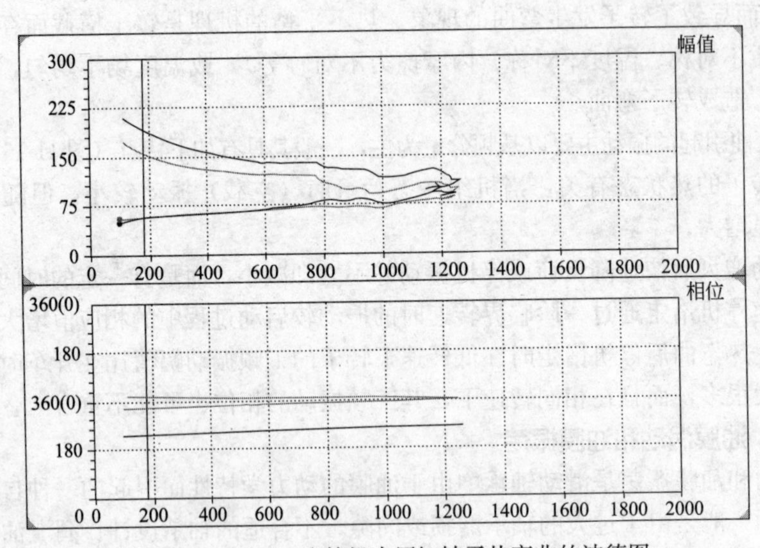

图 11-17 ×××汽轮机中压缸转子热弯曲的波德图

转子发生油膜振荡时一般具有以下特征：

(1) 时间波形发生畸变，表现为不规则的周期信号，通常是在工频的波形上面叠加了幅值很大的低频信号；

(2) 在频谱图中，转子的固有频率 ω_0 处的频率分量的幅值最为突出；

(3) 油膜振荡发生在工作转速大于二倍一阶临界转速的时候，在这之后，即使工作转速继续升高，其振荡的特征频率基本不变；

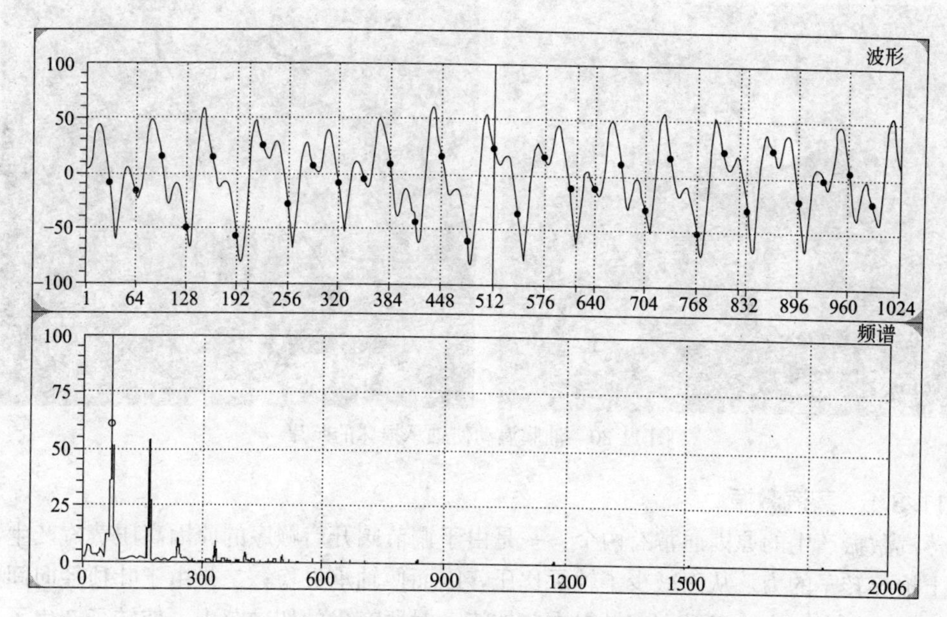

图 11-18 ×××汽轮机轴承发生严重油膜涡动时的波形频谱图

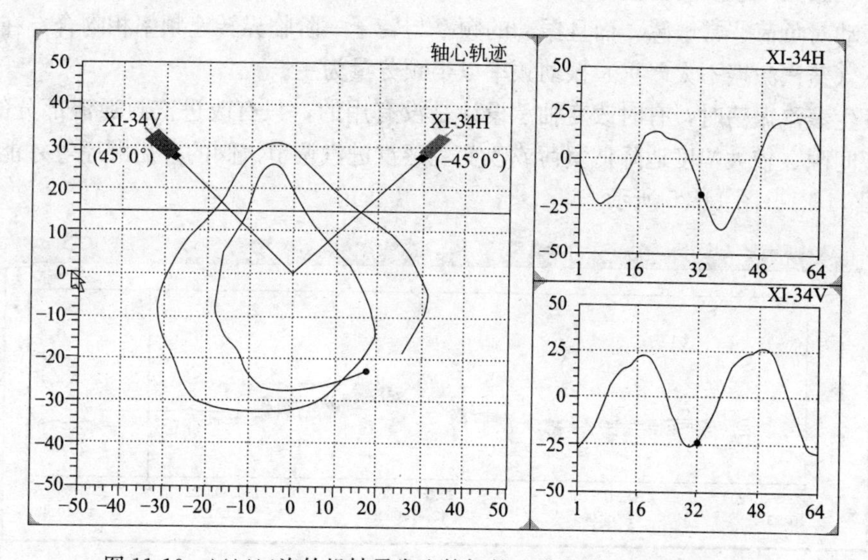

图 11-19 ×××汽轮机轴承发生较轻的油膜涡动时的轴心轨迹图

（4）油膜振荡的发生和消失具有突然性，并带有惯性效应，也就是说，升速时产生油膜振荡的转速要高于降速时油膜振荡消失的转速；

（5）油膜振荡时，转子的涡动方向与转子转动的方向相同，为正进动；

（6）油膜振荡剧烈时，随着油膜的破坏，振荡停止，油膜恢复后，振荡又再次发生，如此持续下去，轴颈与轴承会不断碰摩，产生撞击声，轴承内的油膜压力有较大的波动；

（7）油膜振荡时，其轴心轨迹呈不规则的发散状态，若发生碰摩，则轴心轨迹呈花瓣状；

（8）轴承载荷越小或偏心率越小，就越容易发生油膜振荡；

（9）油膜振荡时，转子两端轴承振动相位基本相同。

图 11-20 油膜涡动使轴承损坏的照片

11.3.5 蒸汽激振

蒸汽激振产生的原因通常有两个：一是由于调节阀开启顺序的原因高压蒸汽产生了一个向上抬起转子的力，从而减少了轴承比压，因而使轴承失稳；二是由于叶顶径向间隙不均匀，产生切向分力，以及端部轴封内气体流动时所产生的切向分力，使转子产生了自激振动。蒸汽激振一般发生在大功率汽轮机的高压转子上，当发生蒸汽振荡时，振动的主要特点是振动对负荷非常敏感，而且振动的频率与转子一阶临界转速频率相吻合，在绝大多数情况下（蒸汽激振不太严重）振动频率以半频分量为主。

在发生蒸汽振荡时，有时改变轴承设计是没有用的，只有改进汽封通流部分的设计、调整安装间隙、较大幅度地降低负荷或改变主蒸汽进汽调节汽阀的开启顺序等才能解决问题。如图 11-21～图 11-25 所示。

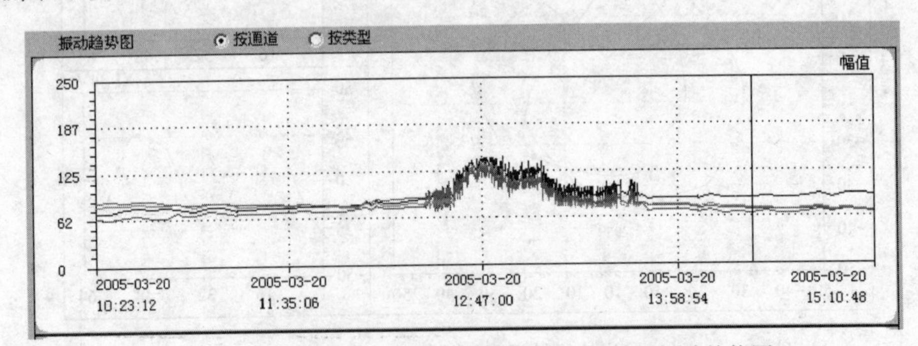

图 11-21 ×××汽轮机蒸汽激振发生前后的通频振动趋势图

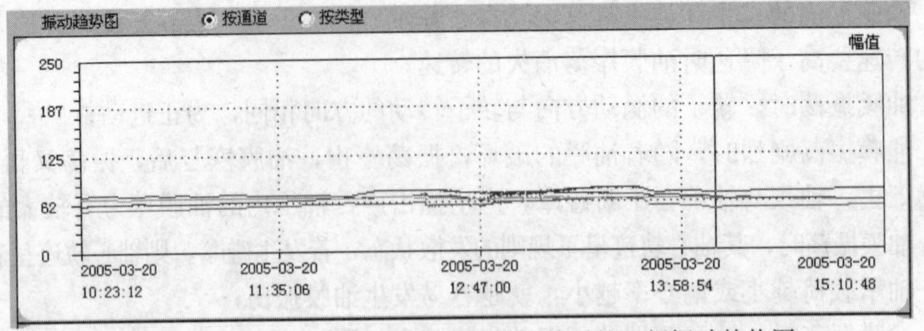

图 11-22 ×××汽轮机蒸汽激振发生前后的工频振动趋势图

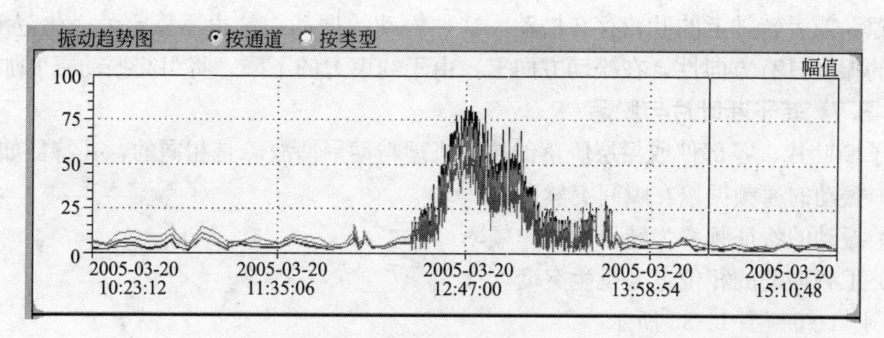

图 11-23　×××汽轮机蒸汽激振发生前后的 0.4X～0.6X 选频振动趋势图

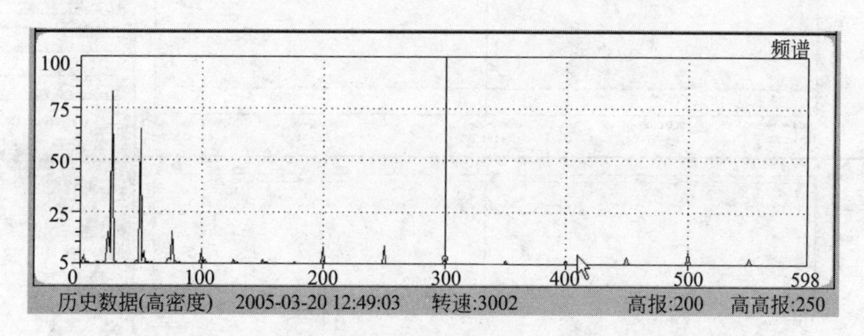

图 11-24　×××汽轮机蒸汽激振发生时振动信号的频谱图

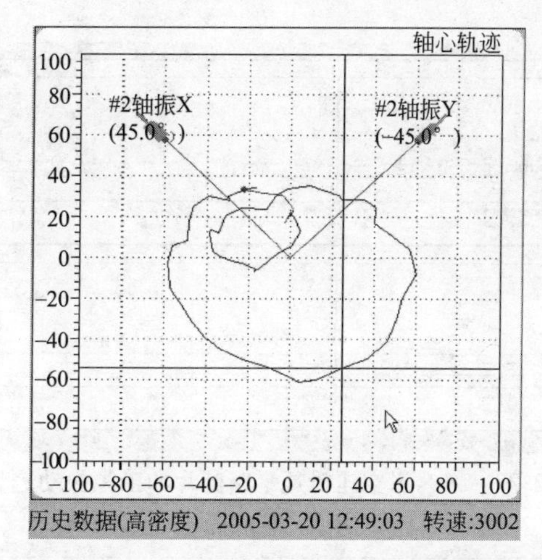

图 11-25　×××汽轮机蒸汽激振发生时的轴心轨迹图

11.3.6　机械松动

通常有三种类型的机械松动：第一种类型的松动是指机器的底座、台板和基础存在结构松动，或水泥灌浆不实以及结构或基础的变形，此类松动表现出振动频谱为 1X 分量；第二种类型的松动主要是由于机器底座固定螺栓的松动或轴承座出现裂纹引起的，其振动频谱除包含 1X 分量外，还存在相当大的 2X 分量，有时还激发出 1/2X 和 3X 振动分量；第三种类型的松动是由于部件间不合适的配合引起的，由于松动部件对来自转子动态力的非线性响应，因而其产生许多振动谐波分量，如 1X，2X，……，nX，有时亦产生精确的 1/2X 或 1/3X 等的分数谐波分量，这时的松动通常是轴承盖里轴承瓦枕的松动、过大的轴承间隙，或者转轴上的叶轮存在松动。这种松动的振动相位很不稳定，变化范围很大，松动时的振动具有方向性，在松动方向上，由于约束力的下降，将引起振动幅度加大。

11.3.7 转子断叶片与脱落

转子断叶片、零部件或垢层脱落的故障机理与动平衡故障是相同的，其特征如下：

(1) 振动的通频振幅在瞬间突然升高；

(2) 振动的特征频率为转子的工作频率；

(3) 工频振动的相位也会发生突变。

如图 11-26～图 11-35 所示。

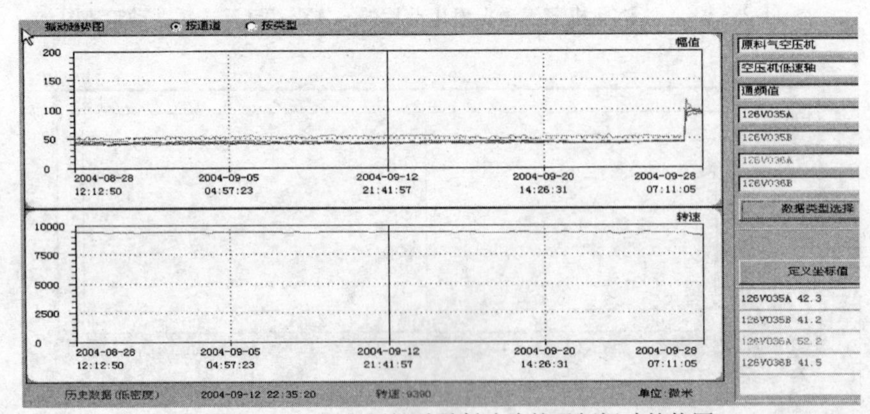

图 11-26　×××空压机透平断叶片的通频振动趋势图

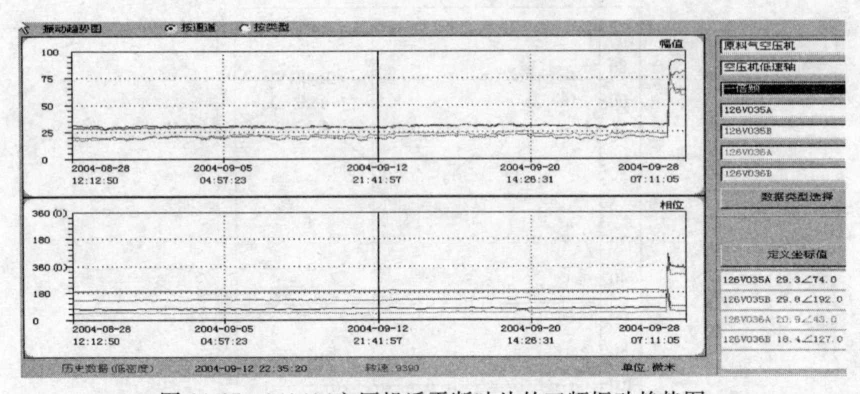

图 11-27　×××空压机透平断叶片的工频振动趋势图

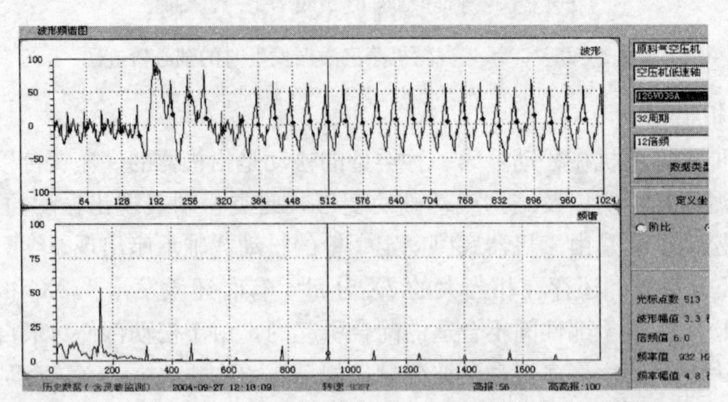

图 11-28　×××空压机透平断叶片时振动信号的频谱图

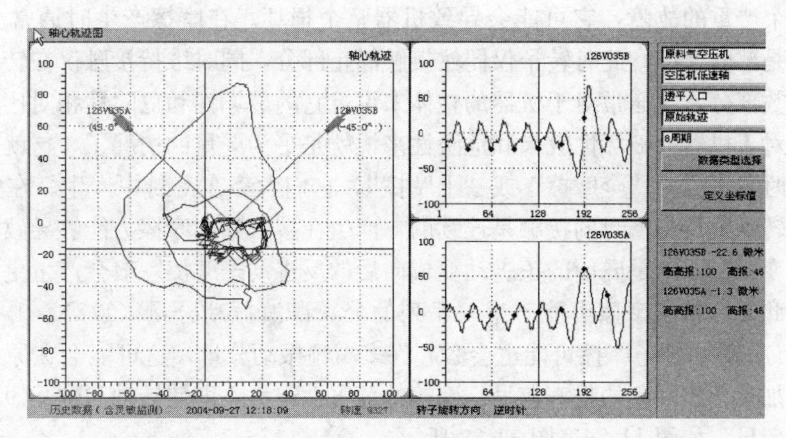

图 11-29 ×××空压机透平断叶片时的轴心轨迹变化图

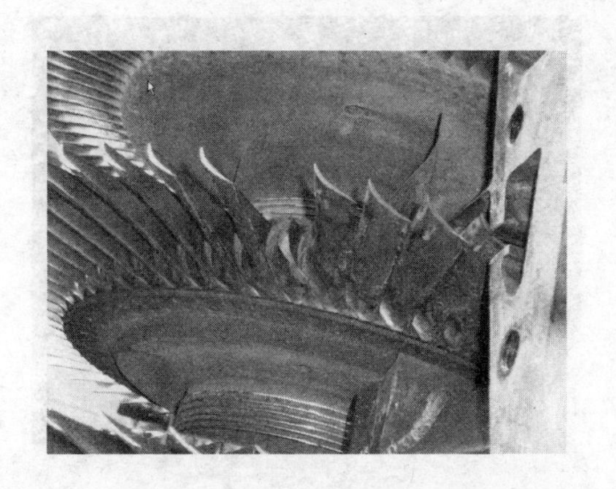

图 11-30 ×××空压机透平断叶片的现场照片

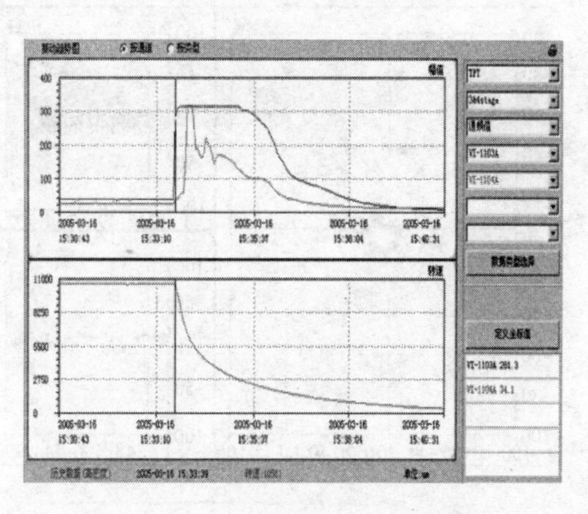

图 11-31 ×××空压机 3 段叶轮破裂的通频振动趋势图

图 11-32 ×××空压机 3 段叶轮破裂的现场照片

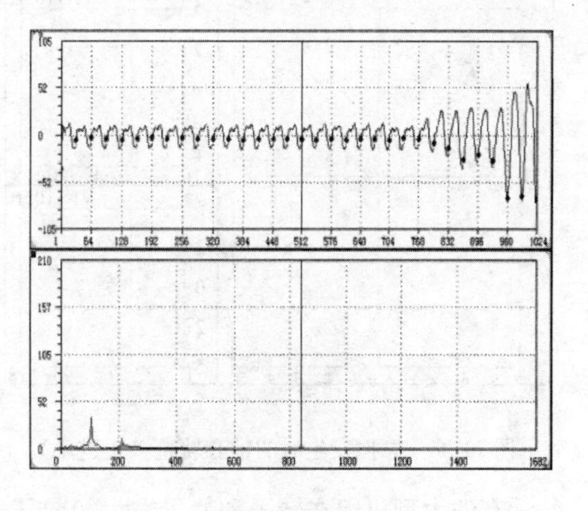

图 11-33 ×××炼厂主风机断叶片的波形频谱图

11.3.8 摩擦

当旋转机械的旋转部件和固定部件接触时，就会发生动、静部分的径向摩擦或轴向碰撞。这是一个严重的故障，它可能会导致机器整个损坏。在摩擦产生时通常分为两种情况：第一种是部分摩擦，此时转子仅偶然接触静止部分，同时维持接触仅在转子进动整周期的一个分数部分，这通常对于机器的整体来说，它的破坏性和危险性相对比较小；第二种，特别是对于机器的破坏性效果和危险性来说就是更为严重的情况了，这就是整周的环状摩擦，有时候也称为“全摩擦”或“干摩擦”，它们大都在密封中产生。在整周环状摩擦发生时，转子维持与密封的接触是连续的，产生在接触处的摩擦力能够导致转子进动方向的剧烈改变，从原本是向前的正进动变成向后的反进动。摩擦一般会产生更多的次谐波振动分量，此外，转子摩擦可能产生一系列的分数谐波振动分量（1/2X，1/3X，1/4X，l/5X，…，1/nX），转子摩擦可能也会激起许多高频振动分量，这可能会在原本正常的频谱图上面叠加一个粉红色的噪声信号。摩擦的危害性很大，即使转轴和轴瓦短时间摩擦也会造成严重后果。如图 11-36、图 11-37 所示。

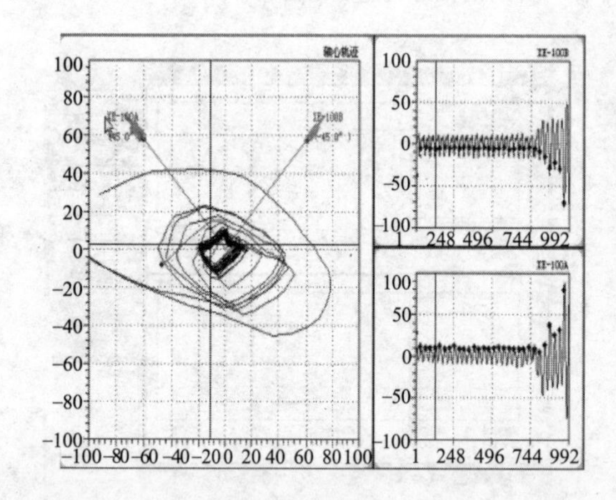

图 11-34　×××炼厂主风机断叶片的轴心轨迹图

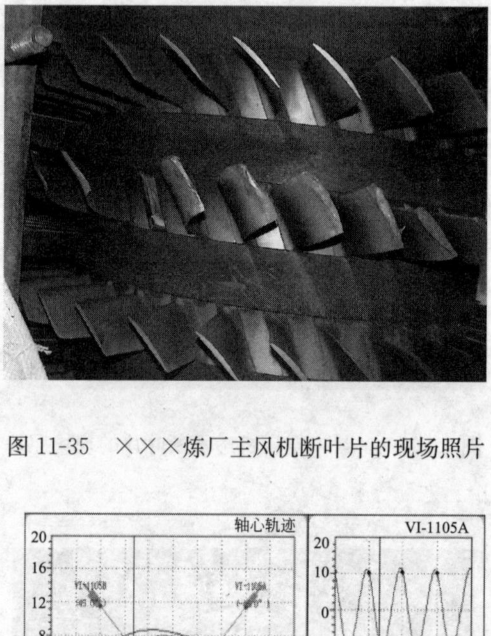

图 11-35　×××炼厂主风机断叶片的现场照片

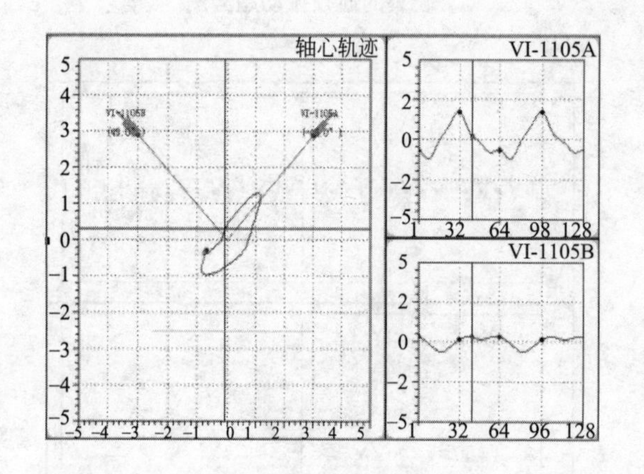

图 11-36　摩擦发生时的轴心轨迹（正进动）

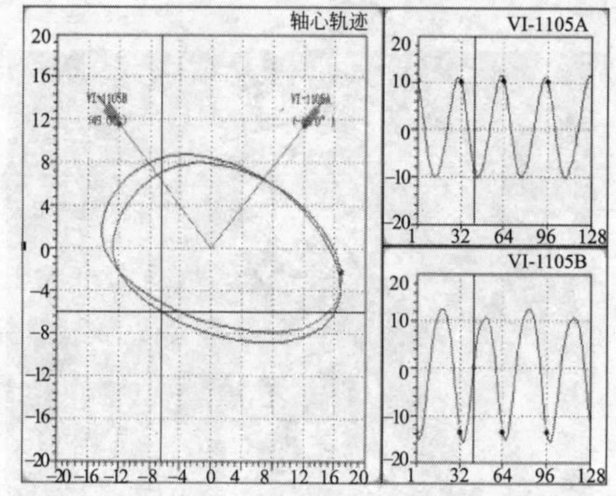

图 11-37　摩擦发生时的轴心轨迹（反进动）

有的大型机组在转子和静子发生径向部分摩擦时，振动频谱主要是基频分量，但也有 2X、3X、4X 等高次谐波分量，其中 2X 分量较大。摩擦时振动急剧增大，而且相位也会发生变化，相位变化是逆转动方向。摩擦后若转子发生热弯曲，则降速时转子通过临界转速时振动也急剧放大。

当转子发生动静摩擦后，降转速或降负荷振动并不立即减小，反而有所增大。只有当转速或负荷降低到某一数值后，振动才缓慢减小，即振动变化存在着一定的滞后。

11.3.9 轴裂纹

转子裂纹产生的原因多是疲劳损伤。旋转机械的转子如果设计不当（包括选材不当或结构不合理）或者加工方法不妥，或者是运行时间超长的老旧机组，由于应力腐蚀、疲劳、蠕变等，会在转子原本存在诱发点的位置产生微裂纹，再加上由于较大而且变化的扭矩和径向载荷的持续作用，微裂纹逐渐扩展，最终发展成为宏观裂纹。原始的诱发点通常出现在应力高而且材料有缺陷的地方，如轴上应力集中点、加工时留下的刀痕、划伤处、材质存在微小缺陷（如夹渣等）的部位等。

在转子出现裂纹的初期，其扩展的速度比较慢，径向振动的幅值增长也比较小，但裂纹的扩展速度会随着裂纹深度的加深而加速，相应的会出现振幅迅速增大的现象，尤其是二倍频幅值的迅速上升和其相位的变化往往可以提供裂纹的诊断信息，因此可以利用二倍频幅值和相位的变化趋势来诊断转子裂纹。

转子出现裂纹后的一般特征：

（1）各阶临界转速较正常时要小，尤其是当裂纹趋于严重时更明显；

（2）由于裂纹造成转子的刚度变化而且不对称，使转子形成多个共振转速；

（3）在恒定转速下，1X、2X、3X等各阶倍频分量的幅值及其相位不稳定，而且尤其以二倍频分量最为突出；

（4）由于裂纹转子的刚度不对称，使得对转子进行动平衡变得困难。

11.3.10 旋转失速与喘振

旋转失速是压缩机中最常见的一种不稳定现象。当压缩机流量减少时，由于冲角增大，叶栅背面将发生边界层分离，流道将部分或全部被堵塞。这样失速区会以某速度向叶栅运动的反方向传播。实验表明，失速区的相对速度低于叶栅转动的绝对速度，因此，我们可以观察到失速区沿转子的转动方向以低于工频的速度移动，故称分离区这种相对叶栅的旋转运动为旋转失速。

旋转失速使压缩机中的流动情况恶化，压比下降，流量及压力随时间波动。在一定转速下，当入口流量减少到某一值时，机组会产生强烈的旋转失速。强烈的旋转失速会进一步引起整个压缩机组系统的一种危险性更大的不稳定的气动现象，即喘振。此外，旋转失速时压缩机叶片受到一种周期性的激振力，如旋转失速的频率与叶片的固有频率相吻合，则将引起强烈振动，使叶片疲劳损坏造成事故。

旋转失速故障的识别特征：

（1）振动发生在流量减小时，且随着流量的减小而增大；

（2）振动频率与工频之比为小于1的常值；

（3）转子的轴向振动对转速和流量十分敏感；

（4）排气压力有波动现象；

（5）流量指示有波动现象；

（6）机组的压比有所下降，严重时压比可能会突降；

（7）分子量较大或压缩比较高的机组比较容易发生。

旋转失速严重时可以导致喘振，但二者并不是一回事。喘振除了与压缩机内部的气体流动情况有关之外，还同与之相连的管道网络系统的工作特性有密切的联系。

压缩机总是和管网联合工作的，为了保证一定的流量通过管网，必须维持一定压力，用来克服管网的阻力。机组正常工作时的出口压力是与管网阻力相平衡的。但当压缩机的流量减少到某一值时，出口压力会很快下降，然而由于管网的容量较大，管网中的压力并不马上降低，于是，管网中的气体压力反而大于压缩机的出口压力，因此，管网中的气体就倒流回压缩机，一直到管网中的压力下降到低于压缩机出口压力为止。这时，压缩机又开始向管网供气，压缩机的流量增大，恢复到正常的工作状态。但当管网中的压力又回到原来的压力时，压缩机的流量又减少，系统中的流体又倒流。如此周而复始产生了气体强烈的低频脉动现象——喘振。

喘振故障的识别特征（图 11-38、图 11-39）：

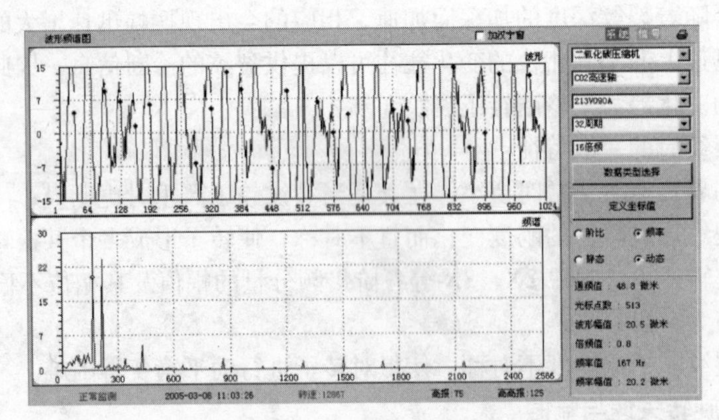

图 11-38 ×××CO_2 压缩机存在旋转失速时的波形频谱图

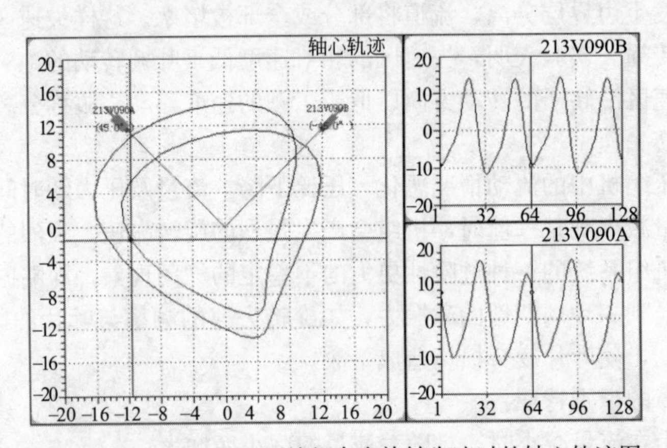

图 11-39 ×××CO_2 压缩机存在旋转失速时的轴心轨迹图

（1）产生喘振故障的对象为气体压缩机组或其他带长管道、容器的气体动力机械；

（2）喘振发生时，机组的入口流量小于相应转速下的最小流量；

（3）喘振时，振动的幅值会大幅度波动；

（4）喘振时，振动的特征频率一般在 1～15Hz 之内，与压缩机后面相连的管网及容器的容积大小成反比；

（5）机组及与之相连的管道等附着物及地面都发生强烈振动；

(6) 出口压力呈大幅度的波动；

(7) 压缩机的流量呈大幅度的波动；

(8) 电机驱动的压缩机组的电机电流呈周期性的变化；

(9) 喘振时伴有周期性的吼叫声，吼叫声的大小与所压缩气体的分子量和压缩比成正比。

11.3.11 机械偏差和电气偏差

在振动信号中，之所以会出现机械偏差和电气偏差的问题，是由非接触式电涡流传感器的工作原理所决定的。

切削加工不完善的轴表面（椭圆形或不同轴）会产生一种正弦动态运动的指示，其频率与旋转部件的旋转频率相一致。不完善的切削表面的原因通常是由于最后加工的机床的轴承的磨损、刀具变钝、进给太快或机床的其他缺陷产生的，或者是车床顶针的磨损造成的。轴颈表面上的不光滑或其他缺陷，如划痕、凹坑、毛刺、锈疤等也将会产生偏差输出。

检验这种误差状态的最简单的方法是用百分表检查轴颈的跳动值。百分表的波动值将确认非接触式电涡流传感器所观察到的被测表面的误差存在的情况。

轴颈的被测表面应该像滑动轴承的轴颈表面那样精心地保护，在吊装时，所采用的缆绳要避开传感器测量的表面区域，存放转子的支撑架应保证不会引起轴颈表面的划痕、凹陷等。

一般来说，只要磁场是均匀的或对称的，电涡流传感器在所存在的磁场中都能令人满意地工作。如果轴上某一表面区域有很高的磁性，而其余的表面是非磁性的或者只有很低的磁性，就可能会出现电气偏差。这是由于来自电涡流传感器的磁场作用到这种轴颈表面上时，引起了传感器灵敏度的改变。

另外，镀层的不均匀、转子材料的不均匀等也会引起电气偏差，而电气偏差是无法用百分表来测量和确认的。如图 11-40 所示。

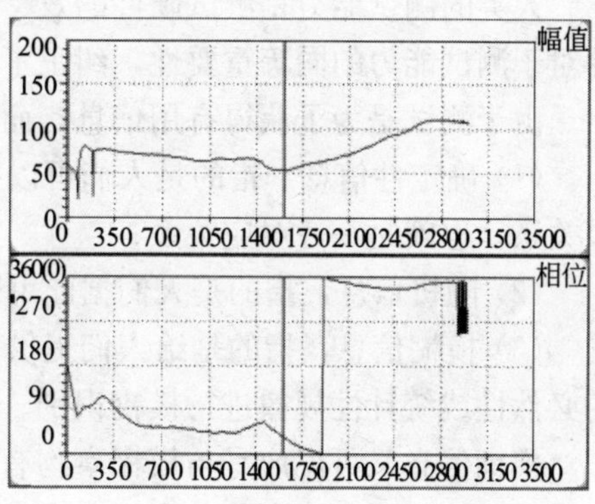

图 11-40 ×××汽轮机转子存在机械和电气偏差的轴颈振动信号波德图

第12章　现代测试技术

■ 12.1　概述

测试是由用单个仪器测出单个物理量值发展成对被测物特征与属性的全面测定，使测试成为分析，测试系统成为分析系统，要求测试仪器与系统中的信号获取、信号调理、数据采集、分析处理、计算控制、结果评定和输出表述融为一体；要求测试实现现场化、远地化、网络化。要求测试诊断、维护修理、分析处理、控制管理一体化。

随着计算机技术、大规模集成电路技术和通信技术的飞速发展，传感器技术、通信技术和计算机技术这三大技术的结合，使测试技术领域发生了巨大的变化，现代测试系统日趋小型化、自动化、高精度、高稳定性、高可靠性，另外，测试系统的研制投入也越来越大，研制周期越来越短。

人类的测试能力是测试硬件的效率与测试软件效率的乘积。这表明测试硬件和测试软件对于测试能力的同等重要性，纠正了提高测试能力由测试硬件决定的片面观念。

由于测试是为了获得有用信息，而现今被人们认识的信息有三种：

(1) 确定性信息，指的是人们可以据此总结出确定型因果关系的信息，这种确定型因果关系，也就是一一对应关系；

(2) 随机信息，指的是人们据此可以总结出统计规律的信息；

(3) 模糊信息，指的是给人们提供一种模糊依据，使人们根据这些信息对其进行相应的必然性或统计性规律进行模糊识别。

模糊信息又可说成是与模糊事物有关的信息。模糊事物是人们阶段认识能力不足，还不能确切认知的客观事物。实际上在自然界中，模糊信息是人们能够得到的一种最多的信息。所谓确定性信息和随机信息都是相应的模糊信息在一定水平上可以忽略模糊性或进行精确化处理提炼出来的。模糊信息不能用某一量值绝对地和它等同起来，所以从信息的分类来看，人们要对大量的模糊信息进行提取、划分、判断、推理、决策和控制，使之成为有用信息，这需要将测试观念进行拓展。

■ 12.2　现代测试系统的基本概念

人们习惯把具有自动化、智能化、可编程化等功能的测试系统称为现代测试系统。现代测试系统主要有三大类：智能仪器、自动测试系统和虚拟仪器。智能仪器和自动测试系统的区别在于它们所用的微机是否与仪器测量部分融合在一起，也即是采用专门设计的微处理器、存储器、接口芯片组成的系统（智能仪器），还是用现成的PC配以一定的硬件及仪器测量部分组合而成的系统（自动测试系统）。而虚拟仪器与前二者的最大区别在于它将测试仪器软件化和模块化，这些软件化和模块化的仪器具有特定的功能（如滤波器、频谱仪）与计算机结合构成了虚拟仪器。

12.2.1 智能仪器

所谓智能仪器是指新一代的测量仪器。这类仪器仪表中含有微处理器、单片计算机（单片机）或体积很小的微型机，有时也称为内含微处理器的仪器或基于微型计算机的仪器。因为功能丰富又很灵巧，国外书刊中常简称为智能仪器。

智能仪器的特点：

(1) 具有自动校准的功能；

(2) 具有强大的数据处理能力；

(3) 具有量程自动切换的功能；

(4) 具有操作面板和显示器；

(5) 具有修正误差的能力；

(6) 有简单的报警功能。

智能仪器的一般结构：

(1) 在物理结构上，测量仪器、微处理器及其支持部件是整个测试电路的一个组成部分，但是，从计算机的观点来看，测试电路与键盘、GPIB 接口、显示器等部件一样，仅是计算机的一种外围设备。

(2) 软件是智能仪器的灵魂。智能仪器的管理程序也称监控程序，其功能分析、接受、执行来自键盘或接口的命令，完成测试和数据处理等任务。软件存于 ROM 或 EPROM。

12.2.2 自动测试系统

自动测试技术源于 20 世纪 70 年代，发展至今，大致可分为三代，其系统组成结构也有较大的不同。

(1) 第一代自动测试系统

第一代自动测试系统多为专用系统，通常是针对某项具体任务而设计的，其结构特点是采用比较简单的定时器或扫描器作为控制器，其接口也是专用的，因此，第一代测试系统通用性比较差。

(2) 第二代自动测试系统

第二代自动测试系统与第一代自动测试系统的主要不同在于：采用了标准化的通用可程控测量仪器接口总线（IEEE 488）、可程序控制的仪器和测控计算机（控制器），从而使得自动测试系统的设计、使用和组装都比较容易。

(3) 第三代自动测试系统

第三代自动测试系统比人工测试显示出前所未有的优越性，但是在这些系统中，电子计算机并没有充分发挥作用，系统中仍是使用传统的测试设备（只不过是配备了新的标准接口），整个系统的工作过程基本上还是对传统人工测试的模拟。

自动测试系统一般由四部分组成：第一部分是微机或微处理器，它是整个系统的核心；第二部分是被控制的测量仪器或设备，称为可程控仪器；第三部分是接口；第四部分是软件。

12.2.3 虚拟仪器

虚拟仪器（VI，Virtual Instrument）是计算机技术同仪器技术深层次结合产生的全新概念的仪器，是对传统仪器概念的重大突破，是仪器领域内的一次革命。虚拟仪器是继第一代仪器——模拟式仪表、第二代仪器——分立元件式仪表、第三代仪器——数字式仪表、第四代仪器——智能化仪器之后的新一代仪器。VI 系统是由计算机、应用软件和仪器硬件三大要素构成的。计算机与仪器硬件又称为 VI 的通用仪器硬件平台。

12.3 现代测试系统的基本组成

现代测控系统的基本结构从硬件平台结构来看可分为以下两种基本类型。

(1) 以单片机（或专用芯片）为核心组成的单机系统，其特点是易做成便携式，结构框图如图 12-1 所示。

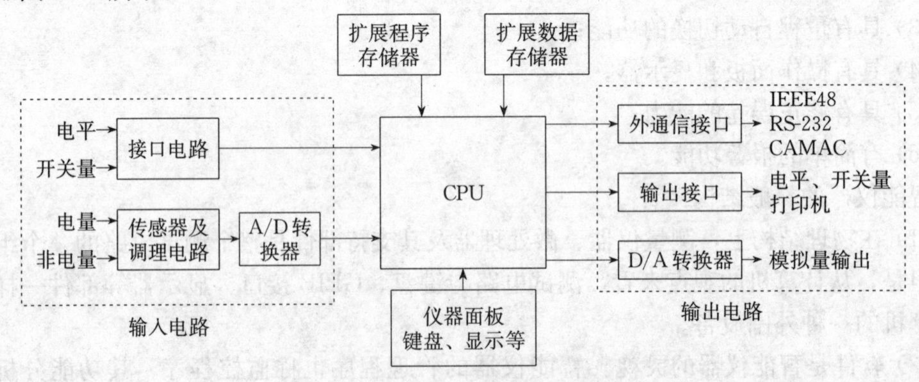

图 12-1 现代测控系统单机结构框图

图 12-1 中输入通道中待测的电量、非电量信号经过传感器及调理电路，输入到 A/D 转换器。由 A/D 转换器将其转换为数字信号，再送入 CPU 系统进行分析处理。此外输入通道中通常还会包含电平信号和开关量，它们经相应的接口电路（通常包括电平转换、隔离等功能单元）送入 CPU 系统。

输出通道包括如 IEEE 488，RS-232 等通信接口，以及 D/A 转换器等，其中 D/A 转换器将 CPU 系统发出的数字信号转换为模拟信号，用于外部设备的控制。

CPU 系统包含输入键盘和输出显示、打印机接口等，一般较复杂的系统还需要扩展程序存储器和数据存储器。当系统较小时，最好选用带有程序、数据存储器的 CPU，甚至带有 A/D 转换器和 D/A 转换器的芯片以便简化硬件系统设计。

(2) 以个人计算机为核心的应用扩展测量仪器（简称 PCI）构建的测试系统，其结构框图如图 12-2 所示。

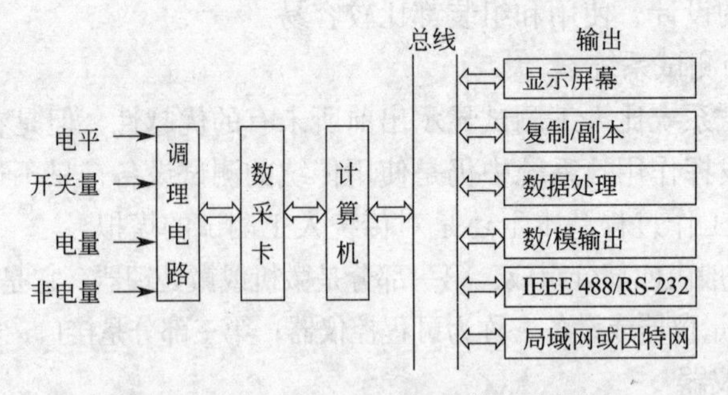

图 12-2 应用扩展型测量仪器结构框图

这种结构属于虚拟仪器的结构形式，它充分利用了计算机的软、硬件技术，用不同的测量仪器和不同的应用软件就可以实现不同的测量功能。

■ 12.4 现代测试系统的特点

现代测试系统与传统测试系统相比，具有以下特点：

(1) 经济性。网络中的虚拟设备的特点为：无磨损、无破坏，可反复使用，尤其是一些价格昂贵、损耗大的仪器设备。更重要的是还可以利用 Internet 实现远程虚拟测控，对那些没有相应实验条件的学生进行开放式的远程专业实验创造了条件，实现有限资源的大量应用。

(2) 网络化。网上实验具有全新的实验模式，实验者不受时间、空间上的制约，可随时、随地进入虚拟实验室网站，选择相应的实验，进行虚拟实验操作。

(3) 针对性。在网上进行实验，可以将实验现象、实验结果重点突出。利用计算机的模拟功能、动画效果能够实现缓慢过程的快速化或快速过程的缓慢化。

(4) 智能化。由于微电子技术、计算机技术和传感器技术的飞速发展，给自动检测技术的发展提供了十分有利的条件，应运而生的自动检测设备也广泛地应用于武器装备系统的研制、生产、储供和维修的各环节之中。它是由多种测试仪器、设备或系统综合而成的有机整体，并能够在最少依赖于操作人员干预的情况下，通过计算机的控制自动完成对被测对象的功能行为或特征参数的分析、评估其性能状态，并对引起其工作异常的故障进行隔离等综合性的诊断测试过程。由于自动检测设备在技术上的不断发展，目前正在向形成模块化、系列化、通用化、自动化和智能化、标准化的方向发展。

■ 12.5 虚拟测试仪器技术

12.5.1 虚拟仪器含义及其特点

虚拟仪器的起源可以追溯到 20 世纪 70 年代，那时计算机测控系统在国防、航天等领域已经有了相当的发展。PC 出现以后，仪器级的计算机化成为可能，甚至在 Microsoft 公司的 Windows 诞生之前，National Intrument 公司已经在 Macintosh 计算机上推出了 LabVIEW 2.0 以前的版本。对虚拟仪器和 LabVIEW 长期、系统、有效的研究开发使得该公司成为业界公认的权威。

虚拟仪器在计算机的显示屏上虚拟传统仪器面板，并尽可能多地将原来由硬件电路完成的信号调理和信号处理功能，用计算机程序来完成。这种硬件功能的软件化，是虚拟仪器的一大特征。操作人员在计算机显示屏上用鼠标和键盘控制虚拟仪器程序的运行，就像操作真实的仪器一样，从而完成测量和分析任务。

与传统仪器相比，虚拟仪器最大的特点是其功能由软件定义，可以由用户根据应用需要进行调整，用户选择不同的应用软件就可以形成不同的虚拟仪器。而传统仪器的功能是由厂商事先定义好的，其功能用户无法变更。当虚拟仪器用户需要改变仪器功能或需要构造新的仪器时，可以由用户自己改变应用软件来实现，而不必重新购买新的仪器。虚拟仪器和传统仪器的关系如图 12-3 所示。

虚拟仪器是计算机化仪器，由计算机、信号测量硬件模块和应用软件三大部分组成。National Instrument 公司提出的计算机虚拟仪器如图 12-4 所示。

虚拟仪器可以分为下面几种形式：

(1) PC-DAQ 测试系统：以数据采集卡（DAQ 卡）、计算机和虚拟仪器软件构成的

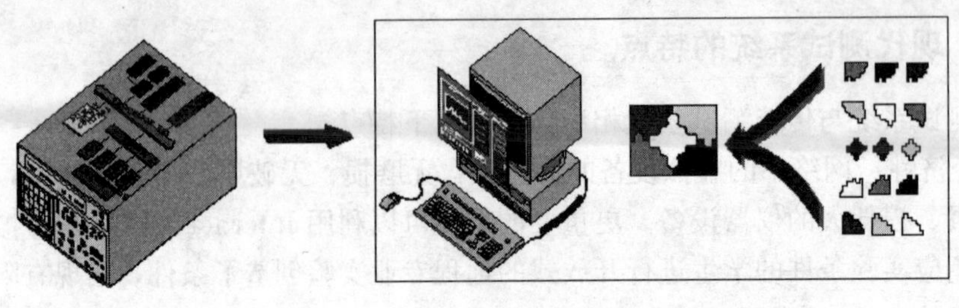

传统仪器:厂商定义　　　　虚拟仪器,用户定义

图 12-3　传统仪器与虚拟仪器比较

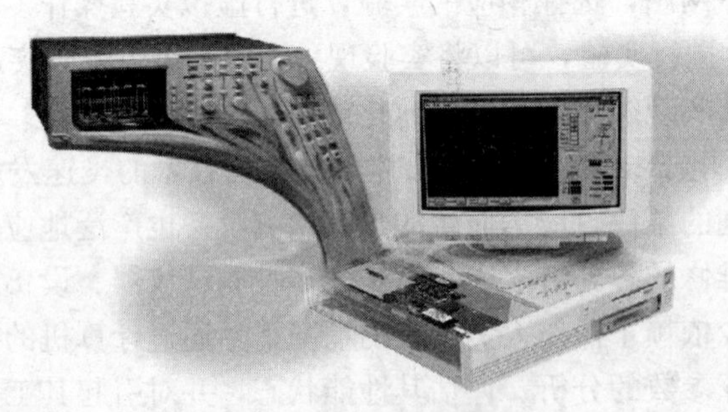

图 12-4　National Instrument 公司提出的计算机虚拟仪器

测试系统。

（2）GPIB 系统：以 GPIB 标准总线仪器、计算机和虚拟仪器软件构成的测试系统。

（3）VXI 系统：以 VXI 标准总线仪器、计算机和虚拟仪器软件构成的测试系统。

（4）串口系统：以 RS-232 标准串行总线仪器、计算机和虚拟仪器软件构成的测试系统。

（5）现场总线系统：以现场总线仪器、计算机和虚拟仪器软件构成的测试系统。

其中 PC-DAQ 测试系统是最常用的构成计算机虚拟仪器系统的形式。目前针对不同的应用目的和环境，已设计了多种性能和用途的数据采集卡，包括低速采集板卡、高速采集卡、高速同步采集板卡、图像采集卡、运动控制卡等。

普通的 PC 有一些不可避免的弱点，用它构建的虚拟仪器或计算机测试系统性能不可能太高。目前作为计算机化仪器的一个重要发展方向是制定了 VXI 标准，这是一种插卡式的仪器。每一种仪器是一个插卡，为了保证仪器的性能，又采用了较多的硬件，但这些卡式仪器本身都没有面板，其面板仍然用虚拟的方式在计算机屏幕上出现。这些卡插入标准的 VXI 机箱，再与计算机相连，就组成了一个测试系统。VXI 仪器价格昂贵，目前又推出了一种较为便宜的 PXI 标准仪器。

虚拟仪器研究的另一个问题是各种标准仪器的互联及与计算机的连接，目前使用较多的是 IEEE 488 或 GPIB 协议，未来的仪器也应当是网络化的。

12.5.2　虚拟仪器的组成

虚拟仪器主要由传感器、信号采集与控制板卡、信号分析软件和显示软件几部分组成，如图 12-5 所示。

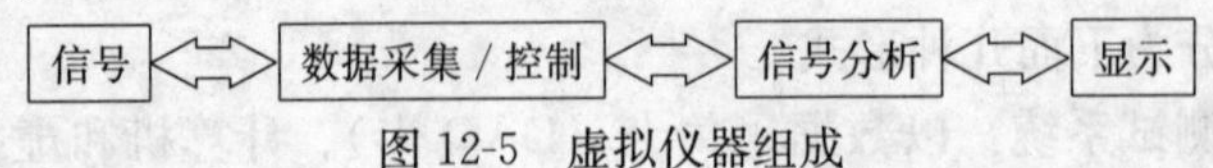

图 12-5　虚拟仪器组成

1. 硬件功能模块

根据虚拟仪器所采用的信号测量硬件模块的不同，虚拟仪器可以分为下面几类：

(1) C-DAQ 数据采集卡

通常，利用计算机扩展槽和外部接口，将信号测量硬件设计为计算机插卡或外部设备，直接插接在计算机上，再配上相应的应用软件，组成计算机虚拟仪器测试系统。这是目前应用得最为广泛的一种计算机虚拟仪器组成形式。按计算机总线的类型和接口形式，这类卡可分为 ISA 卡、EISA 卡、VESA 卡、PCI 卡、PCMCIA 卡、并口卡、串口卡和 USB 口卡等。按板卡的功能则可以分为 A/D 卡、D/A 卡、数字 I/O 卡、信号调理卡、图像采集卡、运动控制卡等。

(2) GPIB 总线仪器

GPIB (General Purpose Interface Bus) 是测量仪器与计算机通信的一个标准，通过 GPIB 接口总线，可以把具备 GPIB 总线接口的测量仪器与计算机连接起来，组成计算机虚拟仪器测试系统。GPIB 总线接口有 24 线 (IEEE 488 标准) 和 25 线 (IEC 625 标准) 两种形式，其中以 IEEE 488 的 24 线 GPIB 总线接口应用最多。在我国的国家标准中确定采用 24 线的电缆及相应的插头插座，其接口的总线定义和机电特性如图 12-6 所示。

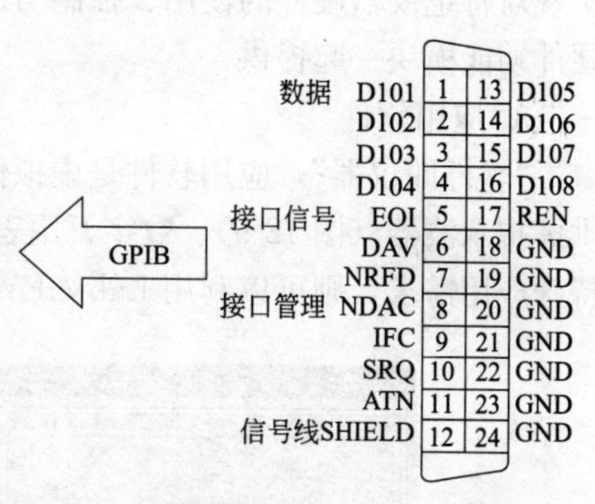

图 12-6　24 线电缆接口的定义和机电特性

GPIB 总线测试仪器通过 GPIB 接口和 GPIB 电缆与计算机相连，形成计算机测试仪器，如图 12-7 所示。与 DAQ 卡不同，GPIB 仪器是独立的设备，能单独使用。GPIB 设备可以串接在一起使用，但系统中 GPIB 电缆的总长度不应超过 20m，过长的传输距离会使信噪比下降，对数据的传输质量有影响。

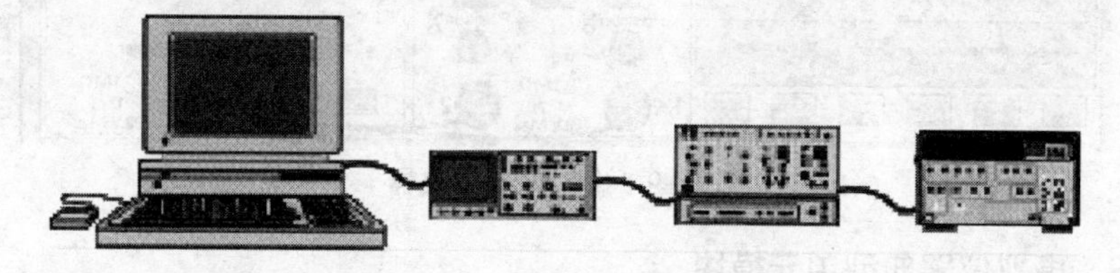

图 12-7　GPIB 总线测试仪器

(3) VXI 总线模块

VXI 总线模块 (图 12-8) 是另一种新型的基于板卡式相对独立的模块化仪器。从物理结构看，一个 VXI 总线系统由一个能为嵌入模块提供安装环境与背板连接的主机箱和插接的 VXI 板卡组成，与 GPIB 仪器一样，该总线模块需要通过 VXI 总线的硬件接口才能与计算机相连

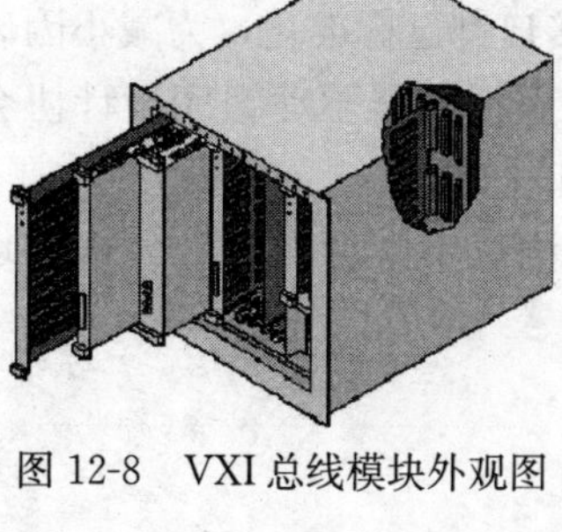

图 12-8　VXI 总线模块外观图

(4) RS-232 串行接口仪器

很多仪器带有 RS-232 串行接口，通过连接电缆将仪器与计算机相连就可以构成计算机虚拟仪器测试系统，实现用计算机对仪器进行控制。

（5）现场总线模块

现场总线仪器是一种用于恶劣环境条件下的、抗干扰能力很强的总线仪器模块。与上述的其他硬件功能模块相类似，在计算机中安装了现场总线接口卡后，通过现场总线专用连接电缆，就可以构成计算机虚拟仪器测试系统，实现用计算机对现场总线仪器进行控制。

2. 驱动程序

任何一种硬件功能模块，要与计算机进行通信，都需要在计算机中安装该硬件功能模块的驱动程序（就如同在计算机中安装声卡、显示卡和网卡一样），仪器硬件驱动程序使用户不必了解详细的硬件控制原理和了解 GPIB、VXI、DAQ、RS-232 等通信协议就可以实现对特定仪器硬件的使用、控制与通信。驱动程序通常由硬件功能模块的生产商提供随硬件功能模块一起提供。

3. 应用软件

“软件即仪器”，应用软件是虚拟仪器的核心。一般虚拟仪器硬件功能模块生产商会提供虚拟示波器（图 12-9）、数字万用表、逻辑分析仪等常用虚拟仪器应用程序。对用户的特殊应用需求，则可以利用 LabVIEW、Agilent VEE 等虚拟仪器开发软件平台来开发。

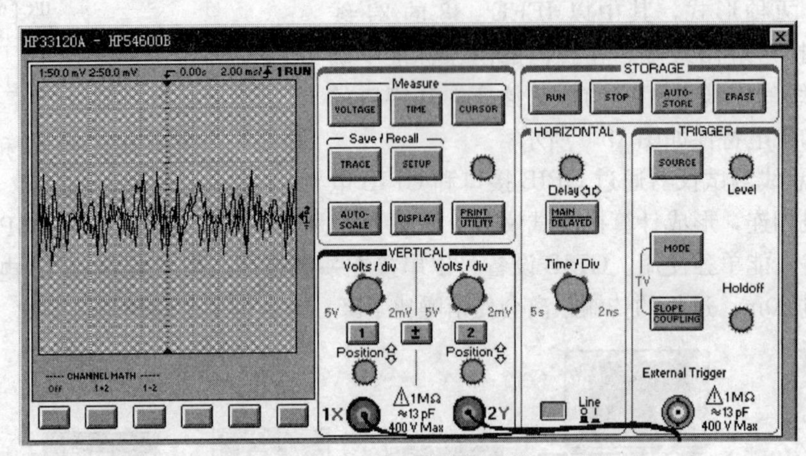

图 12-9　虚拟仪器示波器

12.5.3　虚拟仪器典型单元模块

虚拟仪器的核心是软件，其软件模块主要由硬件板卡驱动、信号分析和仪器表头显示三类软件模块组成。

硬件板卡驱动模块通常由硬件板卡制造商提供，直接在其提供的 DLL 或 ActiveX 基础上开发就可以了。目前 PC-DAQ 数据采集卡、GPIB 总线仪器卡、RS-232 串行接口仪器卡、FieldBus 现场总线模块卡等许多仪器板卡的驱动程序接口都已标准化，为减小因硬件设备驱动程序不兼容而带来的问题，国际上成立了可互换虚拟仪器驱动程序设计协会（Interchangeable Virtual Instrument），并制订了相应软件接口标准。

信号分析模块的功能主要是完成各种数学运算，在工程测试中常用的信号分析模块包括：

（1）信号的时域波形分析和参数计算；

（2）信号的相关分析；

(3) 信号的概率密度分析；

(4) 信号的频谱分析；

(5) 传递函数分析；

(6) 信号滤波分析；

(7) 三维谱阵分析。

目前，LabVIEW、Matlab 等软件包中都提供了这些信号处理模块，另外在网上也能找到 Basic 和 C 语言的源代码，编程实现也不困难。

LabVIEW、HP VEE 等虚拟仪器开发平台提供了大量的这类软件模块供选择，设计虚拟仪器程序时直接选用就可以了，但这些开发平台很昂贵，一般只在专业场合使用。

12.5.4 虚拟仪器开发系统

目前，市面上常用的虚拟仪器的应用软件开发平台有很多种，但常用的是 Labview、Labwindows/CVI、Agilent VEE 等，本节将对用得最多的 Labview 进行简单介绍。

Labview 是为那些对诸如 C 语言、C++、Visual Basic、Delhi 等编程语言不熟悉的测试领域的工作者开发的，它采用可视化的编程方式，设计者只需将虚拟仪器所需的显示窗口、按钮、数学运算方法等控件从 Labview 工具箱内用鼠标拖到面板上，布置好布局，然后在 Diagram 窗口将这些控件、工具按设计的虚拟仪器所需要的逻辑关系，用连线工具连接起来即可。图 12-10 所示是用 Labview 开发的温度测量仪的前面板图。

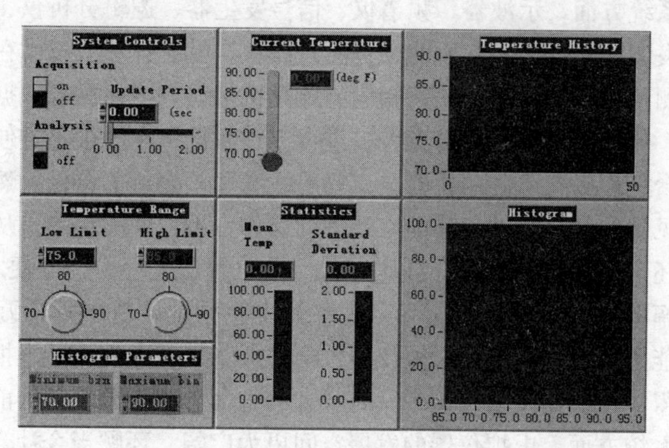

图 12-10　温度测量前面板

若要得到更详细的设计信息，请访问 www.ni.com 网站，此外还有 Dasylab Windows、DIRECTVIEW for Windows 和 Process Control Software for Windows 等针对测控领域的虚拟仪器软件。华中科技大学机械学院可重构测量装备研究室与深圳蓝津信息技术股份有限公司合作采用软件总线和软件芯片技术开发了一个积木拼装式的虚拟仪器开发平台，若要得到更详细的设计信息，请访问 www.landims.com 网站，图 12-11 所示为该公司开发的快速可重组虚拟仪器实验平台。

12.5.5 虚拟仪器的应用

虚拟仪器技术的优势在于可由用户定义自己的专用仪器系统，且功能灵活，很容易构建，所以应用面极为广泛，尤其在科研、开发、测量、检测、计量、测控等领域更是不可多得的好工具。虚拟仪器技术先进，十分符合国际上流行的"硬件软件化"的发展趋势，

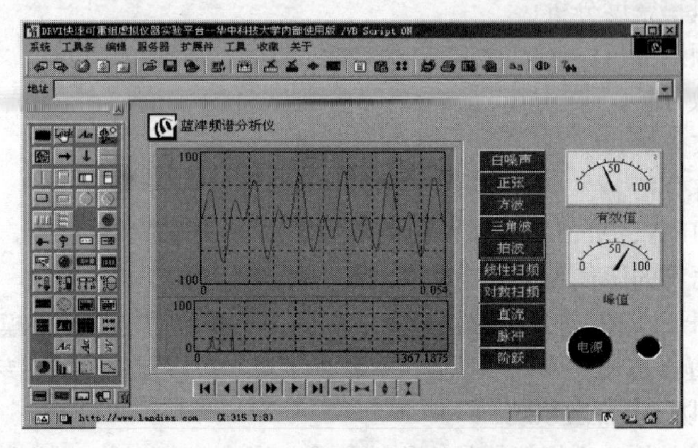

图 12-11　DRVI 快速可重组虚拟仪器实验平台

因而常被称作“软件仪器”，它功能强大，可实现示波器、逻辑分析仪、频谱仪、信号发生器等多种普通仪器的全部功能，配以专用探头和软件还可检测特定系统的参数；它操作灵活，完全图形化界面，风格简约，符合传统设备的使用习惯，用户不经培训即可迅速掌握操作规程；它集成方便，不但可以和高速数据采集设备构成自动测量系统，而且可以和控制设备构成自动控制系统。

在仪器计量系统方面，示波器、频谱仪、信号发生器、逻辑分析仪、电压电流表是科研机关、企业研发实验室、大专院所的必备测量设备。随着计算机技术在测绘系统中的广泛应用，传统的测量仪器设备由于缺乏相应的计算机接口，因而配合数据采集及数据处理十分困难。而且，传统仪器体积相对庞大，进行多种数据测量时很不方便。经常会见到硬件工程师的工作台上堆砌着纷乱的仪器，交错的线缆和繁多待测器件。然而在集成的虚拟测量系统中，所见到的却是整洁的桌面，条理的操作，不但使测量人员从繁复的仪器堆中解放出来，而且还可实现自动测量、自动记录、自动数据处理。其方便之极固不必多言，而设备成本的大幅降低却不可不提。一套完整的实验测量设备少则几万元，多则几十万元。在同等的性能条件下，相应的虚拟仪器价格要低 1/2 甚至更多。虚拟仪器强大的功能和价格优势，使得它在仪器计量领域中具有强大的生命力和十分广阔的前景。

在专用测量系统方面，虚拟仪器的发展空间更为广阔。环顾当今社会，信息技术的迅猛发展，各行各业无不转向智能化、自动化、集成化，无所不在的计算机应用为虚拟仪器的推广打下了良好的基础。虚拟仪器的概念就是用专用的软硬件配合计算机实现专有设备的功能，并使其自动化、智能化，因此，虚拟仪器适合于一切需要计算机辅助进行数据存储、数据处理及数据传输的计量场合。测量与处理、结果与分析相互脱节的状况将大为改观，使得数据的拾取、存储、处理和分析一条龙操作，既有条不紊又迅捷快速，因此，目前常见的计量系统，只要技术上可行，都可用虚拟仪器代替，可见虚拟仪器的应用空间是非常的宽广。

12.5.6　LabVIEW 简介

LabVIEW（Laboratory Virtual instrument Engineering）是一种图形化的编程语言，它广泛地被工业界、学术界和研究实验室所接受，视为一个标准的数据采集和仪器控制软件。LabVIEW 集成了满足 GPIB、VXI、RS-232 和 RS-485 协议的硬件及数据采集卡通信的全部功能，它还内置了便于应用TCP/IP、ActiveX等软件标准的库函数，这是一个功能强大且灵活的软件，利用它可以方便地建立自己的虚拟仪器，其图形化的界面使得编程及使用过程都生动有趣，它可以增强构建科学和工程系统的能力，提供了实现仪器编程和数据采集系统的便捷途径，使用它进行原理研究、设计、测试并实现仪器系统时，可以大大提高工作效率。

利用LabVIEW可产生独立运行的可执行文件，它是一个真正的32位编译器，像许多重要的软件一样，LabVIEW提供了Windows、UNIX、Linux、Macintosh的多种版本。

所有的LabVIEW应用程序，即虚拟仪器（VI），包括前面板（front panel）、流程图（block diagram）以及图标/连接器（icon/connector）三部分。

1. 前面板

前面板是图形用户界面，也就是VI的虚拟仪器面板，这一界面上有用户输入和显示输出两类对象，具体表现有开关、旋钮、图形以及其他控制（control）和显示对象（indicator）。图12-12是一个随机信号发生和显示的前面板，上面有一个显示对象，可以以曲线的方式显示所产生的系列随机数，还有一个控制对象——开关，可以启动和停止工作，显然，并非简单地画两个控件就可以运行，在前面板后还有一个与之配套的流程图。

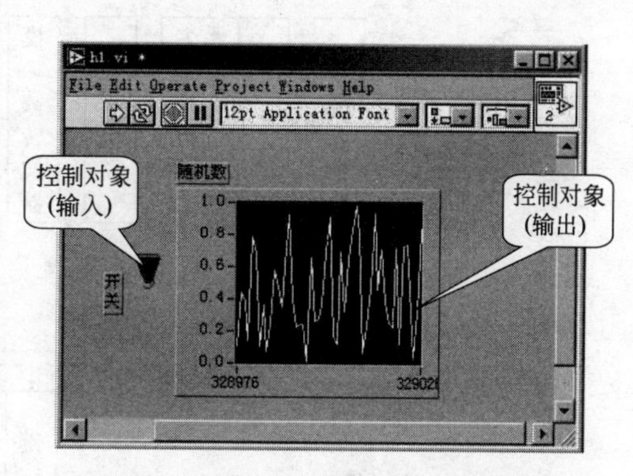

图12-12　随机信号发生器的前面板

2. 流程图

流程图提供VI的图形化源程序。在流程图中对VI编程，以控制和操纵定义在前面板上的输入和输出功能。流程图中包括前面板上的控件的连线端子，还有一些前面板上没有，但编程必须有的东西，例如函数、结构和连线等。我们可以看到流程图中包括了前面板上的开关和随机数显示器的连线端子，还有一个随机数发生器的函数及程序的循环结构。随机数发生器通过连线将产生的随机信号送到显示控件，为了使它持续工作下去，设置了一个While Loop循环，由开关控制这一循环的结束。

如果将VI与标准仪器相比较，那么前面板上的东西就是仪器面板上的东西，而流程图上的东西相当于仪器箱内的东西。在许多情况下，使用VI可以仿真标准仪器，不仅在屏幕上出现一个惟妙惟肖的标准仪器面板，而且其功能也与标准仪器相差无几。

3. 图标/连接器

VI具有层次化和结构化的特征。一个VI可以作为子程序［这里称为子VI（sub VI）］被其他VI调用。

■ 12.6　智能仪器

智能仪器的出现，极大地扩充了传统仪器的应用范围。智能仪器凭借其体积小、功能强、功耗低等优势，迅速地在家用电器、科研单位和工业企业中得到了广泛的应用。

12.6.1 智能仪器的工作原理

智能仪器的硬件基本结构如图 12-13 所示。传感器拾取被测参量的信息并转换成电信号，经滤波去除干扰后送入多路模拟开关；由单片机逐路选通模拟开关将各输入通道的信号逐一送入程控增益放大器，放大后的信号经模/数转换器转换成相应的脉冲信号后送入单片机中；单片机根据仪器所设定的初值进行相应的数据运算和处理（如非线性校正等）；运算的结果被转换为相应的数据进行显示和打印；同时单片机把运算结果与存储于芯片内 FlashROM（闪速存储器）或 EEPROM（电可擦除存储器）内的设定参数进行运算比较后，根据运算结果和控制要求，输出相应的控制信号（如报警装置触发、继电器触点等）；此外，智能仪器还可以与个人计算机组成分布式测控系统，由单片机作为下位机采集各种测量信号与数据，通过串行通信将信息传输给上位机——个人计算机，由个人计算机进行全局管理。

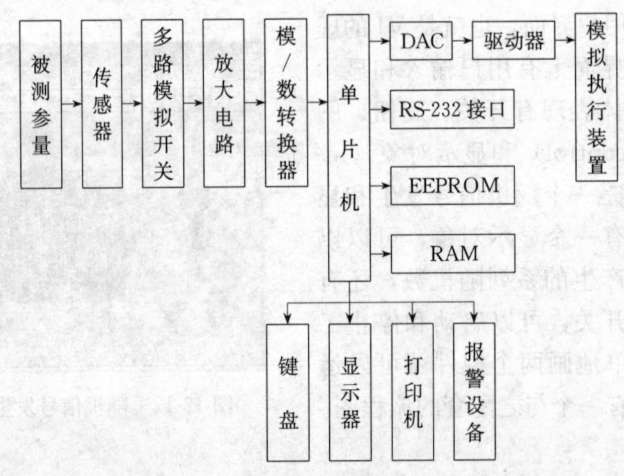

图 12-13 智能仪器的硬件基本结构图

12.6.2 智能仪器的功能特点

随着微电子技术的不断发展，集成了 CPU、存储器、定时器/计数器、并行和串行接口、把关［定时］器（俗称看门狗）、前置放大器甚至 A/D、D/A 转换器等电路在一块芯片上的超大规模集成电路芯片（即单片机）出现了。以单片机为主体，将计算机技术与测量控制技术结合在一起，又组成了所谓的“智能化测量控制系统”，也就是智能仪器。与传统仪器仪表相比，智能仪器具有以下功能特点：

(1) 操作自动化。仪器的整个测量过程如键盘扫描、量程选择、开关启动闭合、数据的采集、传输与处理以及显示打印等都用单片机或微控制器来控制操作，实现测量过程的全部自动化。

(2) 具有自测功能，包括自动调零、自动故障与状态检验、自动校准、自诊断及量程自动转换等。智能仪表能自动检测出故障的部位甚至故障的原因。这种自测试可以在仪器启动时运行，同时也可在仪器工作中运行，极大地方便了仪器的维护。

(3) 具有数据处理功能。这是智能仪器的主要优点之一。智能仪器由于采用了单片机或微控制器，使得许多原来用硬件逻辑难以解决或根本无法解决的问题，现在可以用软件非常灵活地加以解决，例如，传统的数字万用表只能测量电阻、交直流电压、电流等，而智能型的数字万用表不仅能进行上述测量，而且还具有对测量结果进行诸如零点平移、取平均值、求极值、统计分析等复杂的数据处理功能，不仅使用户从繁重的数据处理中解放出来，也有效地提高了仪器的测量精度。

(4) 具有友好的人-机对话能力。智能仪器使用键盘代替传统仪器中的切换开关，操作人员只需通过键盘输入命令，就能实现某种测量功能。与此同时，智能仪器还通过显示屏将仪器的运行情况、工作状态以及对测量数据的处理结果及时告诉操作人员，使仪器的操作更加方便直观。

(5) 具有可程控操作能力。一般智能仪器都配有 GPIB、RS-232C、RS-485 等标准的通信接口，可以很方便地与 PC 和其他仪器一起组成用户所需要的多种功能的自动测量系统，来完成更复杂的测试任务。

12.6.3 智能仪器的发展概况

20 世纪 80 年代，微处理器被用到仪器中，仪器前面板开始朝键盘化方向发展，测量系统常通过 IEEE 488 总线连接，不同于传统独立仪器模式的个人仪器得到了发展等。

20 世纪 90 年代，仪器仪表的智能化突出表现在以下几个方面：微电子技术的进步更深刻地影响仪器仪表的设计；DSP 芯片的问世，使仪器仪表数字信号处理功能大大加强；微型机的发展，使仪器仪表具有更强的数据处理能力；图像处理功能的增加十分普遍；VXI 总线得到广泛的应用。

近年来，智能化测量控制仪表的发展尤为迅速。国内市场上已经出现了多种多样智能化测量控制仪表，例如，能够自动进行差压补偿的智能节流式流量计，能够进行程序控温的智能多段温度控制仪，能够实现数字 PID 和各种复杂控制规律的智能式调节器，以及能够对各种谱图进行分析和数据处理的智能色谱仪等。

国际上智能测量仪表更是品种繁多，例如，美国 HONEYWELL 公司生产的 DSTJ-3000 系列智能变送器，能进行差压值状态的复合测量，可对变送器本体的温度、静压等实现自动补偿，其精度可达到 $\pm 0.1\%$FS（满量程）；美国 RACA-DANA 公司的 9303 型超高电平表，利用微处理器消除电流流经电阻所产生的热噪声，测量电平可低达-77dB；美国 FLUKE 公司生产的超级多功能校准器 5520A，内部采用了三个微处理器，其短期稳定性达到 1×10^{-6}，线性度可达到 0.5×10^{-6}；美国 FOXBORO 公司生产的数字化自整定调节器，采用了专家系统技术，能够像有经验的控制工程师那样，根据现场参数迅速地整定调节器，这种调节器特别适合于对象变化频繁或非线性的控制系统，由于这种调节器能够自动整定调节参数，可使整个系统在生产过程中始终保持最佳品质。

12.7 现代测试系统实例

数据采集系统的主要任务是将被测对象的各种参数作 A/D 转换后送入计算机，并对采到的信号做相应的处理，一般分为软件和硬件两部分。

数据采集软件通常根据用户的要求进行编写，选择好的开发平台可以起到事半功倍的效果。LabVIEW 是一个较好的图形化开发环境，它内置信号采集、测量分析与数据显示功能，提供超过 450 个内置函数用于分析测量数据及处理信号，将数据采集、分析与显示功能集中在了同一个开放式的开发环境中。LabVIEW 的交互式测量助手（assistant）、自动代码生成以及与多种设备的简易连接功能，使它能够较好地完成数据采集。

数据采集硬件包括传感器、信号调理仪器、信号记录仪器。前两者已有专门的厂商研发。计算机采集卡是信号记录仪器中的重要组成部分，主要起A/D转换功能。目前主流数据采集卡都包含了完整的数据采集功能，如National Instrument公司的E系列数据采集卡、研华的数据采集卡等，这些卡价格均比较昂贵。相对而言，同样具备A/D转换功能的声卡技术已经成熟，成为计算机的标准配置，在大多数的计算机上甚至直接集成了声卡功能，无须额外添加配件。这些声卡都可以实现两通道、16位、高精度的数据采集，每个通道采样频率不小于44kHz。对于工程测试，教学实验等用途而言，其各项指标均可以满足要求。

语音信号一般被看作一种短时平稳的随机信号，主要是对其进行时域、频域和倒谱域上的信号分析。语音信号的时域分析是对信号从统计的意义上进行分析，得到短时平均能量、过零率、自相关函数以及幅差函数等信号参数。根据语音理论，气流激励声道产生语音，语音信号是气流与声道的卷积，因此可以对信号进行同态分析，将信号转换到倒谱域，从而把声道和激励气流信息分离，获得信号的倒谱参数。

线性预测编码分析是现代语音信号处理技术中最核心的技术之一，它基于全极点模型，其中心思想是利用若干过去的语音采样来逼近当前的语音采样，采用最小均方误差逼近的方法来估计模型的参数。矢量量化是一种最基本也是极其重要的信号压缩算法，充分利用矢量中各分量间隐含的各种内在关系，比标量量化性能优越，在语音编码、语音识别等方向的研究中扮演着重要角色。

语音识别通常是指利用计算机识别语音信号所表示的内容，其目的是准确地理解语音所蕴含的含义。语音识别的研究紧密跟踪识别领域的最新研究成果并基本与之保持同步。

语音信号分析，首先需要将语音信号采集到计算机并做预先处理，然后通过选择实时或延迟的方式，实现上述各种类型的参数分析，并将分析结果以图形的方式输出或保存，从而实现整个平台的功能。

基于LabVIEW的语音采集分析系统功能结构框图如图12-14所示。虚拟示波器主要由软件控制完成参数的设置、信号的采集、处理和显示。系统软件总体上包括音频参数的设置、音频信号的采集、波形显示、频谱分析及波形存储和回放等五大模块。

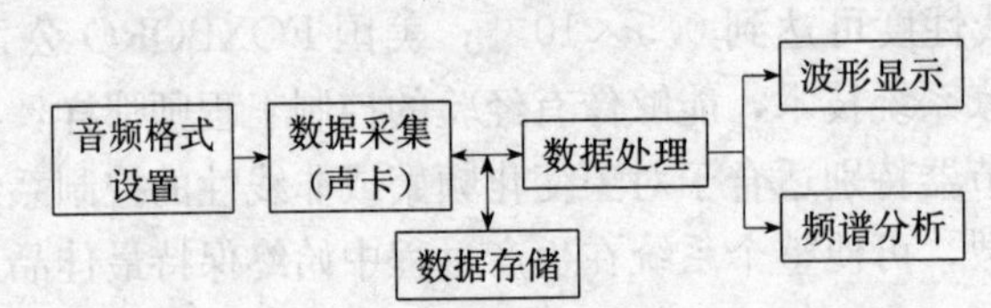

图12-14 语言采集分析系统功能结构框图

数据采集部分实现数据的采集与存盘功能，根据设定的采样频率从声卡获取用户需要的数据。采集到的数据在存盘的同时送计算机屏幕作为时域监控，并提供初步的频谱分析。

数据分析部分实现的功能根据后处理需要而定，但其基本功能为从数据文件读取数据，显示数据的时域图和频谱图，按所需对数据做局部分析。

VIEW环境下的功能模板中提供了声卡的相关VIs（虚拟仪器），如SI Config、SI Start、SI Read、SI Stop等。当设定好声卡的音频格式并启动了声卡后，声卡就可以实现数据采集，采集到的数据通过DMA传送到内存中指定的缓冲区，当缓冲区满后，再通过查询或中断机制通知 CPU 执行显示程序显示缓冲区数据的波形。数据采集的部分 G 代码如图 12-15 所示。

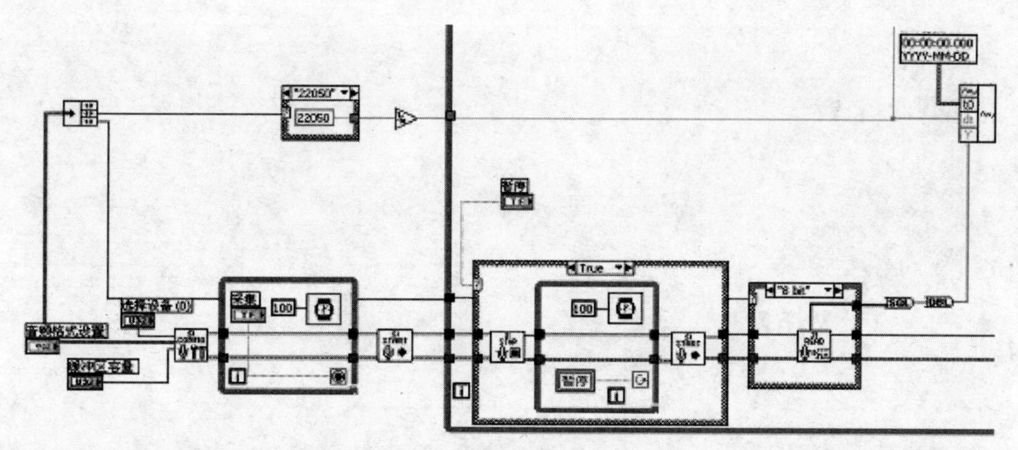

图 12-15 数据采集的部分 G 代码

声卡 A/D 转换性能优越，技术成熟，配合 LabVIEW 强大的数据采集与处理功能，可以构建性价比相当高的数据采集系统，但在采集数据，特别是低频数据时，应优先选择有 Line In 输入的声卡。如果采用 Audio In（或称 MIC）输入则对于直流分量的损失很大，在被测信号的频率很低，特别是低于 20Hz 以后，效果不够理想。本文给出了利用声卡和 LabVIEW 构建了一个现代测试系统实例。

1. 试述现代测试系统的基本内容。
2. 现代测试系统的基本组成可分为哪两种形式？
3. 现代测试系统有哪些特点？
4. 试述虚拟测试仪器技术原理、组成及应用实例。
5. 智能仪器工作原理是什么？